国家出版基金项目
NATIONAL PUBLICATION FOUNDATION

深空自主GNC新机理与新方法丛书（第一辑）
“十四五”国家重点出版物出版规划项目

小行星附着自主导航与制导

崔平远　葛丹桐　朱圣英　梁子璇　邵　巍　著

中国宇航出版社
CAPH
·北京·

图书在版编目（CIP）数据

小行星附着自主导航与制导 / 崔平远等著. -- 北京 : 中国宇航出版社, 2024. 10. -- (深空自主 GNC 新机理与新方法丛书). -- ISBN 978-7-5159-2433-5(2025.5重印)

Ⅰ. V476.4

中国国家版本馆 CIP 数据核字第 2024W49X78 号

责任编辑　赵宏颖　　　**封面设计**　王晓武

出　版
发　行　中国宇航出版社

社　址　北京市阜成路 8 号　**邮　编**　100830
(010)68768548

网　址　www.caphbook.com

经　销　新华书店

发行部　(010)68767386　(010)68371900
(010)68767382　(010)88100613（传真）

零售店　读者服务部　(010)68371105

承　印　北京厚诚则铭印刷科技有限公司

版　次　2024 年 10 月第 1 版
2025 年 5 月第 2 次印刷

规　格　787 × 1092

开　本　1/16

印　张　11.5　**彩　插**　16 面

字　数　304 千字

书　号　ISBN 978 - 7 - 5159 - 2433 - 5

定　价　68.00 元

序

小行星是太阳系早期活动的产物，作为深空探测的典型目标，具有重要的科学研究价值和矿产资源开发利用价值。此外，与地球轨道接近的一类小行星存在与地球相撞的可能，开展小行星附着研究也有益于推进小行星防御技术的发展。自 1991 年伽利略号（Galileo）探测器首次近距离飞掠小行星 951 Gaspra，并成功获取目标小行星的高分辨率图像以来，国际上已经陆续开展了多次小行星探测任务。随着对小行星特性了解的不断深入和航天器自主技术的发展，小行星探测模式已从早期的飞越、环绕，逐渐发展为着陆、巡视与采样返回。我国小行星探测技术研究始于 21 世纪初，首个小行星探测任务是 2012 年嫦娥二号探测器在距离地球约 700 万 km 处实现了对图塔蒂斯（Toutatis）小行星的近距离飞越探测；2025 年我国计划发射“天问二号”探测器，通过一次任务实现对小行星 2016HO3 的近距离探测、采样返回和主带彗星探测，该任务的成功实施对于我国小行星探测将具有里程碑式的意义。

小行星附近动力学环境复杂，受限于地面观测条件，小行星外形尺寸、质量密度等特性难以准确获取。另外，由于绝大多数小行星与地球距离遥远，导致探测器在小行星附近运动时的地面测控通信存在较大时延，难以满足探测器附着小行星过程的实时性要求，因此探测器必须具有自主管理能力，而自主导航与制导是探测器实现自主管理的关键技术之一。由于小行星具有引力弱、目标暗、形状不规则等特点，探测器在小行星附近的运动方式与月球、火星等大天体存在显著区别；同时，探测器附着小行星过程中面临先验信息少、动力学环境不确定性大、星表形貌复杂等难题。因此，有必要对小行星这一类特殊天体目标，建立弱引力环境下附着的自主导航与制导理论方法。

《小行星附着自主导航与制导》一书针对探测器附着小行星过程的特点，介绍了近小行星环境下探测器附着的自主导航与制导问题；在给出小行星不规则引力场和附着动力学模型基础上，分别介绍了导航特征提取匹配、自主光学导航、轨迹优化与制导的基础理论方法，三部分内容互为支撑，共同构成了小行星附着自主导航与制导的主要内容；随后，针对弱引力环境下小行星附着易反弹、倾覆、逃逸等难点问题，围绕柔性附着这一新型附着模式，依次介绍了柔性附着协同感知与导航、协同制导与控制等内容。该书将工程约束引入理论方法设计，及时吸纳了小行星柔性附着的最新研究成果，有机融合创新思想与经典导航制导理论方法，对读者解决弱引力复杂形貌小行星表面稳健附着问题具有很好的启发作用。

崔平远教授带领的科研团队从2000年开始进入深空探测领域开展小天体的会合与附着问题研究，是我国最早开展深空探测技术研究的团队。作者作为“深空973”项目首席科学家，在小行星探测与防御的自主导航与制导方面积累了大量的学术成果。该书是作者在深空探测领域从事多年研究工作以及参与我国行星探测工程任务技术经验的集中体现，既可作为从事深空探测领域相关工作研究人员和科技工作者的参考书，也可作为航空宇航相关学科的研究生教材，将对推动我国小行星探测乃至深空探测技术的研究和发展发挥重要作用。

2024年6月

前　言

小行星是开展深空探测活动的重点天体目标，小行星探测是揭示宇宙和生命起源、开发地外资源、推动技术进步、保护地球安全的重要技术途径。与月球、火星相比，小行星体积小、形状不规则、引力场弱且分布不均匀，在小行星上着陆，可看作探测器接近并停靠于小行星表面，故又将此类着陆称为“附着”。本书基于作者多年来在小行星附着自主导航与制导方面的研究工作，主要是主持的“深空 973”计划项目和国家重点研发计划项目的研究成果，并参考相关优秀文献而完成。期待本书所介绍的小行星附着自主导航与制导理论方法和最新研究成果，能为我国小行星探测与防御相关任务的规划、设计与实施提供技术支持。

全书共分为 7 章。第 1 章介绍小行星附着过程特点，以及附着自主导航与制导主要问题；第 2 章从动力学模型出发，分别介绍小行星不规则引力场建模、附着动力学建模、柔性附着动力学建模方法；第 3 章分别从形貌特征和点线特征的检测提取，以及特征匹配与误匹配剔除方面介绍导航特征提取与匹配方法；第 4 章围绕附着自主光学导航特点，介绍基于光学导航观测信息的绝对和相对导航方法；第 5 章针对附着轨迹优化与制导问题，分别给出燃耗最优和障碍规避的轨迹优化与制导方法，以及不确知环境主动附着策略；第 6～7 章围绕柔性附着的最新研究成果，分别从协同感知与导航、协同制导与控制两方面介绍小行星柔性着陆器自主导航与制导方法。

本书围绕弱引力小行星附着的特殊环境，系统介绍了小行星附着过程的自主导航与制导理论方法，包括特征曲线识别提取与优选、绝对定位与相对运动估计、复杂形貌避障与主动附着策略、柔性附着状态协同估计与协同制导控制等理论方法。其中包含了针对解决弱引力环境下小行星附着易反弹、倾覆、逃逸等难点问题而提出的主动附着策略、柔性附着模式等最新研究成果。本书的主要读者对象为从事深空探测，尤其是小行星探测与防御相关工作的研究人员和科技工作者，本书也可作为航空宇航和控制等学科的研究生教学参考书。

本书初稿完成于 2022 年秋，后几经修改，及时补充了国家重点研发计划项目的最新研究结果，同时得到了栾恩杰院士的精心指导。回顾二十四年前栾恩杰院士引领我们进入深空探测领域耕耘的情景仍历历在目，借此《小行星附着自主导航与制导》专著出版的机会，对栾恩杰院士的持续引领、指导和鼓励表示衷心的感谢。

本书包含了作者所在研究团队的相关研究成果，多位已毕业博士和硕士的研究工作为本书的撰写提供了支持，在此一并致谢。

本书的出版得到了“航天科技图书出版基金”的资助，同时得到了“国家重点研发计划项目（2019YFA0706500）”的资助。

由于作者水平所限，书中难免存在疏漏和不足之处，恳请广大读者不吝指正。

作　者

2024年5月　于北京

目　录

第1章　绪　论

1.1　引言

小行星通常指围绕太阳运行、体积和质量远小于行星的天体，是深空探测领域的重点研究目标。太阳系内小行星数量众多，主要分布于火星与木星轨道之间的小行星带，以及海王星轨道外侧的柯伊伯带。作为太阳系早期活动的产物，小行星上保存了大量揭示行星形成与演化、生命起源与进化的证据，可为解决天文学领域重大基础科学问题提供重要线索。同时，小行星蕴含着丰富的矿产资源，具有极高的开发利用价值，是人类未来开展星际航行、拓展地外生存空间的天然中转站和能源补给站。除了具有极高的科学探测价值，部分小行星还可能存在近距离飞越地球甚至撞击地球的风险，对人类的生存环境构成了潜在威胁。为此，在探测、开发利用小行星的同时，发展小行星防御技术，对守卫地球家园、保护人类生存与发展具有重要意义。

1.1.1　小行星附着概念与特点

人类最早的小行星探测可追溯到1991年美国伽利略号（Galileo）探测器，在探测木星的途中实现了首次小行星近距离飞掠。随着空间技术的发展，小行星探测方式从早期的飞掠、环绕，逐渐发展成为目前的撞击、附着与采样返回等。其中，在小行星表面实现安全、精确着陆，是开展小行星原位探测、采样返回和小行星防御的基础。相比在月球、火星等大天体上着陆，小行星由于质量小、引力弱，探测器在小行星表面的着陆过程较为缓慢。在弱引力环境下，探测器通常是以接近于零的速度停靠在小行星表面，因此将小行星弱引力环境下的着陆过程一般称为“附着”。

由于小行星与地球距离较远，地面测控通信时延大，难以满足附着过程的实时性要求，需要探测器具备自主附着能力。而小行星体积较小、形状不规则、引力场弱，其形貌、尺寸和自旋周期等物理参数在任务发射前存在较大的不确定性，为附着任务动力学精确建模以及自主导航制导与控制系统设计带来挑战。上述因素导致探测器在小行星表面附着困难，在接触表面时易发生倾覆、翻滚、反弹，甚至逃逸等现象。

1.1.2　典型附着任务

迄今为止，人类已实施了5次小行星/彗星表面附着/采样返回任务，包括美国的近地小行星交会（Near Earth Asteroid Rendezvous，NEAR）任务、冥王号（Origins Spectral Interpretation Resource Identification Security Regolith Explorer，OSIRIS-REx）任务，日本的

隼鸟号（Hayabusa）和隼鸟二号（Hayabusa 2）任务，以及欧洲的罗塞塔（Rosetta）任务。

美国近地小行星交会任务是首个成功实施小行星附着的探测任务。该任务探测器于1996年2月发射，2000年2月进入目标小行星433 Eros环绕轨道。任务的主要科学目标包括分析目标小行星的成分及内部结构、测量小行星质量与磁场分布情况，并对小行星的地质活动、自旋状态等进行长期监测。2001年2月，近地小行星交会探测器在完成全部观测任务后，实施了小行星表面附着的拓展任务。附着过程如图1-1和图1-2所示。在下降过程中，探测器比预期提前接触小行星表面，导致最后一次下降制动提前结束，最终探测器以约2m/s的速度撞落在小行星表面。

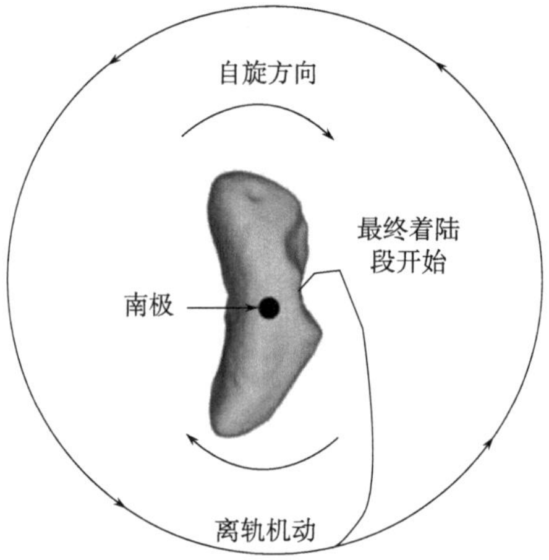

图1-1 近地小行星交会探测器下降附着轨迹[3]

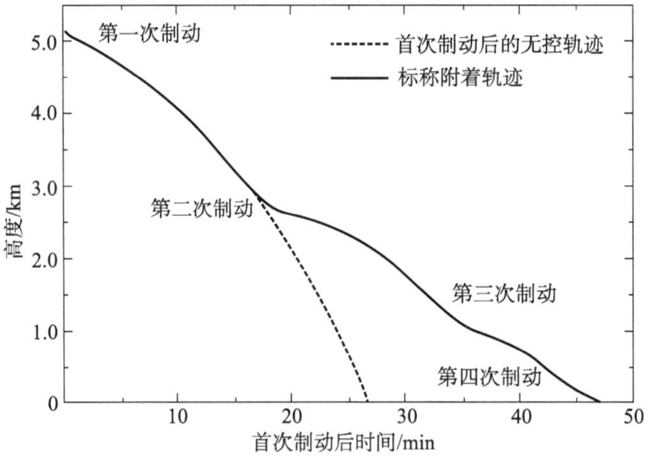

图1-2 近地小行星交会探测器附着减速制动过程[3]

日本隼鸟号探测器于2003年5月发射，2005年9月到达小行星25143 Itokawa。与近地小行星交会任务不同，隼鸟号采用悬停方式对小行星进行观测，并从悬停位置下降附着在小行星表面。探测器下降附着过程如图1-3所示。表面采样采用“接触即走”（Touch-and-Go，TAG）的方式，即探测器仅与小行星表面进行短暂接触采集样品，随后上升离开。该任务发展和验证了多项小行星采样返回技术，为后续小行星探测任务设计提供了重要参考。2010年，隼鸟号将小行星样本送回地球，成为世界上首个成功实现小行星采样返回的任务。

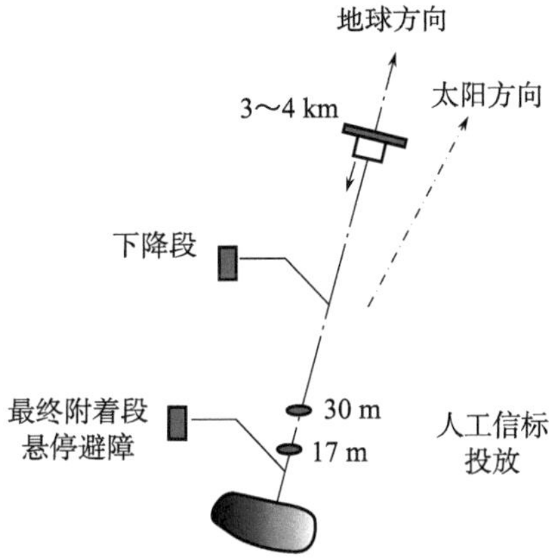

图1-3 隼鸟号下降与附着过程[4]

日本隼鸟2号探测器采用与隼鸟号相似的设计，于2014年12月发射，2018年6月到达目标小行星16273 Ryugu。隼鸟2号成功向小行星表面投放巡游器MINERVAs和MASCOT，获取小行星表面形貌的高清图像。经过悬停观测，隼鸟2号先后于2019年2月和7月成功实施两次附着采样任务，采样过程同样采用了TAG方式，如图1-4所示。相比于隼鸟号，隼鸟2号自主系统进行了升级改进，配置了冗余的天线、星敏感器等，并通过向小行星表面释放小型撞击器，成功获取了小行星内部的样本。2020年12月，隼鸟2号携带约5.4 g小行星样本返回地球。此后，探测器继续执行拓展任务，计划2031年前后到达小行星1998KY26并开展探测。

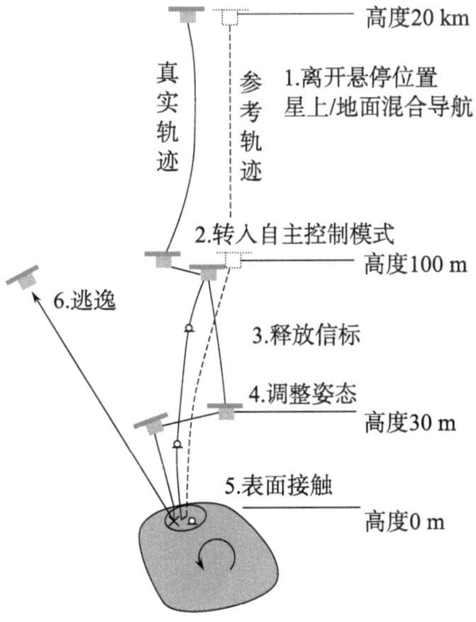

图1-4 隼鸟2号探测器附着采样过程[5]

2016 年 9 月美国发射冥王号探测器，探测目标为小行星 101955 Bennu。该任务计划对碳基小行星开展附着采样，以获取地球生命有机化合物的来源信息。冥王号安装了高分辨率光学相机、激光测距仪、可见光与红外分光仪、热辐射光谱仪和 X 射线光谱仪等，用于对目标小行星进行形貌测绘与成分分析。探测器下降过程如图 1－5 所示，探测器在校正点和匹配点进行两次机动，修正下降过程产生的状态误差。该任务同样采用 TAG 采样方式获取小行星样本。2020 年 10 月，冥王号成功完成采样任务并返回地球，在 2023 年 9 月将样本送回地球后，继续飞往小行星 Apophis 附近开展拓展探测任务。

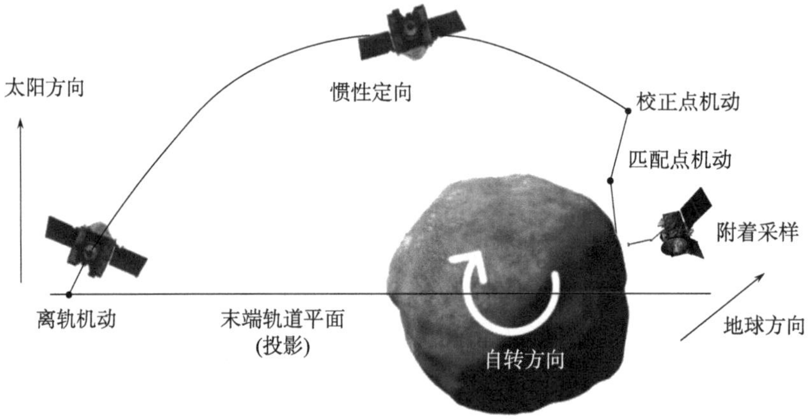

图 1－5 冥王号附着采样过程[6]

除了上述任务外，2004 年欧洲发射的罗塞塔任务，对同样具有弱引力环境特性的彗星 67P/ Churyumov－Gerasimenko 开展了附着探测。在历经 10 年太空飞行后，罗塞塔于 2014 年到达彗星附近，并向目标表面释放着陆器菲莱（Philae），首次实现了彗星表面附着。着陆器采用无控的弹道式下降，以及冷气推进与锚定结合的固定方式，但由于附着时装置发生故障，着陆器在接触目标表面后发生失控反弹，落入光照缺乏的阴影区域，最终只在原位完成了部分科学任务。着陆器菲莱附着与弹跳轨迹如图 1－6 所示。

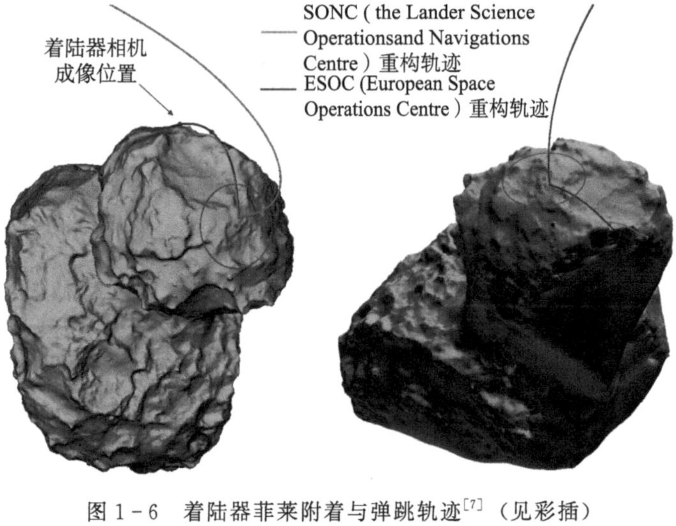

图 1－6 着陆器菲莱附着与弹跳轨迹[7]（见彩插）

1.2　小行星附着的主要问题

小行星引力场弱且不规则，环境扰动明显；物理参数限于地面观测获取，不确定性大；表面缺乏大面积的平坦区域，且逃逸速度小。上述特点给小行星自主附着带来如下三个主要问题：

（1）小行星附近动力学环境复杂

小行星多呈不规则形态，引力场与球形天体差异很大，探测器在弱引力环境中运动受空间扰动的影响也更为显著。此外，小行星自旋状态复杂，有超快自旋、极慢自旋，甚至非主轴自旋等。上述特性使小行星附近的动力学环境非常复杂，不仅给动力学精确建模造成困难，也为精准控制探测器运动带来挑战。直径 10 km 以上的小行星一般能够形成环绕轨道，但受不规则引力和空间摄动影响，环绕轨道可能在短时间内变得不稳定。研究表明，即使相近的初始状态也可能产生稳定、逃逸和与小行星碰撞三种类型的轨道。对于尺寸更小的小行星，太阳光压等摄动力的影响更加明显，甚至难以形成稳定的环绕轨道。

此外，在弱引力环境下，小行星表面运动与轨道运动没有严格的界限，探测器在附着过程中可能产生轨道运动与表面弹跳、滑动和滚动的耦合作用。这些复杂的动力学环境影响因素，对小行星附着过程的导航与控制提出了更高的要求。

（2）小行星先验物理信息匮乏

小行星种类繁多、个体差异大，与月球、火星相比，小行星探测任务在设计阶段通常缺少目标天体的具体数据。在探测任务实施发射前，目标星的物理特性仅能通过地面观测获得，导致参数不确定性较大，尤其是小行星的形状和引力场、运行轨道等信息可能存在较大偏差。

目标先验信息的匮乏对小行星探测任务提出了特殊要求：一方面，探测器在附着前需对目标星进行长时间的在轨观测，不断完善小行星形状、引力场等模型和表面形貌数据；另一方面，环境不确知性要求探测器的导航与制导控制算法具有良好的鲁棒性，以减少物理特征参数不准确对导航与控制精度的影响。同时，针对小行星动力学环境和表面地形等不确知因素的威胁，附着探测任务需制定完备的安全策略。

（3）附着精度要求高

小行星附着任务的精度要求明显高于行星着陆任务。这是由于小行星尺寸小且不规则，表面一般缺少大面积的平坦区域，适宜附着的区域少；同时，弱引力场中逃逸速度小，过大的附着速度易使探测器发生反弹，甚至从小行星表面逃逸。例如，Itokawa 小行星表面多数区域的逃逸速度不足 0.2 m/s。即使未达到逃逸速度，探测器也可能因反弹而远离目标附着区。罗塞塔任务中，着陆器发生 2 次反弹最终到达距离预定着陆点约 1 km 以外的阴影区；隼鸟号携带的表面巡视器 MINERVA 因为释放时存在速度偏差而未能落到小行星表面。因此，小行星附着探测对位置和速度精度都有严格要求，需满足“双零”

附着约束。此外，对于TAG形式的采样任务，在接触小行星表面时，探测器的姿态误差可能会产生额外的扭矩，影响采样进程，因此也对姿态控制精度提出严格的要求。

1.3 附着自主导航与制导

自主导航与制导是实现小行星表面附着的关键技术之一。针对小行星附着动力学环境复杂、先验信息匮乏和精度要求严格等难题，需要研究发展先进的小行星附着自主导航与制导方法，探索小行星附着新模式，通过高精度导航、精确制导、鲁棒控制，提高弱引力不确知环境下探测器自主定位精度与表面附着稳健性，实现小行星表面安全、精确附着。

（1）自主导航

自主导航指探测器利用携带的敏感器，在不与外界发生信息交换的情况下，自主确定系统状态和模型参数。常用导航方法有惯性导航、光学导航、测距测速导航、无线电导航等。其中，惯性导航通过测量探测器在惯性系下的角速度和比力，确定探测器的位置、速度和姿态，但存在测量误差随时间累积的问题。光学导航通过光学敏感器获取小行星图像，基于特征提取与匹配建立二维图像到三维数据库（2D－3D）或二维图像间（2D－2D）的对应关系，从而确定探测器的位姿，是小行星附着阶段常用的导航方法。

光学导航敏感器可分为主动式敏感器和被动式敏感器。其中，主动式敏感器以激光雷达为代表，能够通过发射与接收激光脉冲，测量探测器与小行星的相对距离，既可作为附着过程的导航敏感器，也可用于小行星形貌三维建模。激光雷达精度高、不受光照条件限制，但成本高、质量较大。被动式敏感器以光学相机为代表，通过获取环境的二维图像信息进行自主导航。相较于激光雷达，光学相机体积小、质量轻、功耗低，能够获取丰富的环境信息，但其使用受到光照条件的限制。光学相机主要通过检测与匹配图像中的导航陆标（如陨石坑、岩石等）等特征，利用特征的像素坐标建立探测器状态观测方程，解算得到探测器的位置和姿态。除了直接利用观测数据确定状态，实际任务中还常结合系统状态方程，利用导航滤波器实现探测器状态的精准估计。

（2）制导控制

在自主导航基础上，探测器通过生成制导控制指令，实现小行星表面定点附着。根据是否需要标称轨迹，附着制导方法可分为轨迹跟踪制导与在线制导。轨迹跟踪制导包括标称轨迹设计与跟踪制导律设计两部分。在设计标称轨迹时，核心问题为寻找同时满足状态约束和控制约束的下降轨迹，使探测器能够安全附着在指定着陆点。为此常将小行星附着轨迹规划问题描述为一个最优控制问题，将飞行时间、燃料消耗等作为优化性能指标，考虑初始末端时刻探测器状态约束，通过求解优化问题，获得最优附着轨迹。在得到标称轨迹后，跟踪制导通过计算探测器当前状态与目标跟踪状态的偏差生成制导指令，实现轨迹跟踪与表面附着。

在线制导则直接根据探测器当前状态与末端时刻状态的差值生成制导指令。多项式制导、能量最优制导是典型的在线制导方法，这些方法形式简单，便于实时计算和闭环控制，但难以处理复杂工程约束。近年来，随着器上计算能力不断增强，发展出一类基于数值求解的制导方法，如凸优化、模型预测控制等，通过引入复杂状态与控制约束，在线求解优化问题生成制导指令，可进一步提高探测器的自主附着性能。

除了实现精确附着，下降过程中还需要考虑附着的安全性。针对小行星表面复杂形貌障碍，既可通过选择适宜的着陆点，使探测器远离危险区域，也可采用障碍规避制导方法，实现探测器对形貌障碍的自主规避。当障碍的位置和形状已知时，还可在轨迹优化过程中加入状态约束，通过设计远离地形障碍区域的附着轨迹实现避障，提高探测器在附着过程中的安全性。

（3）附着策略

由于小行星物理参数和环境特性难以提前获知，为提高附着安全性，在制定附着方案时常考虑设计安全模式，使探测器在检测到危险时能够自主切换模式，避免意外情况发生。除了被动应对，为增强探测器的环境感知和风险规避能力，能够对附着风险进行提前感知、快速分析、有效处理，作者团队研究提出了小行星主动附着策略[11]，通过主动附着多模式设计以及应急转移轨迹优化，实现对附着风险的主动防范，提高附着任务成功率。

针对弱引力环境下探测器附着易失控弹跳、倾覆翻滚的问题，作者团队提出了“柔性附着”的概念[12]，利用柔性着陆器取代刚性着陆器，实现小行星表面稳健附着。柔性附着过程如图 1-7 所示。着陆器采用柔性材料，附着过程开始之前呈收拢状态，到达表面一定高度时展开呈圆饼状外形，着陆后自主恢复着陆器功能。相比于刚性着陆器，柔性着陆器一方面增大了与小行星表面的接触面积，当着陆器存在姿态偏差时，可降低发生倾覆翻滚的风险；另一方面，利用特有的柔性材料，在附着末端存在速度偏差时，可通过柔性材料消耗着陆器残余动能，从而避免发生反弹逃逸，提高小行星附着任务的稳健性。

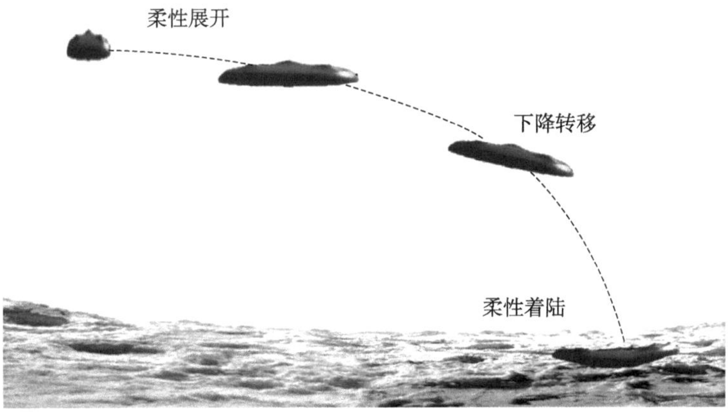

图 1-7　小行星柔性附着过程[12]（见彩插）

1.4　本书主要内容

本书围绕弱引力小行星附着问题，系统介绍了小行星附着过程的自主导航与制导理论方法，包括小行星附着环境感知、自主导航、轨迹优化与制导方法，以及柔性附着导航和制导的最新研究成果。

各章节主要内容如下：

1）绪论——介绍小行星附着概念与特点，在回顾典型附着任务基础上，介绍了小行星附着的主要问题和自主导航与制导；

2）小行星附着动力学建模——结合小行星不规则弱引力特性，介绍常用坐标系及不规则引力场建模方法，给出小行星附着动力学模型和柔性附着动力学模型；

3）星表导航特征提取与匹配——主要介绍小行星附着环境感知方法，包括小行星表面形貌特征和点线特征的提取与匹配方法，以及特征误匹配校正与剔除方法；

4）附着自主光学导航——主要介绍小行星附着自主光学导航方法，包括特征矢量观测相对导航方法、特征曲线匹配光学导航方法，以及多源信息融合自主导航方法；

5）附着轨迹优化与制导——主要介绍小行星附着轨迹优化与制导方法，包括附着轨迹优化设计方法、障碍规避轨迹优化与制导方法，以及不确知环境主动附着策略；

6）柔性附着协同感知与导航——主要介绍柔性附着协同感知与导航方法，包括柔性附着多视角协同感知方法、柔性着陆器位姿表征与协同估计方法，以及柔性附着状态融合衍生估计方法；

7）柔性附着协同制导与控制——主要介绍柔性附着协同制导与控制方法，包括柔性附着轨迹规划方法、强约束协同制导方法以及强耦合协同控制方法。

参考文献

[1] GE D, CUI P, ZHU S. Recent development of autonomous GNC technologies for small celestial body descent and landing [J]. Progress in Aerospace Sciences, 2019 (110): 100551.

[2] 崔平远，袁旭，朱圣英，等．小行星自主附着技术研究进展 [J]. 宇航学报，2016，37 (7)：759-767.

[3] DUNHAM D W, FARQUHAR R W, MCADAMS J V, et al. Implementation of the first asteroid landing [J]. Icarus, 2002, 159 (2): 433-438.

[4] KUBOTA T, HASHIMOTO T, KAWAGUCHI J, et al. Guidance and navigation of Hayabusa spacecraft for asteroid exploration and sample return mission [C]. 2006 SICE-ICASE International Joint Conference, 2006: 2793-2796.

[5] TSUDA Y, YOSHIKAWA M, ABE M, et al. System design of the Hayabusa 2-Asteroid sample return mission to 1999 JU3 [J]. Acta Astronautica, 2013 (91): 356-362.

[6] BERRY K, SUTTER B, MAY A, et al. OSIRIS-REx Touch-And-Go (TAG) mission design and analysis [C]. 36th Annual AAS Guidance and Control Conference, 2013: 667-678.

[7] BIELE J, ULAMEC S, MAIBAUM M, et al. The landing (s) of Philae and inferences about comet surface mechanical properties [J]. Science, 2015, 349 (6247): aaa9816.

[8] SCHEERES D J. Orbital mechanics about small bodies [J]. Acta Astronautica, 2012 (72): 1-14.

[9] YU Y, BAOYIN H. Routing the asteroid surface vehicle with detailed mechanics [J]. Acta Mechanica Sinica, 2014, 30 (3): 301-309.

[10] SCHEERES D, GASKELL R, ABE S, et al. The actual dynamical environment about Itokawa [C]. AIAA/AAS Astrodynamics Specialist Conference, 2006: 1553-1574.

[11] CUI P, GE D, JIA H, et al. Prudent small celestial body landing strategy with risk precautions [J]. Acta Astronautica, 2019 (165): 259-267.

[12] 崔平远，陆晓萱，朱圣英，等. 小行星柔性附着状态协同估计方法 [J]. 宇航学报，2022，43 (9)：1219-1226.

[13] 崔平远，张成宇，朱圣英，等．小天体柔性附着技术 [J]. 宇航学报，2023，44 (6)：805-816.

第 2 章　小行星附着动力学建模

建立精确的附着动力学模型，是分析探测器在小行星附近运动行为的前提，也是研究设计附着导航与制导方法的基础。本章针对小行星不规则弱引力特性，在给出常用引力场建模方法基础上，介绍探测器附着动力学模型。

2.1　常用坐标系定义

在研究小行星附着问题时，首先需要建立描述探测器运动的参考坐标系。常用的小行星附着参考坐标系包括小行星固连坐标系、着陆点固连坐标系、小行星惯性坐标系和探测器本体坐标系。其定义如下：

小行星固连坐标系 Σ^a 原点 O_a 位于小行星质心，z_a 轴与小行星最大惯量轴即自转轴重合，x_a 轴与最小惯量轴重合，y_a 轴满足右手法则。小行星固连坐标系随小行星自转一起转动，是描述和建立小行星引力场最直接的方式，因此常将探测器的附着动力学模型建立在小行星固连坐标系下。

小行星着陆点固连坐标系 Σ^l 原点 O_l 位于小行星表面的目标着陆点，z_l 轴从小行星质心 O_a 指向坐标系原点 O_l ，x_l 轴位于当地水平面指向东，y_l 轴满足右手法则。小行星固连坐标系和小行星着陆点固连坐标系均为随着小行星运动的动坐标系，二者关系如图 2－1 所示。在小行星附着自主导航与制导过程中，常需要用到探测器相对目标着陆点的状态，因此研究中也常在小行星着陆点固连坐标系下建立探测器的附着动力学模型。

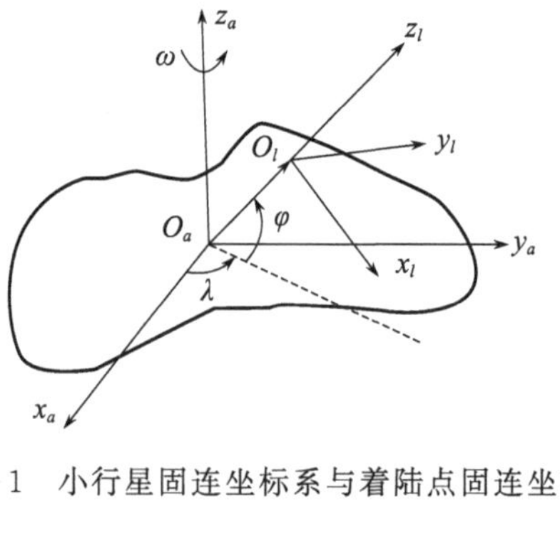

图 2－1　小行星固连坐标系与着陆点固连坐标系

小行星惯性坐标系 Σ^I 的原点 O_I 位于小行星质心，z_I 轴沿小行星最大惯量轴，x_I 轴沿给定历元时刻小行星最小惯量轴方向，y_I 轴满足右手法则。小行星惯性坐标系在惯性空间中保持稳定，不随小行星转动，常用于描述探测器环绕小行星的轨道运动。

探测器本体坐标系 Σ^b 原点 O_b 位于探测器质心，三轴沿探测器三个特征轴方向且相互垂直，满足右手法则。通过探测器本体坐标系的空间指向，可以知道探测器在当前时刻的姿态。

上述坐标系之间可通过旋转与平移进行转换。以小行星着陆点固连坐标系到小行星固连坐标系的坐标转换为例，探测器位置与速度在不同坐标系下的坐标转换关系可表示为

$$\begin{cases} \boldsymbol{r}_a = \boldsymbol{C}_l^a \boldsymbol{r}_l + \boldsymbol{l} \\ \boldsymbol{v}_a = \boldsymbol{C}_l^a \boldsymbol{v}_l \end{cases} \tag{2-1}$$

式中，$\boldsymbol{r}_a$ 与 $\boldsymbol{v}_a$ 分别为探测器在小行星固连坐标系下的位置与速度矢量；$\boldsymbol{r}_l$ 与 $\boldsymbol{v}_l$ 分别为探测器在着陆点固连坐标系下的位置与速度矢量；$\boldsymbol{l} = \overrightarrow{O_a O_l}$；$\boldsymbol{C}_l^a$ 为从着陆点固连坐标系到小行星固连坐标系的坐标转换矩阵，满足

$$\boldsymbol{C}_l^a = (\boldsymbol{C}_a^l)^{-1} = \begin{pmatrix} \cos\lambda\sin\varphi & -\sin\lambda & \cos\lambda\cos\varphi \\ \sin\lambda\sin\varphi & \cos\lambda & \sin\lambda\cos\varphi \\ -\cos\varphi & 0 & \sin\varphi \end{pmatrix} \tag{2-2}$$

式中，φ，λ 分别为着陆点 O_l 在小行星固连坐标系下的纬度和经度。

2.2　不规则引力场模型

小行星引力场复杂不规则，常见的小行星引力场建模方法包括级数展开法、三维模型逼近法等。级数展开法如球谐函数模型采用无穷级数逼近小行星的引力势；三维模型逼近法如多面体模型通过建立三维形状模型逼近小行星的不规则形状，并基于对三维模型的数值积分确定小行星的引力势。下面介绍几种常见的引力场建模方法。

2.2.1　级数展开法

（1）球谐函数模型

球谐函数引力场模型是一种典型的级数逼近模型，通过无穷级数逼近空间任意一点的引力势能。球谐函数模型具有解析表达式，其形式简单、计算量小，引力场的各阶次球谐系数可根据探测器在轨飞行数据确定。

在以小行星质心为原点的球坐标系下，基于勒让德多项式建立小行星引力势函数

$$U = \frac{GM}{r}\sum_{n=0}^{\infty}\sum_{m=0}^{n}\left(\frac{R_0}{r}\right)^n P_{nm}(\sin\varphi)(C_{nm}\cos m\lambda + S_{nm}\sin m\lambda) \tag{2-3}$$

式中，G 为万有引力常数；M 和 R_0 分别为小行星的质量和参考半径；r 为探测器到小行星质心距离；φ 和 λ 分别为探测器处的纬度和经度；$P_{nm}(\cdot)$ 表示勒让德多项式；n 和 m 分别为勒让德多项式的次数和阶数；C_{nm} 和 S_{nm} 为球谐系数。

小行星的引力加速度可用引力势函数的梯度表示

$$\boldsymbol{g} = \frac{\partial U}{\partial r}\boldsymbol{e}_r + \frac{1}{r}\frac{\partial U}{\partial \varphi}\boldsymbol{e}_\varphi + \frac{1}{r\cos\varphi}\frac{\partial U}{\partial \lambda}\boldsymbol{e}_\lambda \tag{2-4}$$

其中

$$\begin{cases}\dfrac{\partial U}{\partial r}=-\dfrac{GM}{r^2}\sum\limits_{n=0}^{\infty}\sum\limits_{m=0}^{n}(n+1)\left(\dfrac{R_0}{r}\right)^n P_{nm}(\sin\varphi)(C_{nm}\cos m\lambda+S_{nm}\sin m\lambda)\\ \dfrac{\partial U}{\partial \varphi}=\dfrac{GM}{r}\sum\limits_{n=0}^{\infty}\sum\limits_{m=0}^{n}\left(\dfrac{R_0}{r}\right)^n (P_{n(m+1)}(\sin\varphi)-m\tan\varphi P_{nm}(\sin\varphi))(C_{nm}\cos m\lambda+S_{nm}\sin m\lambda)\\ \dfrac{\partial U}{\partial \lambda}=\dfrac{GM}{r}\sum\limits_{n=0}^{\infty}\sum\limits_{m=0}^{n}\left(\dfrac{R_0}{r}\right)^n mP_{nm}(\sin\varphi)(S_{nm}\cos m\lambda+C_{nm}\sin m\lambda)\end{cases} \tag{2-5}$$

将上述球坐标系下的引力加速度转换到小行星固连坐标系下，两坐标系间的坐标转换矩阵为

$$\boldsymbol{C}_s^a=\begin{pmatrix}\cos\varphi\cos\lambda & -\sin\varphi\cos\lambda & -\sin\lambda\\ \cos\varphi\sin\lambda & -\sin\varphi\sin\lambda & \cos\lambda\\ \sin\varphi & \cos\varphi & 0\end{pmatrix} \tag{2-6}$$

得到小行星固连坐标系下引力加速度表达式

$$\boldsymbol{g}=\nabla U=\begin{pmatrix}\cos\varphi\cos\lambda & -\sin\varphi\cos\lambda & -\sin\lambda\\ \cos\varphi\sin\lambda & -\sin\varphi\sin\lambda & \cos\lambda\\ \sin\varphi & \cos\varphi & 0\end{pmatrix}\begin{pmatrix}\dfrac{\partial U}{\partial r}\\ \dfrac{1}{r}\dfrac{\partial U}{\partial \varphi}\\ \dfrac{1}{r\cos\varphi}\dfrac{\partial U}{\partial \lambda}\end{pmatrix} \tag{2-7}$$

值得注意的是，基于勒让德多项式的球谐函数引力场模型在小行星附近部分区域内不收敛，该区域称为布里渊球（Brillouin Sphere）。对于形状不规则的小行星，星表附近较大区域可能均位于布里渊球内，如图 2-2 所示。因此，在应用球谐函数模型描述小行星引力场时，还应考虑探测器的运动范围，避免出现小行星附近引力场模型不收敛的问题。

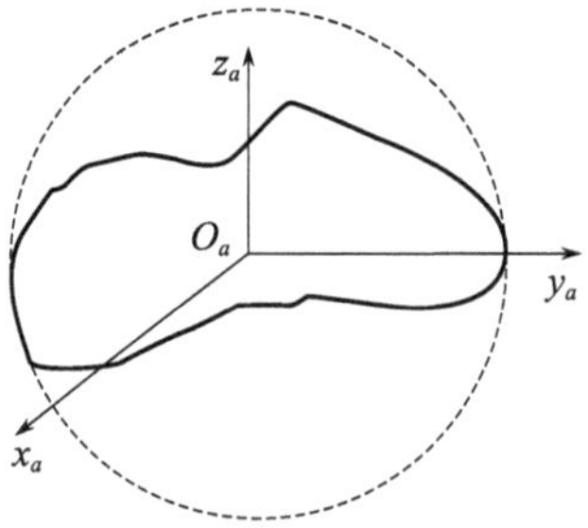

图 2-2　布里渊球示意图

(2) 内球谐函数模型

内球谐函数引力场模型通过对经典球谐函数模型进行改进，可在经典球谐函数模型无法收敛的布里渊球内实现部分区域收敛。不同于式（2-3）采用探测器到小行星质心距离

r，以下采用空间中任意一点到小行星质心的位置矢量 $\boldsymbol{r}$ 建立引力场模型。

在以小行星质心为原点的球坐标系下，对空间中任意一点，以内球谐函数模型表示的引力势函数为

$$U(r,\varphi,\lambda)=G\int_M \frac{1}{\sqrt{\|\boldsymbol{r}\|^2+\|\boldsymbol{r}_m\|^2-2\|\boldsymbol{r}\|\|\boldsymbol{r}_m\|\cos S}}\mathrm{d}m \tag{2-8}$$

式中，$\boldsymbol{r}_m$ 表示小行星任意质量元素的位置；S 为 $\boldsymbol{r}$ 与 $\boldsymbol{r}_m$ 矢量之间的夹角。对上式进行整理可得

$$U(r,\varphi,\lambda)=G\int_M \frac{1}{\boldsymbol{r}_m\sqrt{1+\left\|\dfrac{\boldsymbol{r}}{\boldsymbol{r}_m}\right\|^2-2\left\|\dfrac{\boldsymbol{r}}{\boldsymbol{r}_m}\right\|\cos S}}\mathrm{d}m \tag{2-9}$$

上式可进一步表示为勒让德多项式形式的内球谐模型引力势函数

$$U(r,\varphi,\lambda)=G\int_M \sum_{n=0}^{\infty}\frac{\|\boldsymbol{r}\|^n}{\|\boldsymbol{r}_m\|^{n+1}}P_n(\cos S)\,\mathrm{d}m \tag{2-10}$$

式中，n 为勒让德多项式的次数。根据勒让德多项式的收敛条件，式（2－10）的收敛条件为

$$\|\boldsymbol{r}\|<\|\boldsymbol{r}_m\| \tag{2-11}$$

可见，内球谐引力场模型的收敛域为一个与小行星表面相切的球体，称为内布里渊球。图 2－3 给出内球谐引力场模型的收敛区域（内布里渊球内部）与经典球谐函数模型的收敛区域（外布里渊球外部）的示意图。

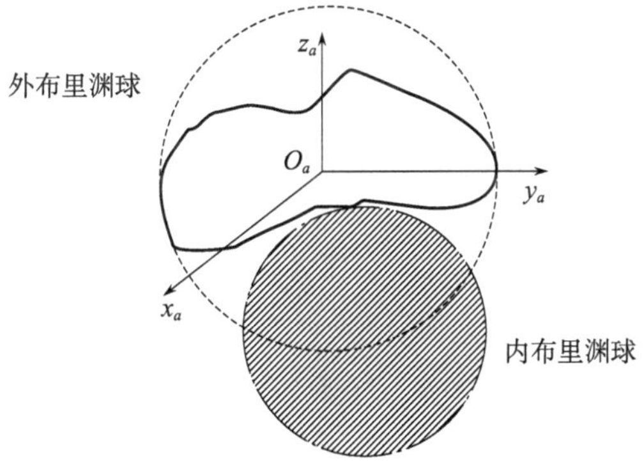

图 2－3　内球谐模型收敛区域示意图

式（2－10）中勒让德多项式 $P_n(\cos S)$ 可展开为

$$\begin{aligned}P_n(\cos S)=\sum_{m=0}^{n}(2-\delta_{0,m})\frac{(n-m)!}{(n+m)!}[&P_{nm}(\sin\varphi)\cos m\lambda P_{nm}(\sin\varphi')\cos m\lambda'\\&+P_{nm}(\sin\varphi)\sin m\lambda P_{nm}(\sin\varphi')\sin m\lambda']\end{aligned} \tag{2-12}$$

式中，φ 和 λ 分别为矢量 $\boldsymbol{r}$ 对应的纬度和经度；φ' 和 λ' 分别为小行星质量元素位置矢量 $\boldsymbol{r}_m$ 的纬度和经度；P_{nm} 为 n 次 m 阶勒让德多项式；$\delta_{0,m}$ 为克罗内克函数，即

$$\delta_{0,m}=\begin{cases}1, & m=0\\0, & m\neq 0\end{cases} \tag{2-13}$$

因此，内球谐模型引力场势函数可表示为

$$U=\frac{GM}{R^*}\sum_{n=0}^{\infty}\sum_{m=0}^{n}\left(\frac{\|\boldsymbol{r}\|}{R^*}\right)^n P_{nm}(\sin\varphi)(\cos m\lambda \quad \sin m\lambda)\begin{pmatrix}C_{nm}^{\mathrm{i}}\\S_{nm}^{\mathrm{i}}\end{pmatrix} \tag{2-14}$$

式中，R^* 为内布里渊球半径；C_{nm}^{i} 和 S_{nm}^{i} 为内球谐系数，满足

$$\begin{cases}C_{nm}^{\mathrm{i}}=\dfrac{(2-\delta_{0,m})}{M}\dfrac{(n-m)!}{(n+m)!}\displaystyle\int_M\left(\frac{R^*}{\|\boldsymbol{r}_m\|}\right)^{n+1}P_{nm}(\sin\varphi')\cos m\lambda'\mathrm{d}m\\S_{nm}^{\mathrm{i}}=\dfrac{2}{M}\dfrac{(n-m)!}{(n+m)!}\displaystyle\int_M\left(\frac{R^*}{\|\boldsymbol{r}_m\|}\right)^{n+1}P_{nm}(\sin\varphi')\sin m\lambda'\mathrm{d}m\end{cases} \tag{2-15}$$

对式（2-14）的引力势函数求一阶偏导数，得到内球谐模型下小行星引力加速度的解析表达式

$$\begin{cases}g(x^{\mathrm{i}})=\dfrac{\partial U}{\partial x^{\mathrm{i}}}=\dfrac{GM}{(R^*)^2}\displaystyle\sum_{n=1}^{\infty}\sum_{m=0}^{n}\begin{pmatrix}C_{nm}^{\mathrm{i}}\\S_{nm}^{\mathrm{i}}\end{pmatrix}\left[-\frac{1}{2}(1+\delta_{0,m})\boldsymbol{b}_{n-1,m+1}^{\mathrm{i}}+\frac{1}{2}\frac{(n+m)!}{(n+m-2)!}\boldsymbol{b}_{n-1,m-1}^{\mathrm{i}}\right]\\g(y^{\mathrm{i}})=\dfrac{\partial U}{\partial y^{\mathrm{i}}}=\dfrac{GM}{(R^*)^2}\displaystyle\sum_{n=1}^{\infty}\sum_{m=0}^{n}\begin{pmatrix}S_{n,m}^{\mathrm{i}}\\-C_{n,m}^{\mathrm{i}}\end{pmatrix}\left[\frac{1}{2}(1+\delta_{0,m})\boldsymbol{b}_{n-1,m+1}^{\mathrm{i}}+\frac{1}{2}\frac{(n+m)!}{(n+m-2)!}\boldsymbol{b}_{n-1,m-1}^{\mathrm{i}}\right]\\g(z^{\mathrm{i}})=\dfrac{\partial U}{\partial z^{\mathrm{i}}}=\dfrac{GM}{(R^*)^2}\displaystyle\sum_{n=1}^{\infty}\sum_{m=0}^{n}\begin{pmatrix}C_{n,m}^{\mathrm{i}}\\S_{n,m}^{\mathrm{i}}\end{pmatrix}\left[(n+m)\boldsymbol{b}_{n-1,m}^{\mathrm{i}}\right]\end{cases} \tag{2-16}$$

式中，$\boldsymbol{b}_{n,m}^{\mathrm{i}}$ 为内球谐引力场模型的基函数，满足如下递推关系

$$\begin{cases}\boldsymbol{b}_{0,0}^{\mathrm{i}}=\begin{pmatrix}1\\0\end{pmatrix}\\\boldsymbol{b}_{n,n}^{\mathrm{i}}=(2n-1)\begin{pmatrix}\dfrac{x^{\mathrm{i}}}{R^*} & -\dfrac{y^{\mathrm{i}}}{R^*}\\\dfrac{y^{\mathrm{i}}}{R^*} & \dfrac{x^{\mathrm{i}}}{R^*}\end{pmatrix}\boldsymbol{b}_{n-1,n-1}^{\mathrm{i}}\\\boldsymbol{b}_{n,m}^{\mathrm{i}}=\dfrac{2n-1}{n-m}\dfrac{z^{\mathrm{i}}}{R^*}\boldsymbol{b}_{n-1,m}^{\mathrm{i}}-\dfrac{n+m-1}{n-m}\left(\dfrac{\|r\|}{R^*}\right)^2\boldsymbol{b}_{n-2,m}^{\mathrm{i}}\\\boldsymbol{b}_{n,n-1}^{\mathrm{i}}=(2n-1)\dfrac{z^{\mathrm{i}}}{R^*}\boldsymbol{b}_{n-1,n-1}^{\mathrm{i}}\end{cases} \tag{2-17}$$

内球谐函数引力场模型的内球谐系数通过求解以下最小二乘问题得到

$$\widetilde{\boldsymbol{C}}_{n,m}^{\mathrm{i}}=[(\boldsymbol{Q}_{n,m}^{\mathrm{i}})^{\mathrm{T}}\boldsymbol{W}(\boldsymbol{Q}_{n,m}^{\mathrm{i}})^{-1}][(\boldsymbol{Q}_{n,m}^{\mathrm{i}})^{\mathrm{T}}\boldsymbol{W}\boldsymbol{g}_s] \tag{2-18}$$

式中，$\boldsymbol{W}$ 为权重矩阵；$\boldsymbol{Q}_{n,m}^{\mathrm{i}}$ 为引力加速度关于内球谐系数的一阶偏导数矩阵；$\boldsymbol{g}_s$ 为采样点处的引力加速度；$\widetilde{\boldsymbol{C}}_{n,m}^{\mathrm{i}}$ 包含了各阶内球谐系数

$$\widetilde{\boldsymbol{C}}_{n,m}^{\mathrm{i}}=(C_{1,0}^{\mathrm{i}},C_{1,1}^{\mathrm{i}},S_{1,1}^{\mathrm{i}},C_{2,0}^{\mathrm{i}},C_{2,1}^{\mathrm{i}},S_{2,1}^{\mathrm{i}},C_{2,2}^{\mathrm{i}},S_{2,2}^{\mathrm{i}},\cdots) \tag{2-19}$$

上述内球谐函数引力场模型的引力加速度在内球谐坐标系下给出，在利用小行星固连坐标系下的探测器位置计算引力加速度时，需要进行坐标转换。为方便计算，令内球谐坐标系的三个坐标轴 x_i ，y_i ，z_i 分别与小行星固连坐标系的 x_a 轴，y_a 轴，z_a 轴平行。小行星固连坐标系下位置与内球谐坐标系下位置满足

$$\boldsymbol{r}=\boldsymbol{r}_a-\Delta\boldsymbol{r} \tag{2-20}$$

式中，$\Delta\boldsymbol{r}$ 表示内球谐坐标系原点与小行星质心间的矢量。内球谐坐标系与小行星固连坐标系的关系如图 2-4 所示。

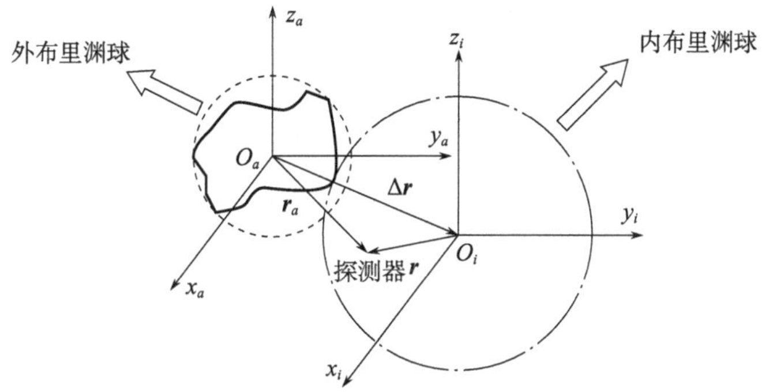

图 2-4　小行星固连坐标系与内球谐坐标系关系

与经典球谐函数引力场模型类似，内球谐函数引力场模型给出了引力势函数的解析表达式，其计算效率高，适用于在线计算。内球谐系数可根据其他引力场模型求解得到，实际应用中可利用其他高精度引力场模型计算的引力场数据离线确定内球谐引力场模型系数，并根据探测器的实时位置，利用内球谐函数引力场模型在线快速计算引力加速度，保证精度的同时提高计算效率。

2.2.2　三维模型逼近法

(1) 均质椭球模型

采用三轴椭球体逼近目标小行星形状时，共有 5 个可调参数，分别为椭球的三轴半径 α 、β 、γ (满足 $\alpha \geqslant \beta \geqslant \gamma$)、自旋角速度 ω 、密度 ρ 。假设密度为常数，定义引力参数 μ 为

$$\mu=\frac{4}{3}\pi G\rho\alpha\beta\gamma \tag{2-21}$$

式中，G 为万有引力常数；$\dfrac{4\pi\rho\alpha\beta\gamma}{3}$ 为椭球质量。

对于一个均质的三轴椭球体，其引力势函数 U 可以通过椭球积分得到

$$U(x,y,z)=\frac{3\mu}{4}\int_{\lambda}^{\infty}\phi(x,y,z,u)\frac{\mathrm{d}u}{\Delta(u)} \tag{2-22}$$

式中，ϕ 和 Δ 定义如下

$$\begin{cases}\phi(x,y,z,u)=\dfrac{x^2}{\alpha^2+u}+\dfrac{y^2}{\beta^2+u}+\dfrac{z^2}{\gamma^2+u}-1\\ \Delta(u)=\sqrt{(\alpha^2+u)(\beta^2+u)(\gamma^2+u)}\end{cases} \tag{2-23}$$

λ 是 x 、y 、z 的函数，可通过求解以下方程得到

$$\phi(x,y,z,\lambda)=0 \tag{2-24}$$

λ 为上述方程的最大正实根。对引力势函数求一阶偏导，得到椭球模型下的引力加速度表达式为

$$\begin{cases}U_x=-\dfrac{3}{2}\mu x\displaystyle\int_\lambda^\infty \frac{\mathrm{d}u}{(\alpha^2+u)\Delta(u)}\\ U_y=-\dfrac{3}{2}\mu y\displaystyle\int_\lambda^\infty \frac{\mathrm{d}u}{(\beta^2+u)\Delta(u)}\\ U_z=-\dfrac{3}{2}\mu z\displaystyle\int_\lambda^\infty \frac{\mathrm{d}u}{(\gamma^2+u)\Delta(u)}\end{cases} \tag{2-25}$$

式中，U_x 、U_y 、U_z 分别表示检测点处沿 x 、y 、z 方向引力加速度。引力势函数的二阶偏导数构成 Hessian 矩阵 $\nabla^2\boldsymbol{U}$ ，可用于小行星附近轨道动力学分析和制导律设计。Hessian 矩阵是一个对称矩阵，可表示为

$$\nabla^2\boldsymbol{U}=\begin{pmatrix}U_{xx} & U_{xy} & U_{xz}\\ U_{xy} & U_{yy} & U_{yz}\\ U_{xz} & U_{yz} & U_{zz}\end{pmatrix} \tag{2-26}$$

矩阵各元素表达式为

$$\begin{cases}U_{xx}=-\dfrac{3}{2}\mu\displaystyle\int_\lambda^\infty \frac{\mathrm{d}u}{(\alpha^2+u)\Delta(u)}+\frac{3\mu x^2}{(\alpha^2+\lambda)^2\Delta(\lambda)}\frac{1}{\left[\dfrac{x^2}{(\alpha^2+\lambda)^2}+\dfrac{y^2}{(\beta^2+\lambda)^2}+\dfrac{z^2}{(\gamma^2+\lambda)^2}\right]}\\ U_{yy}=-\dfrac{3}{2}\mu\displaystyle\int_\lambda^\infty \frac{\mathrm{d}u}{(\beta^2+u)\Delta(u)}+\frac{3\mu y^2}{(\beta^2+\lambda)^2\Delta(\lambda)}\frac{1}{\left[\dfrac{x^2}{(\alpha^2+\lambda)^2}+\dfrac{y^2}{(\beta^2+\lambda)^2}+\dfrac{z^2}{(\gamma^2+\lambda)^2}\right]}\\ U_{zz}=-\dfrac{3}{2}\mu\displaystyle\int_\lambda^\infty \frac{\mathrm{d}u}{(\gamma^2+u)\Delta(u)}+\frac{3\mu z^2}{(\gamma^2+\lambda)^2\Delta(\lambda)}\frac{1}{\left[\dfrac{x^2}{(\alpha^2+\lambda)^2}+\dfrac{y^2}{(\beta^2+\lambda)^2}+\dfrac{z^2}{(\gamma^2+\lambda)^2}\right]}\\ U_{xy}=\dfrac{3\mu xy}{\Delta(\lambda)(1+\lambda)(\beta^2+\lambda)}\dfrac{1}{\left[\dfrac{x^2}{(1+\lambda)^2}+\dfrac{y^2}{(\beta^2+\lambda)^2}+\dfrac{z^2}{(\gamma^2+\lambda)^2}\right]}\\ U_{xz}=\dfrac{3\mu xz}{\Delta(\lambda)(1+\lambda)(\gamma^2+\lambda)}\dfrac{1}{\left[\dfrac{x^2}{(1+\lambda)^2}+\dfrac{y^2}{(\beta^2+\lambda)^2}+\dfrac{z^2}{(\gamma^2+\lambda)^2}\right]}\\ U_{yz}=\dfrac{3\mu yz}{\Delta(\lambda)(\beta^2+\lambda)(\gamma^2+\lambda)}\dfrac{1}{\left[\dfrac{x^2}{(1+\lambda)^2}+\dfrac{y^2}{(\beta^2+\lambda)^2}+\dfrac{z^2}{(\gamma^2+\lambda)^2}\right]}\end{cases}$$

$$\tag{2-27}$$

采用椭球逼近不规则小行星的外形时精度较低，因此建立的引力场模型精度也较差。但该模型原理简单、计算量小，在地面无法获得目标小行星的具体数据前，也常利用均质椭球模型来模拟小行星引力场开展理论研究。

(2) 多面体模型

多面体引力场模型利用多面体逼近小行星不规则外形，是一种典型的形状逼近方法，其中构建的三维形状模型每个面均为三角形，三角形之间通过共同的边与顶点相连。图 2-5 给出了小行星 216 Kleopatra 的多面体形状模型。

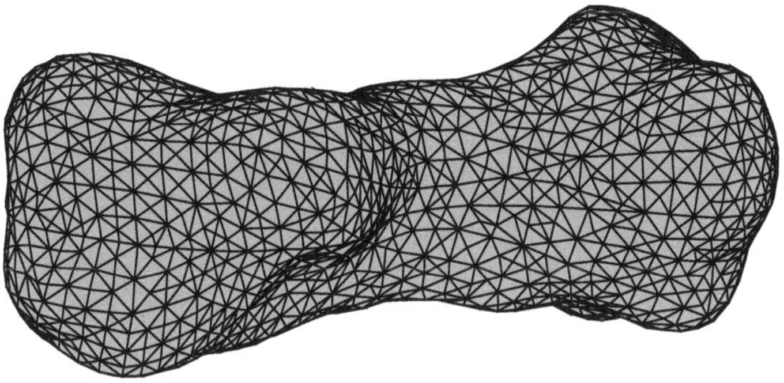

图 2-5　小行星 216 Kleopatra 多面体形状模型

通过对多面体进行积分可获得小行星的引力势函数，从而建立全局引力场模型。令 $\hat{\boldsymbol{i}}$、$\hat{\boldsymbol{j}}$、$\hat{\boldsymbol{k}}$ 分别为小行星固连坐标系三轴的单位矢量，引力场中具有单位质量的检测点的位置矢量 $\boldsymbol{r}=(x,y,z)^{\mathrm{T}}$，小行星内任意质量元素 d$m$ 的位置矢量 $\boldsymbol{r}_m=(\xi,\eta,\zeta)^{\mathrm{T}}$，两矢量的差为 $\Delta\boldsymbol{r}_m=(\Delta x,\Delta y,\Delta z)^{\mathrm{T}}=(\xi-x,\eta-y,\zeta-z)^{\mathrm{T}}$，由检测点指向质量元素 d$m$ 的单位矢量为

$$\hat{\boldsymbol{r}}=\frac{\Delta x}{\|\Delta r_m\|}\hat{\boldsymbol{i}}+\frac{\Delta y}{\|\Delta r_m\|}\hat{\boldsymbol{j}}+\frac{\Delta z}{\|\Delta r_m\|}\hat{\boldsymbol{k}} \tag{2-28}$$

当小行星密度均匀时，其引力势可表示为

$$U=G\iiint_M\frac{1}{\|\Delta\boldsymbol{r}_m\|}\mathrm{d}m=G\rho\iiint_V\frac{1}{\|\Delta\boldsymbol{r}_m\|}\mathrm{d}V \tag{2-29}$$

式中，ρ，M，V 分别为小行星的密度、质量和体积。

由散度的定义，可得

$$\frac{1}{\|\Delta\boldsymbol{r}_m\|}=\frac{1}{2}\mathrm{div}\hat{\boldsymbol{r}} \tag{2-30}$$

于是有

$$U=\frac{1}{2}G\rho\iiint_V\mathrm{div}\hat{\boldsymbol{r}}\,\mathrm{d}V \tag{2-31}$$

利用高斯公式将上式中的三重积分转换为对多面体外表面的第二型曲面积分，再利用格林公式转化为第二型曲线积分，从而将体积分转化为多面体模型各边的线积分和各面的面积分，即

$$U=\frac{1}{2}G\rho\sum_{e\in edges}L_e\boldsymbol{r}_e^{\mathrm{T}}\boldsymbol{E}_e\boldsymbol{r}_e-\frac{1}{2}G\rho\sum_{f\in faces}\omega_f\boldsymbol{r}_f^{\mathrm{T}}\boldsymbol{F}_f\boldsymbol{r}_f \tag{2-32}$$

式中，$\boldsymbol{r}_e$ ，$\boldsymbol{r}_f$ 分别表示多面体边和面上一点到检测点的位置矢量；$\boldsymbol{E}_e$ 与 $\boldsymbol{F}_f$ 为 3×3 矩阵，满足

$$\boldsymbol{E}_e=\hat{\boldsymbol{n}}_A(\hat{\boldsymbol{n}}_{21}^A)^{\mathrm{T}}+\hat{\boldsymbol{n}}_B(\hat{\boldsymbol{n}}_{12}^B)^{\mathrm{T}} \tag{2-33}$$

$$\boldsymbol{F}_f=\hat{\boldsymbol{n}}_f(\hat{\boldsymbol{n}}_f)^{\mathrm{T}} \tag{2-34}$$

式中，$\hat{\boldsymbol{n}}_A$，$\hat{\boldsymbol{n}}_B$，$\hat{\boldsymbol{n}}_f$ 为方向向外的面单位法向量；$\hat{\boldsymbol{n}}_{21}^A$，$\hat{\boldsymbol{n}}_{12}^B$ 为方向向外的边单位法向量，如图 2-6 所示。

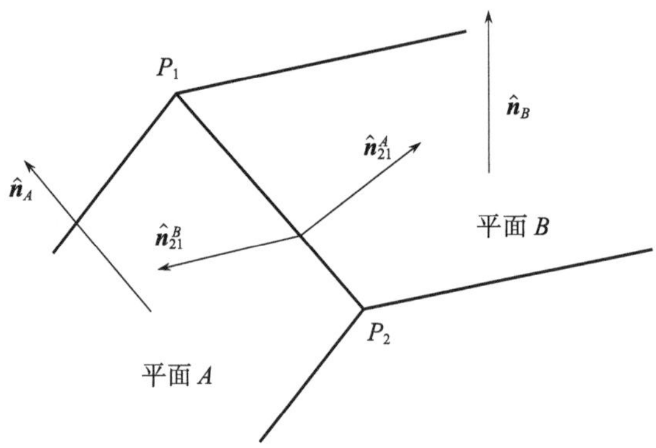

图 2-6　多面体模型面和边的单位法向量

面法向量 $\hat{\boldsymbol{n}}_f$ 可表示为

$$\hat{\boldsymbol{n}}_f=(\boldsymbol{r}_2-\boldsymbol{r}_1)\times(\boldsymbol{r}_3-\boldsymbol{r}_2)=\boldsymbol{r}_1\times\boldsymbol{r}_2+\boldsymbol{r}_2\times\boldsymbol{r}_3+\boldsymbol{r}_3\times\boldsymbol{r}_1 \tag{2-35}$$

式中，$\boldsymbol{r}_1$，$\boldsymbol{r}_2$，$\boldsymbol{r}_3$ 分别为面三角形的顶点坐标。方向向外的边法向量为

$$\begin{cases}\boldsymbol{n}_{12}^f=(\boldsymbol{r}_2-\boldsymbol{r}_1)\times\boldsymbol{n}_f\\ \boldsymbol{n}_{23}^f=(\boldsymbol{r}_3-\boldsymbol{r}_2)\times\boldsymbol{n}_f\\ \boldsymbol{n}_{31}^f=(\boldsymbol{r}_1-\boldsymbol{r}_3)\times\boldsymbol{n}_f\end{cases} \tag{2-36}$$

标量 L_e 与 ω_f 为

$$L_e=\ln\frac{r_i+r_j+e_{ij}}{r_i+r_j-e_{ij}} \tag{2-37}$$

$$\omega_f=2\arctan\frac{\boldsymbol{r}_i\cdot(\boldsymbol{r}_j\times\boldsymbol{r}_k)}{r_ir_jr_k+r_i(\boldsymbol{r}_j\cdot\boldsymbol{r}_k)+r_j(\boldsymbol{r}_k\cdot\boldsymbol{r}_i)+r_k(\boldsymbol{r}_i\cdot\boldsymbol{r}_j)} \tag{2-38}$$

式中，$\boldsymbol{r}_i$，$\boldsymbol{r}_j$，$\boldsymbol{r}_k$ 分别为检测点到面三角形三个顶点的矢量；r_i，r_j，r_k 为对应矢量长度；e_{ij} 为三角形边长。

对式（2-32）所示引力势函数求梯度，得到小行星引力加速度

$$\boldsymbol{g}=\nabla U=-G\rho\sum_{e\in edges}L_e\boldsymbol{E}_e\boldsymbol{r}_e+G\rho\sum_{f\in faces}\omega_f\boldsymbol{F}_f\boldsymbol{r}_f \tag{2-39}$$

此外，多面体引力场模型还可利用拉普拉斯算子判断空间中一点与多面体的位置关系

$$\nabla^2U=-G\rho\sum_{f\in faces}\omega_f \tag{2-40}$$

当检测点位于多面体外时，上式中 $-\sum\omega_f$ 趋近于 0；当检测点位于多面体内时，$-\sum\omega_f$ 趋近于 -4π。因此，可根据式（2-40）的取值判断检测点是否位于多面体内部，为仿真中判断探测器是否与小行星表面发生接触或碰撞提供了依据。

相比于球谐函数引力场模型，多面体引力场模型是一种适用于全局的小行星引力场建模方法，可用于小行星附近轨道运动和表面运动分析。此外，多面体引力场模型可逼近任意形状小行星的引力场，引力场模型精度随着多面体模型三角形数量的增加而提高，但与此同时计算量也将随之增大。

2.3　小行星附着动力学模型

在弱引力小行星附着过程中，探测器运动主要受到小行星引力和探测器自身推力的作用。建立小行星附着轨道动力学模型时，状态变量包括探测器的位置和速度，记为 $\boldsymbol{x}=(\boldsymbol{r}^{\mathrm{T}},\ \boldsymbol{v}^{\mathrm{T}})^{\mathrm{T}}=(x,\ y,\ z,\ v_x,\ v_y,\ v_z)^{\mathrm{T}}$。假设小行星绕其最大惯量主轴匀速旋转，小行星固连坐标系下探测器的附着动力学方程可表示为

$$\begin{cases}\dot{\boldsymbol{r}}=\boldsymbol{v}\\ \dot{\boldsymbol{v}}=-2\boldsymbol{\omega}\times\boldsymbol{v}-\boldsymbol{\omega}\times(\boldsymbol{\omega}\times\boldsymbol{r})+\boldsymbol{g}(\boldsymbol{r})+\boldsymbol{a}_c+\boldsymbol{n}_d\end{cases}\tag{2-41}$$

式中，$\boldsymbol{r}=(x,\ y,\ z)^{\mathrm{T}}$ 为探测器的位置矢量；$\boldsymbol{v}=(v_x,\ v_y,\ v_z)^{\mathrm{T}}$ 为探测器的速度矢量；$\boldsymbol{\omega}=(0,\ 0,\ \omega)^{\mathrm{T}}$ 为小行星自旋角速度矢量；$\boldsymbol{a}_c$ 为控制加速度；$\boldsymbol{n}_d$ 为环境扰动；$\boldsymbol{g}=(g_x,\ g_y,\ g_z)^{\mathrm{T}}$ 为小行星引力加速度，其大小在附着过程中随探测器位置变化，可通过上节引力场模型计算得到。

在设计附着方案时，常需要考虑探测器的燃料消耗，因此也常将探测器质量 m 视为状态变量，记为 $\boldsymbol{x}=(\boldsymbol{r}^{\mathrm{T}},\ \boldsymbol{v}^{\mathrm{T}},\ m)^{\mathrm{T}}$，忽略环境扰动，则附着动力学方程可表示为

$$\begin{cases}\dot{\boldsymbol{r}}=\boldsymbol{v}\\ \dot{\boldsymbol{v}}=-2\boldsymbol{\omega}\times\boldsymbol{v}-\boldsymbol{\omega}\times(\boldsymbol{\omega}\times\boldsymbol{r})+\boldsymbol{g}(\boldsymbol{r})+\dfrac{\boldsymbol{T}}{m}\\ \dot{m}=-\dfrac{\|\boldsymbol{T}\|}{I_{\mathrm{sp}}g_0}\end{cases}\tag{2-42}$$

式中，$\boldsymbol{T}$ 为探测器的推力矢量，满足 $\boldsymbol{a}_c=\boldsymbol{T}/m$；$\|\boldsymbol{T}\|$ 为推力矢量的模；I_{sp} 为推力器比冲；g_0 为地球引力加速度。

根据小行星固连坐标系和着陆点固连坐标系下探测器位置与速度的坐标转换关系，式（2-41）也可表示为

$$\begin{cases}\dot{\boldsymbol{r}}_l=\boldsymbol{v}_l\\ \boldsymbol{C}_l^a\dot{\boldsymbol{v}}_l=-2\boldsymbol{\omega}\times\boldsymbol{C}_l^a\boldsymbol{v}_l-\boldsymbol{\omega}\times[\boldsymbol{\omega}\times(\boldsymbol{C}_l^a\boldsymbol{r}_l+\boldsymbol{l})]+\boldsymbol{g}(\boldsymbol{r}_a)+\boldsymbol{C}_l^a\boldsymbol{a}_{cl}\end{cases}\tag{2-43}$$

式中，$\boldsymbol{a}_{cl}$ 为着陆点固连坐标系下的控制加速度。对上式进行整理，得到着陆点固连坐标系下的动力学方程

$$\begin{cases}\dot{\boldsymbol{r}}_l=\boldsymbol{v}_l\\ \dot{\boldsymbol{v}}_l=-2(\boldsymbol{C}_l^a)^{-1}(\boldsymbol{\omega}\times\boldsymbol{C}_l^a\boldsymbol{v}_l)-(\boldsymbol{C}_l^a)^{-1}\{\boldsymbol{\omega}\times[\boldsymbol{\omega}\times(\boldsymbol{C}_l^a\boldsymbol{r}_l+\boldsymbol{l})]\}+(\boldsymbol{C}_l^a)^{-1}\boldsymbol{g}(\boldsymbol{r}_a)+\boldsymbol{a}_{cl}\end{cases} \tag{2-44}$$

令

$$\boldsymbol{\xi}=-2(\boldsymbol{C}_l^a)^{-1}(\boldsymbol{\omega}\times\boldsymbol{C}_l^a\boldsymbol{v}_l)-(\boldsymbol{C}_l^a)^{-1}\{\boldsymbol{\omega}\times[\boldsymbol{\omega}\times(\boldsymbol{C}_l^a\boldsymbol{r}_l+\boldsymbol{l})]\}+(\boldsymbol{C}_l^a)^{-1}\boldsymbol{g}(\boldsymbol{r}_a) \tag{2-45}$$

附着动力学方程进一步可简写为

$$\begin{cases}\dot{\boldsymbol{r}}_l=\boldsymbol{v}_l\\ \dot{\boldsymbol{v}}_l=\boldsymbol{a}_{cl}+\boldsymbol{\xi}\end{cases} \tag{2-46}$$

2.4 柔性附着动力学模型

相对刚性着陆器，柔性着陆器动力学特性复杂，属于无穷维的分布参数系统。在保留柔性特性的前提下，首先对柔性着陆器结构进行简化，建立柔性着陆器近似模型[8]，使其既具有柔性特性，又能在附着过程中对其状态进行估计和控制。

将柔性着陆器上集中安装敏感器和执行机构、具有刚性特征的区域称为质量聚集区，质量聚集区之间通过柔性体连接。对于具有面状外形的柔性着陆器，三质量聚集区模型是等效模拟柔性着陆器运动的最简配置，柔性着陆器的近似模型如图 2-7 所示。

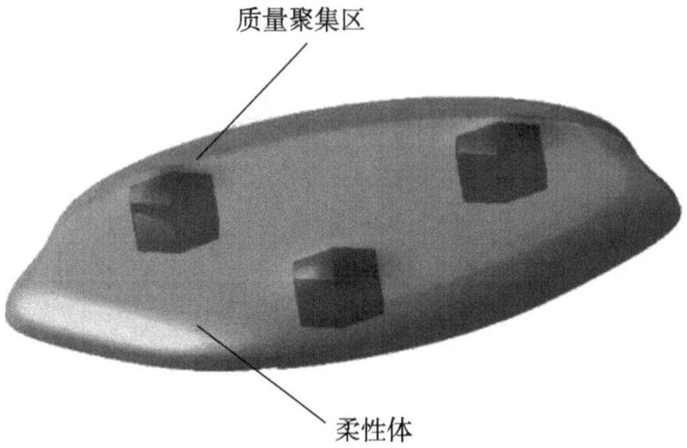

图 2-7　柔性着陆器三质量聚集区近似模型（见彩插）

为简化表述，以下称质量聚集区为节点，根据柔性特性建立节点动力学方程。定义三个节点所构成的平面为柔性着陆器的等效面，通过节点 $i(i=1, 2, 3)$ 在小行星固连坐标系下的位置矢量 $\boldsymbol{r}_i$，可以得到等效面的法向量 $\boldsymbol{n}_S$ 为

$$\boldsymbol{n}_S=\frac{\boldsymbol{r}_{12}\times\boldsymbol{r}_{13}}{\|\boldsymbol{r}_{12}\times\boldsymbol{r}_{13}\|} \tag{2-47}$$

式中，$\boldsymbol{r}_{12}=\boldsymbol{r}_2-\boldsymbol{r}_1$，$\boldsymbol{r}_{13}=\boldsymbol{r}_3-\boldsymbol{r}_1$。

定义如图 2-8 所示三个坐标系：

1）等效面参考坐标系 Σ^{s}：原点 O_s 位于等效面中心，z_s 轴与等效面法向量重合，x_s 轴由等效面中心指向节点 1，y_s 轴满足右手法则；

2）节点参考坐标系 Σ^{is}：原点 O_{is} 位于节点 i 质心，且 x_{is}，y_{is}，z_{is} 轴与等效面参考坐标系 x_s，y_s，z_s 三轴平行；

3）节点本体坐标系 Σ^{ib}：原点 O_{ib} 位于节点 i 质心，z_{ib} 与节点 i 最小惯量主轴重合，x_{ib} 与节点 i 最大惯量主轴重合，y_{ib} 轴满足右手法则。

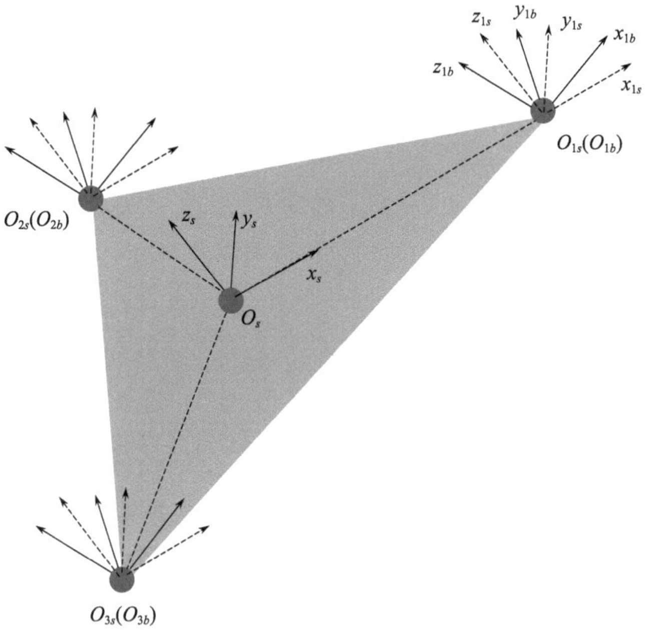

图 2-8　柔性着陆器坐标系示意图

附着过程中各节点受到柔性体内部相对拉压、弯扭产生的柔性力和力矩作用。节点 i 的动力学方程为

$$\begin{cases}\dot{\boldsymbol{r}}_i=\boldsymbol{v}_i\\ \dot{\boldsymbol{v}}_i=-2\boldsymbol{\omega}\times\boldsymbol{v}_i-\boldsymbol{\omega}\times(\boldsymbol{\omega}\times\boldsymbol{r}_i)+\boldsymbol{g}(\boldsymbol{r}_i)+\dfrac{\boldsymbol{T}_i}{m_i}+\dfrac{\boldsymbol{F}_{if}}{m_i}\\ \dot{\boldsymbol{q}}_i=\dfrac{1}{2}\boldsymbol{q}_i\otimes\boldsymbol{\omega}_i\\ \boldsymbol{I}_i\dot{\boldsymbol{\omega}}_i+\boldsymbol{\omega}_i\times(\boldsymbol{I}_i\boldsymbol{\omega}_i)=\boldsymbol{T}_{iw}+\boldsymbol{T}_{if}\end{cases}\tag{2-48}$$

式中，$\boldsymbol{r}_i$、$\boldsymbol{v}_i$ 和 $\boldsymbol{T}_i$ 分别为节点 i 在小行星固连坐标系下的位置、速度和推力矢量；$\boldsymbol{m}_i$ 为节点 i 的质量；$\boldsymbol{F}_{if}$ 为柔性力；$\boldsymbol{q}_i$ 为节点 i 的姿态四元数；$\boldsymbol{I}_i$ 和 $\boldsymbol{\omega}_i$ 为节点其本体坐标系下的转动惯量和角速度矢量；$\boldsymbol{T}_{iw}$、$\boldsymbol{T}_{if}$ 分别为控制力矩和柔性力矩。

为便于系统设计分析，建立基于弹簧—阻尼—扭簧的简化模型，近似描述节点受到的柔性力和力矩作用，如图 2-9 所示。

对于节点 i，柔性力 $\boldsymbol{F}_{if}$ 由拉压内力 $\boldsymbol{F}_{if}^{t}$ 和弯扭内力 $\boldsymbol{F}_{if}^{\tau}$ 组成，即

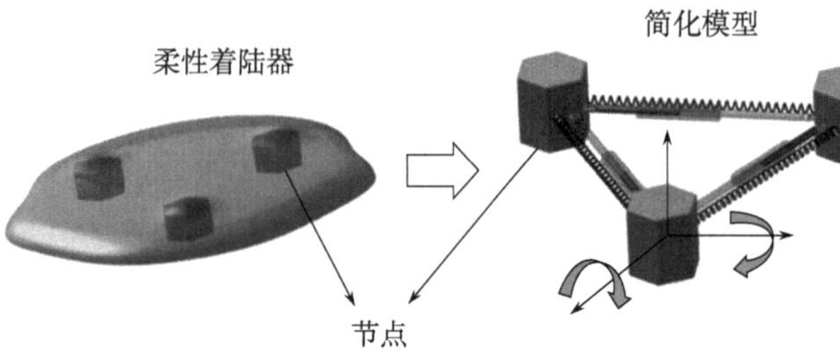

图 2-9　柔性着陆器简化模型示意图（见彩插）

$$\boldsymbol{F}_{if}=\boldsymbol{F}_{if}^{t}+\boldsymbol{F}_{if}^{\tau} \tag{2-49}$$

式中，拉压内力 $\boldsymbol{F}_{if}^{t}$ 表示为

$$\boldsymbol{F}_{if}^{t}=\boldsymbol{F}_{ij}^{t}+\boldsymbol{F}_{ik}^{t} \tag{2-50}$$

$\boldsymbol{F}_{ij}^{t}$ 和 $\boldsymbol{F}_{ik}^{t}$ 分别代表节点 i 与节点 j 之间的拉压内力以及节点 i 与节点 k 之间的拉压内力。拉压内力满足

$$\begin{cases}\boldsymbol{F}_{ij}^{t}=k_{ij}^{r}(\|\boldsymbol{r}_{ij}\|-l_0)\dfrac{\boldsymbol{r}_{ij}}{\|\boldsymbol{r}_{ij}\|}+k_{ij}^{v}\boldsymbol{v}_{ij}^{\mathrm{T}}\dfrac{\boldsymbol{r}_{ij}}{\|\boldsymbol{r}_{ij}\|}\dfrac{\boldsymbol{r}_{ij}}{\|\boldsymbol{r}_{ij}\|}\\ \boldsymbol{F}_{ik}^{t}=k_{ik}^{r}(\|\boldsymbol{r}_{ik}\|-l_0)\dfrac{\boldsymbol{r}_{ik}}{\|\boldsymbol{r}_{ik}\|}+k_{ik}^{v}\boldsymbol{v}_{ik}^{\mathrm{T}}\dfrac{\boldsymbol{r}_{ik}}{\|\boldsymbol{r}_{ik}\|}\dfrac{\boldsymbol{r}_{ik}}{\|\boldsymbol{r}_{ik}\|}\end{cases} \tag{2-51}$$

式中，k_{ij}^{r}，k_{ik}^{r} 和 k_{ij}^{v}，k_{ik}^{v} 分别为弹簧项和阻尼项系数；l_0 为节点间标称相对距离。

根据力和力矩平衡，得到弯扭内力 $\boldsymbol{F}_{if}^{\tau}$ 满足

$$\begin{cases}\boldsymbol{F}_{if}^{\tau}+\boldsymbol{F}_{jf}^{\tau}+\boldsymbol{F}_{kf}^{\tau}=\boldsymbol{0}\\ \boldsymbol{r}_{ij}\times\boldsymbol{F}_{jf}^{\tau}+\boldsymbol{r}_{ik}\times\boldsymbol{F}_{kf}^{\tau}+\boldsymbol{C}_{ib}^{a}\boldsymbol{T}_{if}=\boldsymbol{0}\end{cases} \tag{2-52}$$

式中，$\boldsymbol{C}_{ib}^{a}$ 为节点 i 本体坐标系到小行星固连坐标系的转换矩阵。假设弯扭内力在节点参考坐标系下其 x 轴和 y 轴方向分量为 0，此时方程组具有唯一解。节点 i 上作用的柔性力矩 $\boldsymbol{T}_{if}$ 可通过扭簧模型得到

$$\boldsymbol{T}_{if}=\boldsymbol{C}_{is}^{ib}\begin{pmatrix}-K_1\theta_i-C_1\dot{\theta}_i\\ -K_2\beta_i-C_2\dot{\beta}_i\\ 0\end{pmatrix} \tag{2-53}$$

式中，θ_i 和 β_i 分别为节点 i 本体坐标系相对节点参考坐标系 x 轴和 y 轴转动的角度；$\boldsymbol{C}_{is}^{ib}$ 为节点 i 参考坐标系到节点本体坐标系的转换矩阵。

将上述拉压内力、弯扭内力以及柔性力矩代入式（2-48），得到柔性着陆器节点 i 的简化动力学方程为

$$
\begin{cases}
\dot{\boldsymbol{r}}_i = \boldsymbol{v}_i \\
\dot{\boldsymbol{v}}_i = -2\boldsymbol{\omega} \times \boldsymbol{v}_i - \boldsymbol{\omega} \times (\boldsymbol{\omega} \times \boldsymbol{r}_i) + \boldsymbol{g}(\boldsymbol{r}_i) + \dfrac{\boldsymbol{T}_i}{m_i} + \dfrac{\boldsymbol{F}_{if}^{\tau}}{m_i} + \\
\qquad \dfrac{1}{m_i}\left[k_{ij}^{r}(\|\boldsymbol{r}_{ij}\| - l_0)\dfrac{\boldsymbol{r}_{ij}}{\|\boldsymbol{r}_{ij}\|} + k_{ij}^{v}\boldsymbol{v}_{ij}^{\mathrm{T}}\dfrac{\boldsymbol{r}_{ij}}{\|\boldsymbol{r}_{ij}\|}\dfrac{\boldsymbol{r}_{ij}}{\|\boldsymbol{r}_{ij}\|} + k_{ik}^{r}(\|\boldsymbol{r}_{ik}\| - l_0)\dfrac{\boldsymbol{r}_{ik}}{\|\boldsymbol{r}_{ik}\|} + k_{ik}^{v}\boldsymbol{v}_{ik}^{\mathrm{T}}\dfrac{\boldsymbol{r}_{ik}}{\|\boldsymbol{r}_{ik}\|}\dfrac{\boldsymbol{r}_{ik}}{\|\boldsymbol{r}_{ik}\|}\right] \\
\dot{\boldsymbol{q}}_i = \dfrac{1}{2}\boldsymbol{q}_i \otimes \boldsymbol{\omega}_i \\
\boldsymbol{I}_i\dot{\boldsymbol{\omega}}_i + \boldsymbol{\omega}_i \times (\boldsymbol{I}_i\boldsymbol{\omega}_i) = \boldsymbol{T}_{iw} + \boldsymbol{C}_{is}^{ib}\begin{pmatrix} -K_1\theta_i - C_1\dot{\theta}_i \\ -K_2\beta_i - C_2\dot{\beta}_i \\ 0 \end{pmatrix}
\end{cases}
\tag{2-54}
$$

在上述柔性着陆器节点动力学模型的基础上，可进一步完成柔性附着过程的自主导航与制导方法设计，具体内容将在第 6 章与第 7 章详细介绍。

参考文献

[1] 崔平远，袁旭，朱圣英，等．小天体自主附着技术研究进展［J］．宇航学报，2016，37（7）：759－767.

[2] TAKAHASHI Y，SCHEERES D J，WERNER R A. Surface gravity fields for asteroids and comets［J］. Journal of Guidance，Control，and Dynamics，2013，36（2）：362－374.

[3] WERNER R，SCHEERES D. Exterior gravitation of a polyhedron derived and compared with harmonic and mascon gravitation representations of asteroid 4769 Castalia［J］. Celestial Mechanics and Dynamical Astronomy，1996，65（3）：313－344.

[4] 袁旭．小行星着陆轨迹优化与控制方法研究［D］．北京：北京理工大学，2018.

[5] 刘延杰，朱圣英，崔平远．序列凸优化的小行星附着轨迹优化［J］．宇航学报，2018，39（2）：177－183.

[6] CHANUT T G，ALJBAAE S，CARRUBA V. Mascon gravitation model using a shaped polyhedral source［J］. Monthly Notices of the Royal Astronomical Society，2015，450（4）：3742－3749.

[7] SCHEERES D J，WILLIAMS B G，MILLER J K. Evaluation of the dynamic environment of an asteroid：Applications to 433 Eros［J］. Journal of Guidance，Control，and Dynamics，2000，23（3）：466－475.

[8] 崔平远，陆晓萱，朱圣英，等．小行星柔性附着状态协同估计方法［J］．宇航学报，2022，43（9）：1219－1226.

[9] FENG R，YOSHIDA K，LI J，et al. Rebound stabilization for an asteroid lander by flexible plate design［J］. Aerospace Science and Technology，2022（131）：107969.

[10] CHEN Z，LONG J，CUI P. Trajectory design for landing on small celestial body with flexible lander［J］. Acta Astronautica，2023（212）：492－504.

第3章　星表导航特征提取与匹配

光学导航是小行星附着任务的主要导航方式，下降过程中探测器利用光学相机等敏感器对小行星表面进行成像，通过提取导航特征，并与形貌数据库或历史观测信息进行匹配，确定探测器的位姿状态。本章介绍不同类型导航特征的提取与匹配方法以及误匹配校正与剔除方法。

3.1　形貌特征检测与匹配

小行星表面形貌复杂，存在陨石坑、岩石等形貌特征，这些典型的自然形貌可辨识性强，常作为导航特征用于附着过程自主导航。在良好的光照条件下，陨石坑边缘对比度明显、亮度变化显著，是一类理想的导航陆标[1]。与陨石坑具有较为一致的几何轮廓不同，小行星表面的岩石形状不规则、大小各异，尺寸较大的岩石可作为导航陆标，用于探测器状态确定。

3.1.1　陨石坑检测

针对小行星环境暗弱、快速自旋，导致星表陨石坑准确检测难的情况，给出一种暗弱环境下陨石坑智能感知算法[2]。通过模拟小行星自旋及相机视角变化带来的图像变换，构造陨石坑智能检测网络，并引入图像切分方法，提高陨石坑正确检测率。

小行星目标环境暗弱，导致获取的图像对比度较低、陨石坑特征不明显，采用基于局部方差均衡的图像增强算法对相机图像进行处理。相比于传统的基于直方图均衡化图像增强算法，基于局部方差均衡的图像增强算法能够有效增强图像的对比度，突出陨石坑边缘信息的同时，避免出现过增强现象。

定义以像素点 $P(i,j)$ 为中心，大小为 $(2k+1)\times(2k+1)$ 的滑动窗口

$$\begin{cases} m(i,j)=\dfrac{1}{(2k+1)(2k+1)}\displaystyle\sum_{x=i-k}^{i+k}\sum_{y=j-k}^{j+k}f(x,y) \\ \sigma^2(i,j)=\dfrac{1}{(2k+1)(2k+1)}\displaystyle\sum_{x=i-k}^{i+k}\sum_{y=j-k}^{j+k}[f(x,y)-m(i,j)]^2 \end{cases} \tag{3-1}$$

式中，$m(i,j)$、$\sigma^2(i,j)$ 分别为中心像素点 $P(i,j)$ 的局部均值及方差；$f(x,y)$ 表示窗口中心像素点 (i,j) 所对应的灰度值。

选择大小合适的滑动窗口逐个像素进行移动，用增强后的灰度值代替原窗口中心的灰度值，对小行星图像进行增强

$$q(i,j)=m(i,j)+\frac{f(i,j)-m(i,j)}{\sigma^2(i,j)} \tag{3-2}$$

式中，$q(i,\ j)$ 为增强后的滑动窗口中心 $(i,\ j)$ 的灰度值。

考虑到在构建小行星陨石坑数据集时，存在陨石坑漏标或标注错误的情况，将YOLOv7网络与自学习算法结合，利用已有标注信息预测未标记的数据，并自动生成新的注释信息，更新数据集，用于后续网络模型训练。YOLOv7利用空间金字塔池化及双向融合网络，能够较好地实现对不同尺寸陨石坑的检测。同时，在训练过程中，通过随机遮挡、抹除一部分图像来增强模型泛化能力，一定程度上解决了形状不规则陨石坑的精准检测问题。

采用YOLOv7结合自学习的网络对陨石坑检测模型进行训练。YOLOv7结合自学习的网络结构如图3-1所示，采用的特征提取网络包括53个卷积层、23个残差单元，在主干网络中使用了Mish激活函数，其他部分使用了Leaky-ReLu激活函数，并且使用Dropblock正则化方式随机删除神经元，简化网络整体结构。

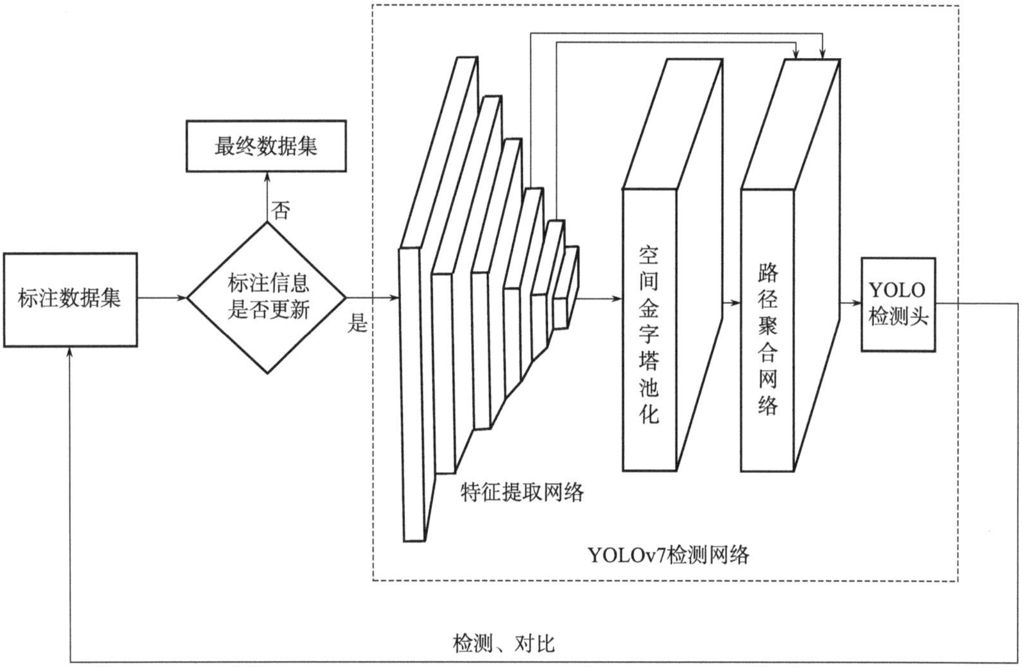

图3-1　YOLOv7结合自学习的网络结构

由于目前已开展的小行星探测任务获取的小行星图像数量有限，难以满足深度学习网络的训练需求，容易产生过拟合现象。同时，考虑到小行星自旋特性及附着过程中相机视角动态变化，采用图像空间多视角重投影生成新的训练数据。

如图3-2所示，设相机绕其光心 Q 做旋转运动，P 为空间场景中的一点。假设同一场景下，相机在初始位置和绕光心 Q 旋转之后拍摄的两幅图像分别为 A 和 B，P 点在图像 A、B 中的投影点分别为 $\boldsymbol{u}_a$、$\boldsymbol{u}_b$，根据相机成像原理，有

$$\boldsymbol{u}_a = [\boldsymbol{K} \mid \boldsymbol{0}]\boldsymbol{P} \tag{3-3}$$

$$\boldsymbol{u}_b = [\boldsymbol{KR} \mid \boldsymbol{0}]\boldsymbol{P} \tag{3-4}$$

式中，$\boldsymbol{K}$ 为相机内部参数矩阵；$\boldsymbol{R}$ 为旋转矩阵。结合式（3-3）和式（3-4），可得

$$\boldsymbol{u}_b = \boldsymbol{K}\boldsymbol{R}\boldsymbol{K}^{-1}\boldsymbol{u}_a \tag{3-5}$$

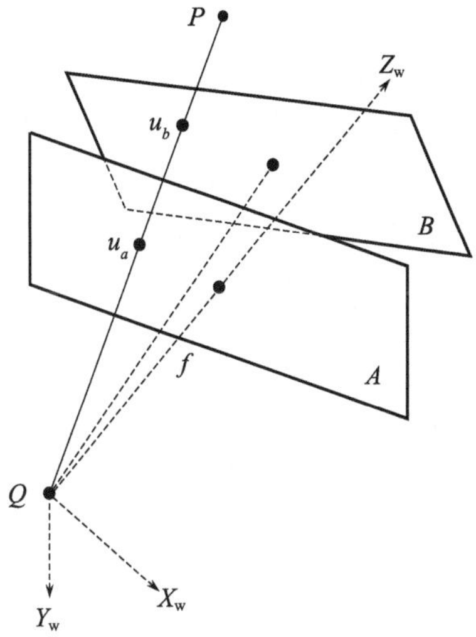

图 3-2　相机绕光心旋转

基于式（3-5）取旋转矩阵 $\boldsymbol{R}$ 三轴旋转角度区间为［－45°，＋45°］，每个轴在［－45°，＋45°］区间间隔 10°取样，产生 1 000 个旋转矩阵来模拟小行星自旋及相机在不同视角下拍摄的图像。除此之外，还可通过加入高斯噪声、镜像、剪裁、旋转多种传统数据增强方法进一步扩充数据集。部分增强效果如图 3-3 所示。

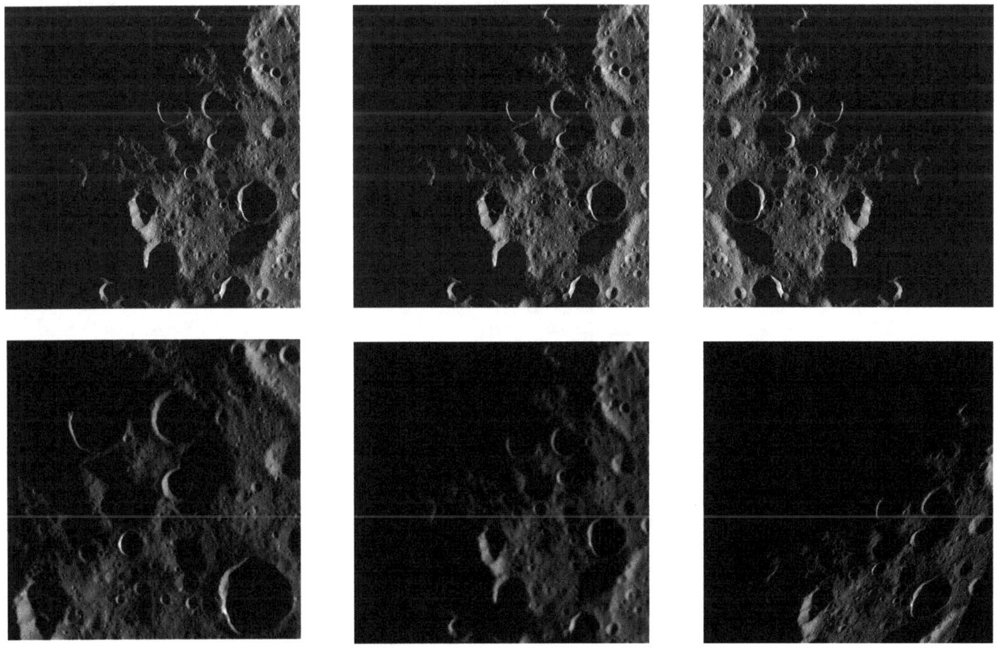

图 3-3　图像数据增强

针对小行星图像中小陨石坑漏检问题，将图像增强后的预测图片自适应切分成若干个有重叠区域的子图像送入检测网络，并将预测结果合并显示在预测图像中。切分示意图如图 3-4 所示。

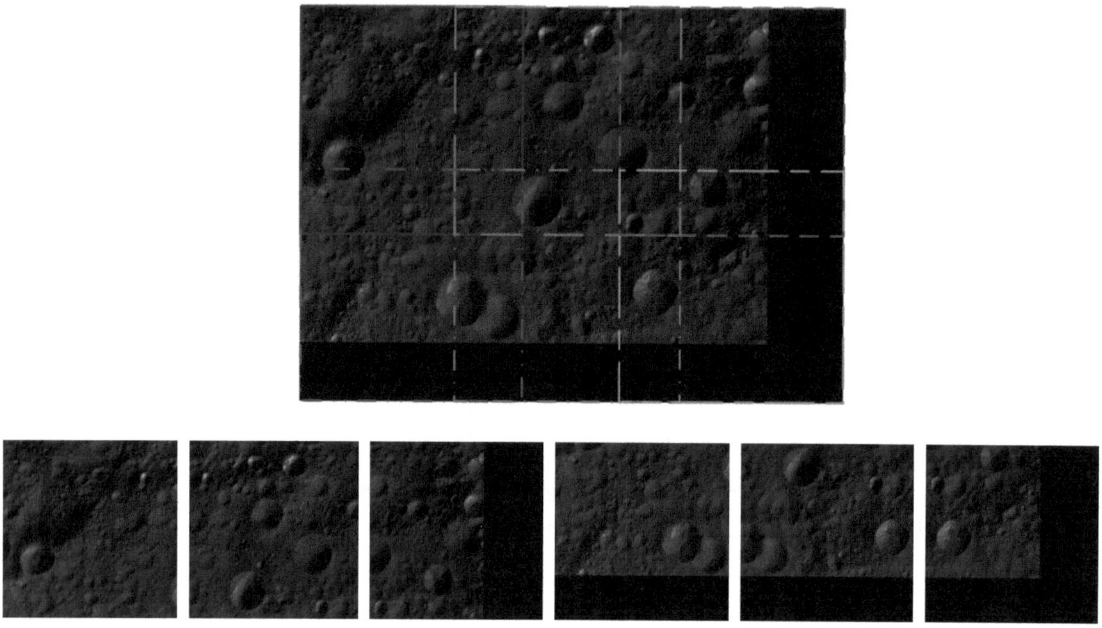

图 3-4　图像切分示意图

为使得图中最大的陨石坑至少出现在任意一块切分子图像中，切分子图像间应保留一定的重叠区域。假设已知最大陨石坑直径为 R，检测图像为相机在高度 H 处拍摄，相机焦距为 f，则

$$t = \frac{Rf}{H} \tag{3-6}$$

式中，t 为最大陨石坑直径在图像中所占像素大小，令其为切分子图像间重叠区域宽度。按下式对图像进行切分

$$\begin{cases} m = \left\lceil \dfrac{L-t}{C-t} \right. \\ n = \left\lceil \dfrac{W-t}{D-t} \right. \\ \Delta L = Cm - (m-1)t - L \\ \Delta W = Dn - (nm-1)t - W \end{cases} \tag{3-7}$$

式中，符号 $\lceil$ 表示向下取整，$L \times W$ 为预测图像的分辨率大小；$C \times D$ 为切分子图像的分辨率大小；m、n 为图像水平和竖直方向切分的子图像块数；ΔL、ΔW 为水平方向、竖直方向补全的像素数。

在 Windows 系统下的 Pytorch 框架中对上述方法进行仿真分析，按照 7∶2∶1 的比例，将数据集随机划分为训练集、测试集与验证集，训练参数见表3-1。

表3-1 训练参数

参数	数值
输入图像大小/(像素)	640×640
初始学习率	0.001
训练代数	10 000
步长	8

首先，利用数据集训练YOLOv7网络，获得初始陨石坑检测模型。随后，通过该模型对数据集图像进行陨石坑检测，并根据检测结果对数据集标注信息进行更新。对于数据集标注信息中没有的检测结果，若其置信度大于所设高阈值，则将其添加到标注信息中。对于数据集标注信息中存在，而检测结果中不存在或置信度小于所设低阈值的目标，将其相应标注信息删除。最后，重复上述两个步骤，使用更新后的数据集重新训练模型并不断更新数据集，直至数据集标注信息不再更新，此时的数据集为最终数据集，并用于后续的网络训练。

在3×3卷积核作用下，采用的网络输入尺寸应该为32的倍数，输入图像尺寸越大，数据信息越丰富，特征提取网络越深，但是训练和检测速度就会越慢。输入图像调整统一尺寸过小，会导致模型无法学习小陨石坑的显著特征，对于模型的性能会产生负面影响。通过图3-5可以看出，分辨率越小，检测率越低，到640×640时，检测率趋于稳定，但是分辨率越高，训练时间越长，因此将输入图像输入前调整为统一尺寸大小640×640有利于小行星陨石坑检测。网络训练结果如图3-6所示，随着训练代数增加，损失函数不断减小，经过300代左右，损失函数大小逐渐稳定于0.04，表明网络模型训练效果良好。

将上述算法分别与YOLOv4网络、SSD网络、Faster R-CNN网络、EfficientNet网络及CenterNet网络进行对比。由图3-7检测结果可以看出：1）SSD网络与Faster R-CNN网络对于陨石坑重叠、密集的区域以及小陨石坑检测效果差，存在较多漏检；2）EfficientNet网络、CenterNet网络及YOLOv4网络能够检测到更多的陨石坑，三者中YOLOv4网络检测效果最好，但是依旧存在小陨石坑漏检问题；3）相比于其他5种目标检测算法，采用YOLOv7的陨石坑智能感知算法通过引入图像空间多视角重投影及切分等改进方法，对陨石坑检测效果更佳。

3.1.2 岩石检测

岩石检测主要利用星表光照区和阴影区的亮度差异，通过阴影分割提取和形状拟合，获取岩石特征的几何参数。

首先，对图像进行灰度对比度变换，对岩石阴影区域进行分割。假设原图像$f(x, y)$的灰度范围为$[a, b]$，变换后图像$g(x, y)$的灰度范围为$[c, d]$，则有

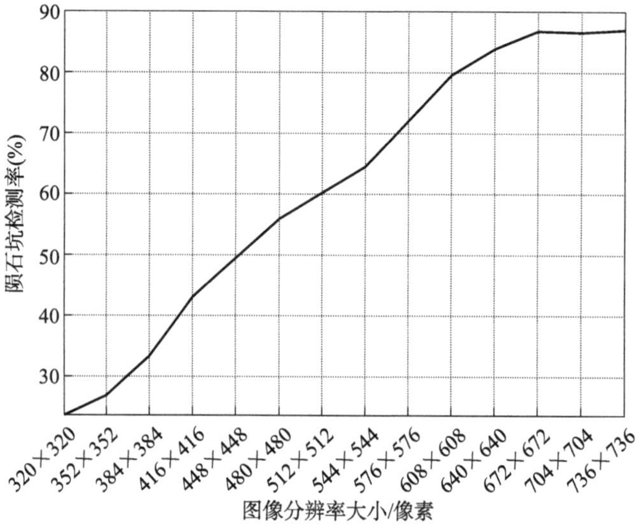

图 3-5　图像分辨率与检测率曲线

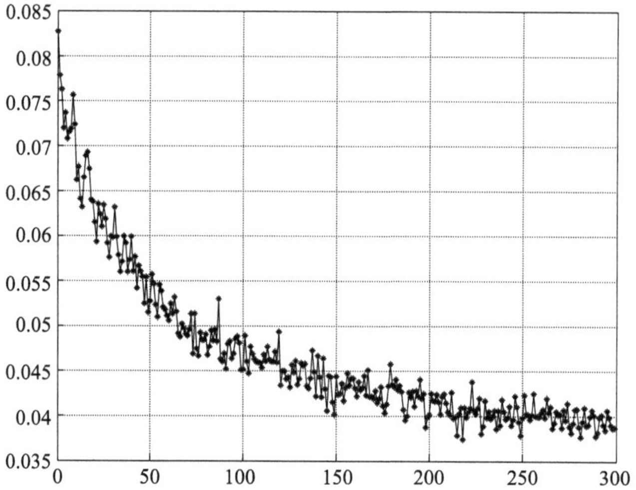

图 3-6　训练损失函数曲线

$$g(x,y)=\begin{cases}\dfrac{d-c}{a-b}[f(x,y)-a]+c & , \quad a<f(x,y)<b \\ d & , \quad 其他\end{cases} \tag{3-8}$$

利用对比度变换，实现对低值灰度的扩展以及对高值灰度的压缩，在图像中清晰地显现出阴影目标。

对图 3-8 所示的小行星表面图像进行对比度变换，得到的结果如图 3-9 所示，图中岩石阴影被准确提取，在此基础上可进一步实现阴影分割。

采用模糊 C 均值聚类分割算法，将灰度对比度变换后的图像灰度值 $x_i(i=1, 2, \cdots, n)$ 分割为阴影和背景两部分，聚类数 c 取为 2，聚类中心为 $v_i(i=1, 2)$，u_{ik} 为第 k 个样本对第 i 类的隶属度函数，满足 $0 \leqslant u_{ik} \leqslant 1$。模糊 C 均值聚类分割算法的目标函数可表示为

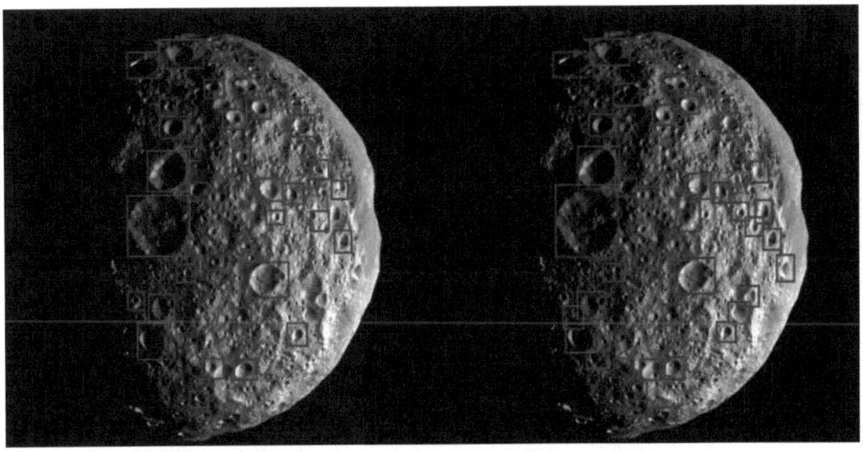

(a) SSD 检测结果　　(b) EfficientNet 检测结果

(c) CenterNet 检测结果　　(d) Faster R-CNN 检测结果

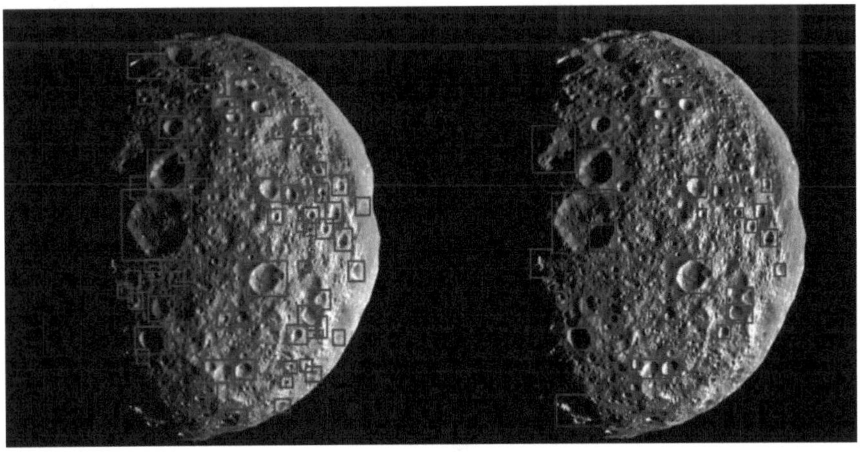

(e) YOLOv4检测结果　　(f) YOLOv7 检测结果

图 3-7　小行星陨石坑检测结果（见彩插）

图 3-8 原始着陆图像

图 3-9 灰度对比度变换结果

$$J_m(U,V)=\sum_{i=1}^{c}\sum_{k=1}^{n}u_{ik}^{m}\|x_k-v_i\| \tag{3-9}$$

式中，$U=\{u_{ik}\}$；$V=\{v_1,\ v_2\}$；$m>1$ 为常数；隶属度函数 u_{ik} 满足约束条件

$$\sum_{i=1}^{c}u_{ik}=1 \tag{3-10}$$

式中，$k=1,\ 2,\ \cdots,\ n$。在约束（3-10）下优化目标函数（3-9）得到

$$\begin{cases} u_{ik}=\dfrac{(1/\|x_k-v_i\|^2)^{1/(m-1)}}{\sum\limits_{j=1}^{c}(1/\|x_k-v_j\|^2)^{1/(m-1)}} \\ v_i=\dfrac{\sum\limits_{k=1}^{n}u_{ik}^{m}x_k}{\sum\limits_{k=1}^{n}u_{ik}^{m}} \end{cases} \tag{3-11}$$

通过给定初始模糊隶属度集合 $U^{(0)}$，交替计算 U、V，直到收敛至目标函数最优值，可确定聚类中心和隶属度取值，从而将阴影与背景进行有效分割。

对经过对比度变换的图 3-9 进行阴影分割，结果如图 3-10 所示。从分割结果可以看出，从背景图像中有效提取得到了岩石阴影。

图 3-10 岩石阴影分割结果

在阴影提取的基础上，结合阴影几何参数与光照信息确定岩石几何参数，获取岩石的位置和尺寸信息，其基本原理如图 3 - 11 所示。

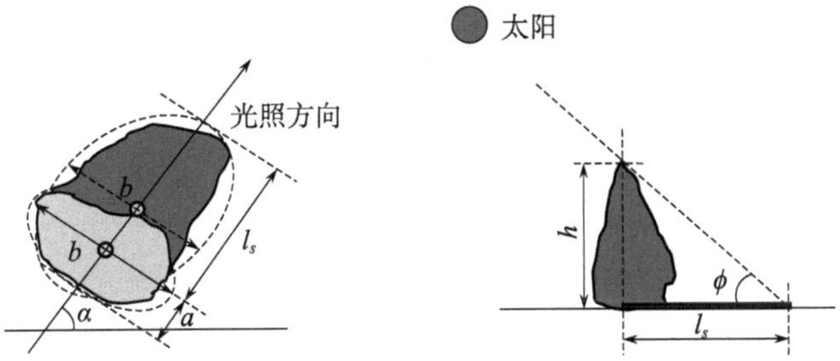

(a) 水平方向投影关系　　(b) 垂直方向投影关系

图 3 - 11　岩石位置和尺寸拟合示意图

首先对阴影的外接椭圆进行拟合，岩石在垂直光照方向的尺寸可用阴影外接椭圆在该方向的最大尺寸 b 表示，岩石在光照方向的尺寸根据 b 的大小近似估计，岩石在光照方向的位置在阴影拟合椭圆轴线上，在垂直光照方向的位置根据光照方向上的阴影位置来确定。岩石高度 h 可根据阴影长度 l_s 和太阳高度角 ϕ 计算得到

$$h = l_s \tan\phi \tag{3-12}$$

假设太阳高度角为 45°，在图 3 - 10 阴影提取结果基础上，根据岩石几何参数确定方法，提取得到的岩石如图 3 - 12 所示。结果表明图像中的大多数岩石能够被有效提取。

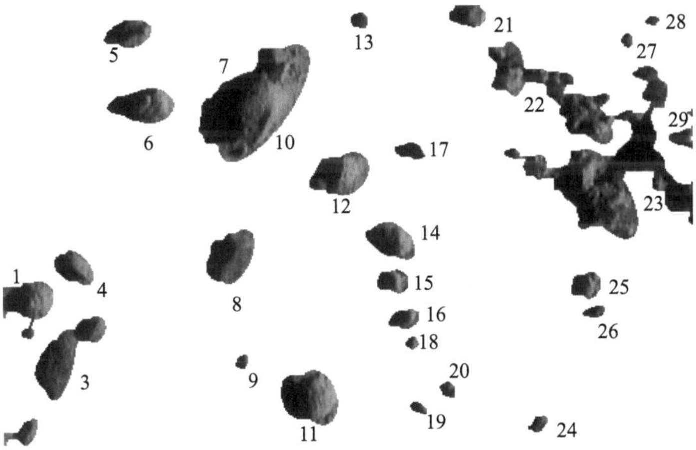

图 3 - 12　岩石提取结果

此外，岩石面积还可以根据探测器的高度和相机参数获得。令相机分辨率为 $m \times n$，相机视场角为 θ，探测器高度为 h，则检测到的岩石面积可表示为

$$S \approx \frac{4N_r h^2}{mn} \tan^2\left(\frac{\theta}{2}\right) \tag{3-13}$$

式中，N_r 为岩石像素。假设图 3 - 8 所示的着陆图像拍摄高度为 30 m，相机分辨率为

1 024×1 024，相机视场角为 30°，利用上式估计得到的岩石面积见表 3－2。

表 3－2　岩石像素大小和面积

编号	像素	面积/m^2	编号	像素	面积/m^2
1	691	0.635 7	15	264	0.242 9
2	217	0.199 6	16	223	0.205 1
3	1 350	1.241 9	17	166	0.152 7
4	383	0.352 3	18	51	0.046 9
5	477	0.438 8	19	72	0.066 2
6	745	0.685 3	20	100	0.092 0
7	3 206	2.949 3	21	322	0.296 2
8	993	0.913 5	22	2 108	1.939 2
9	69	0.063 5	23	4 985	4.585 9
10	25	0.023 0	24	110	0.101 2
11	975	0.896 9	25	295	0.271 4
12	724	0.666 0	26	107	0.098 4
13	117	0.107 6	27	63	0.058 0
14	553	0.508 7	28	52	0.047 8

3.1.3　形貌特征匹配

3.1.1 节中，陨石坑识别检测结果以矩形预测框形式输出，利用图像的像素信息，在圆形支撑区域内划分梯度方向区间，构建归一化预测框特征描述符。预测框描述符构建过程如图 3－13 所示。

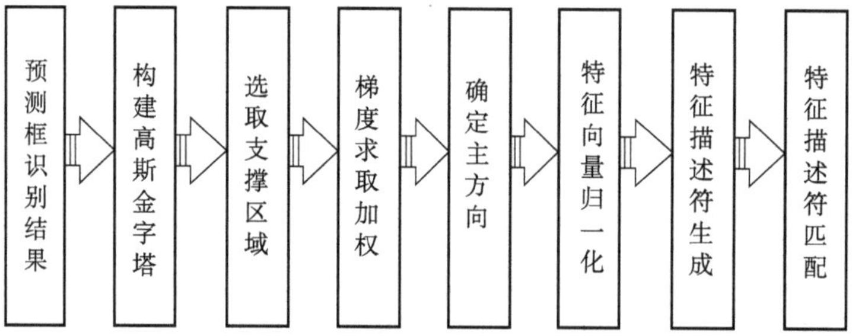

图 3－13　预测框描述符构建过程

（1）支撑区域建立

针对附着过程中可视区域逐渐变小造成的图像尺度变化，对图像进行降采样和高斯模糊，构建预测框高斯金字塔。高斯金字塔由一系列尺度不同的图像组成，每个图像通过对原始图像进行不同程度的高斯模糊得到。如图 3－14 所示，通过模拟图像数据的多尺度特征，对金字塔中每幅图像的预测框进行描述，使得构建的描述符具有尺度不变性。降采样

因子为 $\sqrt{2}$ ，图像大小与高斯金字塔层数关系为

$$\text{level}=\frac{\log(\min(\text{width},\text{height}))}{\log 2}-2 \tag{3-14}$$

式中，level 为高斯金字塔层数；width，height 为原始图像的尺寸。

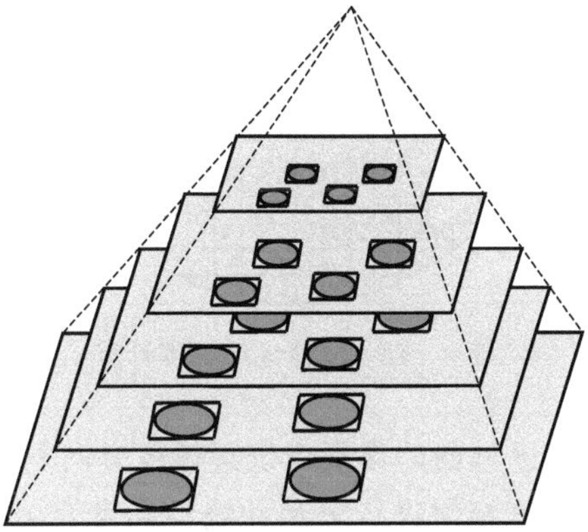

图 3-14　预测框高斯金字塔

描述符支撑区域的选取将影响正确匹配数和匹配速度。如图 3-15（a）所示，若选取矩形预测框作为支撑区域，当图像发生旋转变化后，预测框内的信息将发生变化。如图 3-15（c）所示，通过等比例扩大支撑区域构建描述符能够提高预测框匹配率，但同时也提高了算法运算复杂度。以下采用图 3-15（b）所示圆形支撑区域代替矩形区域，增强特征区域旋转变换的鲁棒性，并降低构建描述符的运算复杂性。

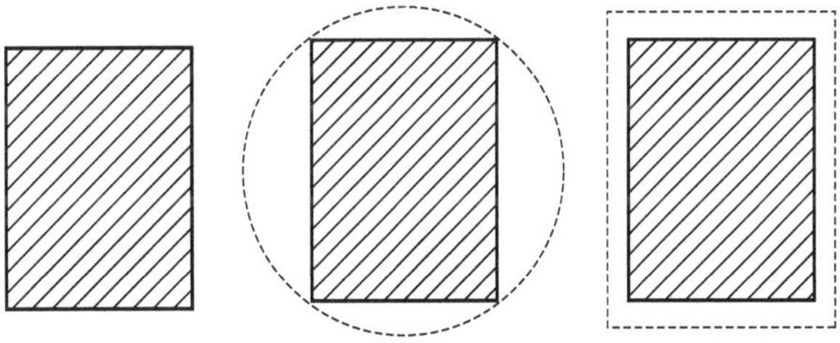

图 3-15　支撑区域选取

（2）主方向确定

计算支撑区域内像素点（x，y）的梯度幅值 $m(x, y)$ 及方向 $\alpha(x, y)$。支撑区域中靠近中心的像素具有更高的权重，因此采用高斯模板进行权重赋值，梯度计算如图 3-16 所示。高斯函数在取权重时采用如下所示的二维正态分布形式

$$f(r)=\frac{1}{2\pi\sigma^2}\mathrm{e}^{-\frac{r^2}{2\sigma^2}} \tag{3-15}$$

式中，r 为支撑区域内像素点（x，y）到圆形支撑区域圆心的距离。

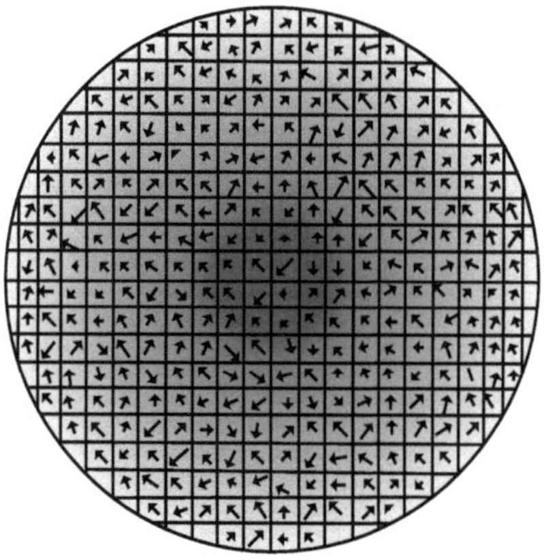

图 3-16 支撑区域梯度计算

如图 3-17 所示，将支撑区域内的像素点按其梯度方向划分为 n 个区间。按照划分的梯度方向对各区间内像素点梯度幅值进行求和并统计梯度直方图。对于第 F_i 个方向区间梯度幅值求和表示为

$$\begin{cases} F_i = \left[\dfrac{2\pi(i-1)}{n}, \dfrac{2\pi i}{n}\right) \\ G_{F_i} = \sum\limits_{a(x,y)\in F_i} w(x,y) \cdot g(x,y) \end{cases} \tag{3-16}$$

式中，$i \in [1, n]$；$w(x, y)$ 为像素点 (x, y) 对应的权重系数。如图 3-18 所示，横轴为所划分的 n 个梯度方向区间，纵轴为对应方向区间内梯度幅值总和。

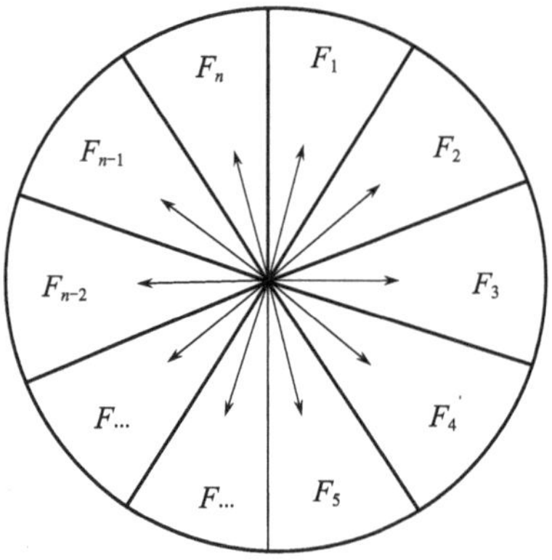

图 3-17 支撑区域梯度方向划分

(3) 描述符生成

如图 3-19 所示，根据深度学习识别结果、支撑区域及其梯度直方图生成预测框描述符。梯度直方图的峰值代表了预测框的主方向，并以此方向作为起始区间遍历所有区间构建描述符。描述符的向量表达其中第一个元素为主方向所在区间，其他区间按照顺序进行排列。对应描述符可表示为

$$
\boldsymbol{D}=\begin{pmatrix} G_{F_t} \\ \vdots \\ G_{F_n} \\ G_{F_1} \\ \vdots \\ G_{F_{t-1}} \end{pmatrix}=\begin{pmatrix} \sum_{\alpha(x,y)\in F_t} w(x,y)\cdot g(x,y) \\ \vdots \\ \sum_{\alpha(x,y)\in F_n} w(x,y)\cdot g(x,y) \\ \sum_{\alpha(x,y)\in F_1} w(x,y)\cdot g(x,y) \\ \vdots \\ \sum_{\alpha(x,y)\in F_{t-1}} w(x,y)\cdot g(x,y) \end{pmatrix} \tag{3-17}
$$

式中第 F_t 区间为主方向区间。

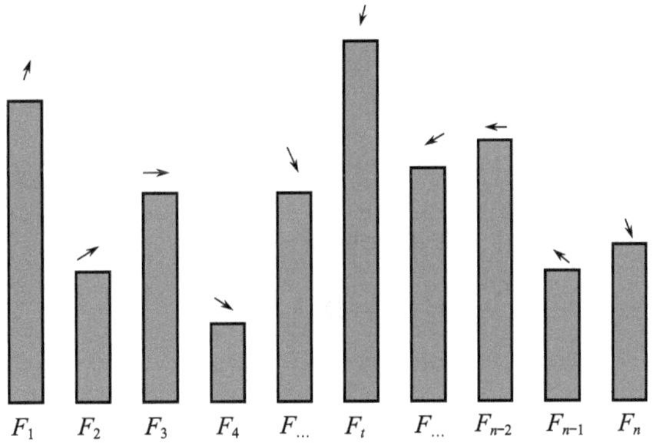

图 3－18　支撑区域梯度直方图

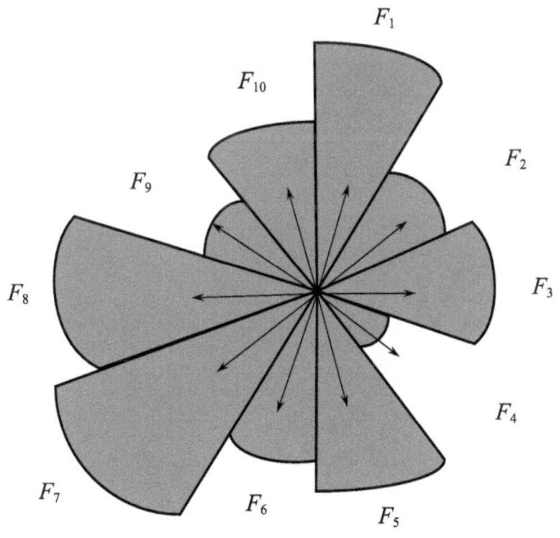

图 3－19　预测框描述符

为使得特征描述符具有亮度不变性，对描述符 $\tilde{\boldsymbol{D}}$ 进行归一化处理。令 $\tilde{\boldsymbol{D}}$ 中元素最大值为 G_b，最小值为 G_s，则归一化后描述符 $\tilde{\boldsymbol{D}}$ 可表示为

$$\widetilde{\boldsymbol{D}}=\begin{pmatrix}\widetilde{G}_{F_t}\\ \vdots\\ \widetilde{G}_{F_n}\\ \widetilde{G}_{F_1}\\ \vdots\\ \widetilde{G}_{F_{t-1}}\end{pmatrix}=\begin{pmatrix}\dfrac{G_{F_t}-G_s}{G_b-G_s}\\ \vdots\\ \dfrac{G_{F_n}-G_s}{G_b-G_s}\\ \dfrac{G_1-G_s}{G_b-G_s}\\ \vdots\\ \dfrac{G_{F_{t-1}}-G_s}{G_b-G_s}\end{pmatrix} \tag{3-18}$$

由此根据划分区间生成具有尺度、平移旋转、光照不变性的 n 维预测框描述符。

(4) 描述符匹配

计算预测框描述符向量间相对距离对特征匹配效果进行量化评估。对描述符 $\widetilde{\boldsymbol{D}}_1$ 进行匹配时，若其最近邻描述符为 $\widetilde{\boldsymbol{D}}_2$，判断匹配成立条件为

$$\frac{\|\widetilde{\boldsymbol{D}}_1-\widetilde{\boldsymbol{D}}_2\|}{\|\widetilde{\boldsymbol{D}}_1\|}<\gamma \tag{3-19}$$

下面给出仿真算例，分析不同支撑区域选取范围、划分梯度区间个数和描述符间相对距离阈值对匹配结果的影响。针对支撑区域的范围，选取同时具有旋转和尺度变换的测试图像对两种支撑区域进行仿真，如图 3-20 所示，实线加点表示支撑区域范围为预测框的外接圆，点画线表示预测框等比例矩形且与外接圆等面积的支撑区域。在其他参数不变的情况下圆形区域的匹配数高于矩形区域，表明选择外接圆作为预测框的支撑区域优于矩形区域。

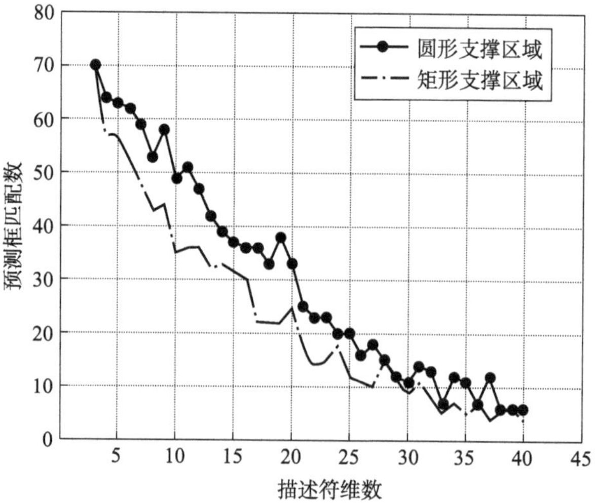

图 3-20　支撑区域形状与预测框匹配数关系

针对最优划分梯度区间个数选取问题，从图 3 - 20 可以看出，在相同支撑区域中，预测框匹配数随描述符维数的增加而减小，梯度区间个数与正确匹配率关系如图 3 - 21 所示，预测框正确匹配率开始随描述符维数的增加而增加，当描述符维数达到 10 维时，维数增加，正确匹配率保持不变。

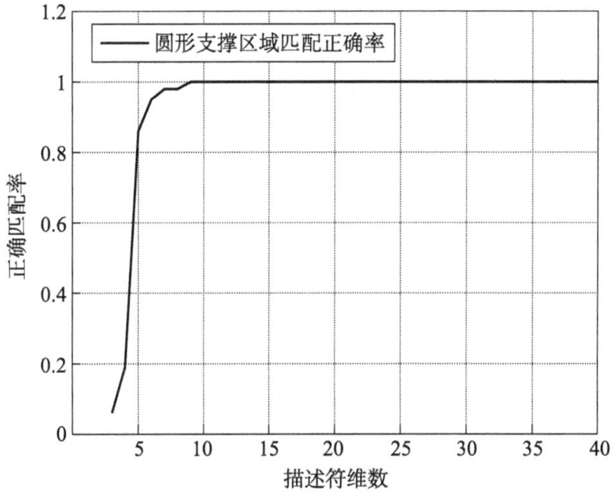

图 3 - 21　梯度区间个数与正确匹配率关系

针对描述符间欧氏距离阈值选取问题，图 3 - 22 和图 3 - 23 为阈值从 0.01～0.99 变化时预测框相对匹配数和正确匹配率的对应关系变化。由图 3 - 22 可知，随着阈值的提高，预测框匹配数增加，从图 3 - 23 可知当参数为 0.1 时匹配率达到最大值，随误匹配数的增加，匹配率逐渐减小。因此，可选择 0.1 作为描述符欧氏距离阈值。

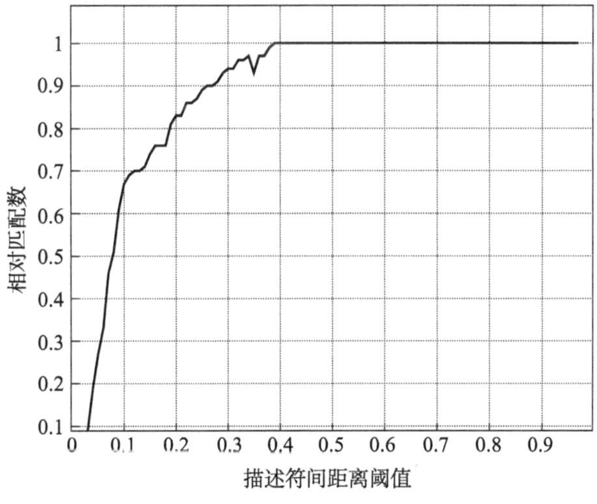

图 3 - 22　不同阈值与相对匹配数关系

给出基于小行星 Ceres（谷神星）图像的小行星陨石坑检测匹配仿真算例。仿真过程中模拟了图像尺度变换、旋转变换、亮度变化、高斯模糊，匹配结果如图 3 - 24～图 3 - 28 所示。

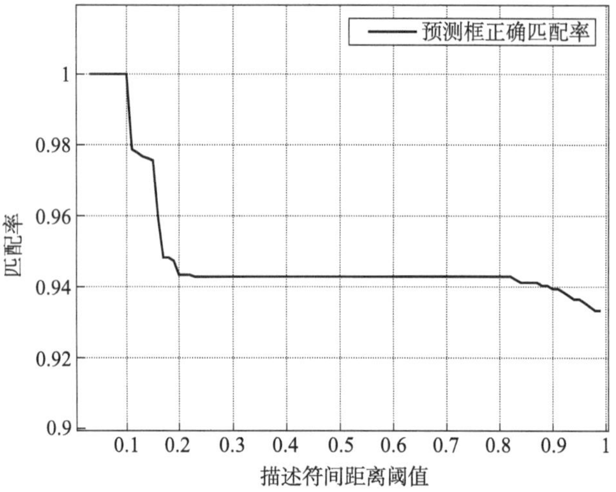

图 3-23　不同阈值与匹配率关系

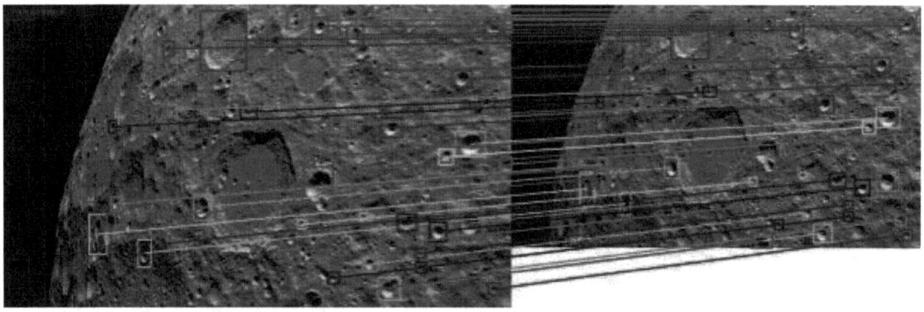

图 3-24　尺度变换匹配结果（见彩插）

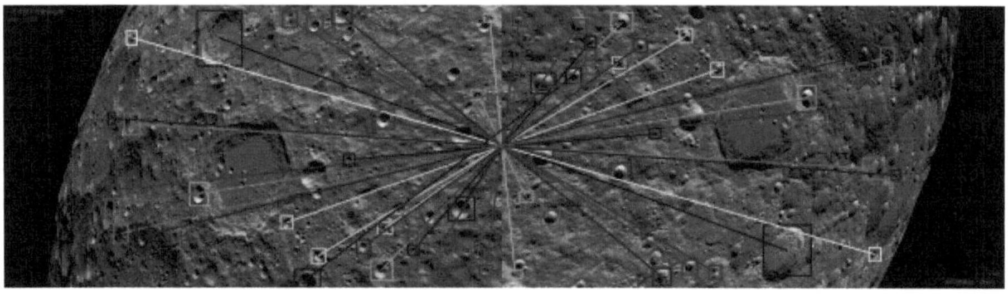

图 3-25　旋转变换匹配结果（见彩插）

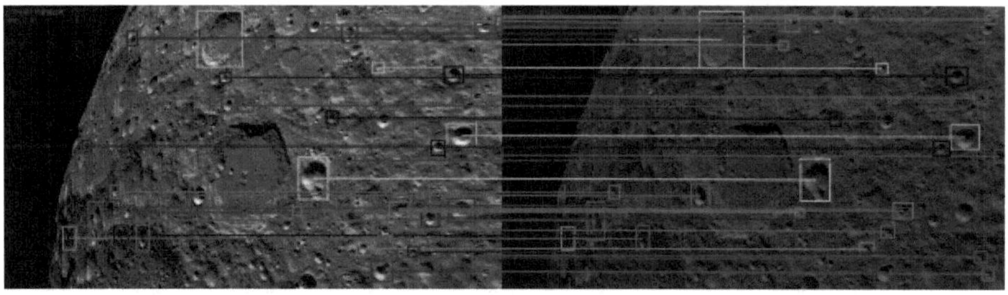

图 3-26　亮度变化匹配结果（见彩插）

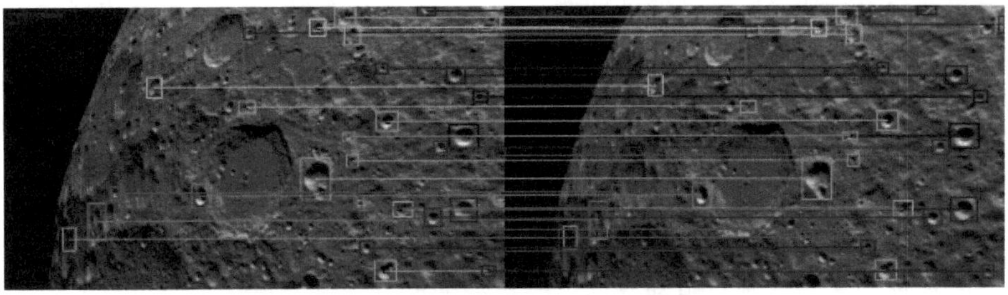

图 3-27　高斯模糊匹配结果（见彩插）

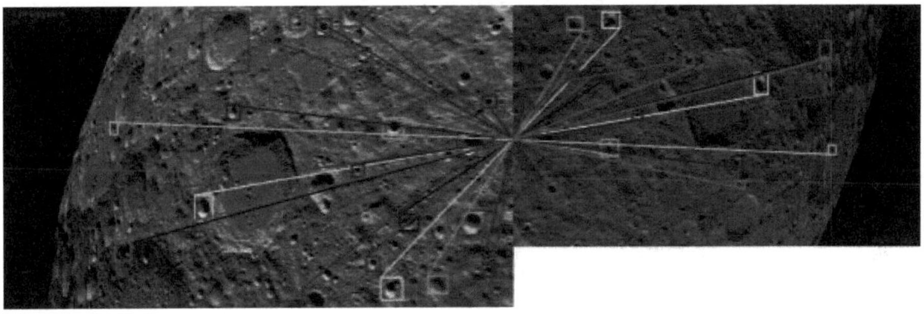

图 3-28　全部变换匹配结果（见彩插）

预测框匹配结果见表 3-3，从表 3-3 预测框匹配结果可以看出，在尺度变换、旋转变换、亮度变化与高斯模糊下，陨石坑匹配正确率均达到 90%以上。

表 3-3　预测框匹配结果

变换方式	识别数	匹配数	正确数	匹配率
尺度变换	62	45	45	100%
旋转变换	46	32	31	97%
亮度变化	60	44	44	100%
高斯模糊	45	34	34	100%
全部变换	42	33	31	94%

3.2　点线特征提取匹配

除了陨石坑、岩石等典型形貌特征，小行星表面的一些几何纹理特征也可作为附着过程的导航特征，用于确定探测器的状态。这些特征可通过特征点、特征曲线等几何方式进行描述，以下介绍特征点和特征曲线的提取匹配方法。

3.2.1　尺度不变特征点提取匹配

SIFT 算法是经典的特征点提取匹配方法，通过在不同尺度空间上搜索特征点并计算特征方向，对图像旋转、平移、缩放以及光照变化都能保持较好的不变性。为了进一步解决较大视角变换下特征点的提取匹配问题，在 SIFT 算法基础上通过建立仿射不变特征描述，发展出 ASIFT（Affine - SIFT）算法。下面介绍 ASIFT 特征提取匹配算法，通过模拟相机的视角变化，估计两幅图像之间的仿射变换，对不同尺度和视角下的图像特征进行提取与匹配。

类似地，首先利用高斯金字塔对输入图像进行处理，构建不同尺度空间下的图像。将输入的原始图像作为金字塔的第 0 层，利用高斯模糊方法对图像进行滤波处理，即采用高斯函数与图像进行卷积计算，得到高斯模糊后的图像。定义图像的空间尺度 $L(x,y,\sigma)$ 为

$$L(x,y,\sigma)=G(x,y,\sigma)\otimes I(x,y) \tag{3-20}$$

式中，x，y 分别表示像素点在图像中的坐标值；$I(x,y)$ 为相机所拍摄的目标物体的灰度图像；$G(x,y,\sigma)$ 代表高斯函数，满足

$$G(x,y,\sigma)=\frac{1}{2\pi\sigma^2}\mathrm{e}^{-\frac{x^2+y^2}{2\sigma^2}} \tag{3-21}$$

式中，σ 是表示模糊程度的尺度因子，同时也代表正态分布的标准差，其大小反映了图像的模糊程度，即 σ 值越大，图像越模糊，对应的尺度也越大。通过构建不同尺度空间图像，完成多尺度下的特征点检测。对于分辨率为 640×480 的图像，高斯模板中的像素点坐标 (x,y) 可由下式计算得到

$$G(x,y,\sigma)=\frac{1}{2\pi\sigma^2}\mathrm{e}^{-\frac{(x-320)^2+(y-240)^2}{2\sigma^2}} \tag{3-22}$$

建立图像降采样的高斯金字塔模型，如图 3 - 29 所示，将原始图像作为高斯金字塔的底层，随着降采样处理次数的增加，上一层的图像分辨率逐渐减小，原始图像与金字塔层数间的关系同式（3 - 14）。

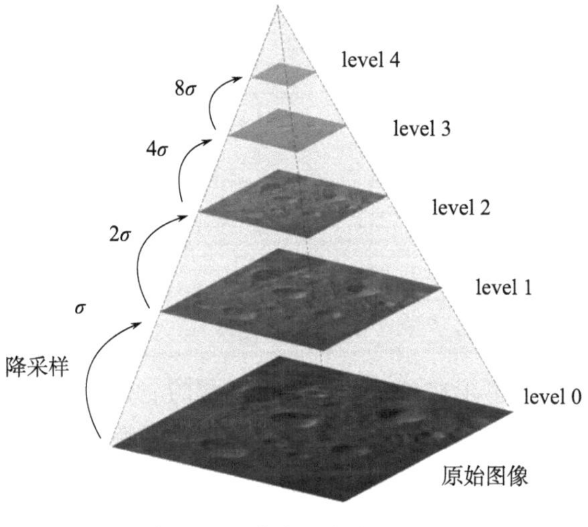

图 3 - 29　高斯金字塔示意图

考虑到视角变化，ASIFT 算法引入了仿射不变性的约束条件，即任意仿射矩阵

$$\boldsymbol{A}=\begin{pmatrix} a & b \\ c & d \end{pmatrix} \tag{3-23}$$

均能分解为以下形式

$$\begin{aligned}\boldsymbol{A}&=\boldsymbol{H}_{\lambda}\boldsymbol{R}_1(\varphi)\boldsymbol{T}_t\boldsymbol{R}_2(\varphi)\\&=\lambda\begin{pmatrix}\cos\psi & -\sin\psi\\ \sin\psi & \cos\psi\end{pmatrix}\begin{pmatrix}t & 0\\ 0 & 1\end{pmatrix}\begin{pmatrix}\cos\varphi & -\sin\varphi\\ \sin\varphi & \cos\varphi\end{pmatrix}\end{aligned} \tag{3-24}$$

式中，t 为绝对倾斜量；ψ 为相机自旋转角参数；φ 和 θ 为相机所处位置的经度与纬度；λ 为相机的焦距，如图 3－30 所示，纬度与绝对倾斜量一一对应，满足

$$\theta=\arccos\frac{1}{t} \tag{3-25}$$

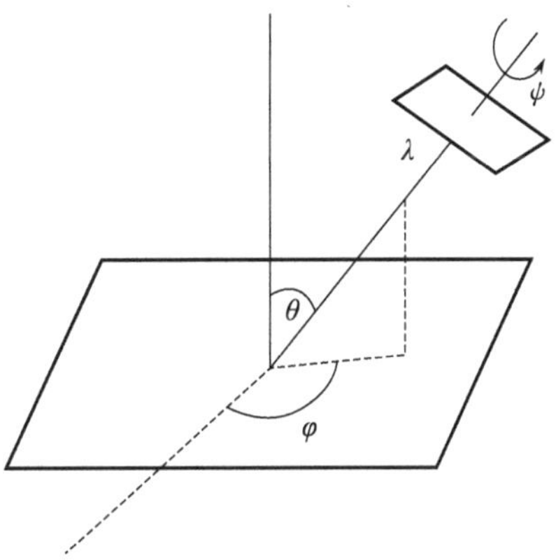

图 3－30　仿射参数几何解释

对式（3－24）中的 t 和 φ 进行采样。参数 t 按照等比数列 $t=\{1, a, a^2, \cdots, a^n\}$ 采样，其中，$a=\sqrt{2}$，$n=5$；参数 φ 按照等差数列 $\varphi=\{0, b/t, \cdots, kb/t\}$ 采样，其中 $b=72$，$kb/t<180°$。将得到的 t 和 φ 的采样值代入下式

$$I'(\varphi,t)=\begin{pmatrix}\cos\varphi & -\sin\varphi\\ \sin\varphi & \cos\varphi\end{pmatrix}\begin{pmatrix}t & 0\\ 0 & 1\end{pmatrix}I \tag{3-26}$$

式中，I 为输入图像；$I'(\varphi, t)$ 为计算得到的模拟图像。进一步利用 SIFT 算法对 $I'(\varphi, t)$ 的特征点进行识别，得到 ASIFT 特征点。

利用 NEAR 探测器在轨道高度约 100 km 处拍摄的 433 Eros 小行星的序列图像，对相邻帧以及间隔帧图像的特征进行匹配。仿真结果如图 3－31（a）所示，可以看到，无论采用 SIFT 算法还是 ASIFT 算法，相邻两帧间的特征点匹配个数均能保持在 200 个以上。而当图像间相对变化较大，例如采用序列图像的第 1 帧和第 7 帧图像，如图 3－31（b）和图 3－31（c）所示，且成像时刻光照角度的变化较大时，多数陨石坑会形成阴影区域，此时采用 SIFT 算法能够稳定跟踪的特征点数量明显减少，仅有 3 对特征点实现正确匹配，而采用 ASIFT 算法可实现 13 个特征点的稳定跟踪，效果优于 SIFT 算法。

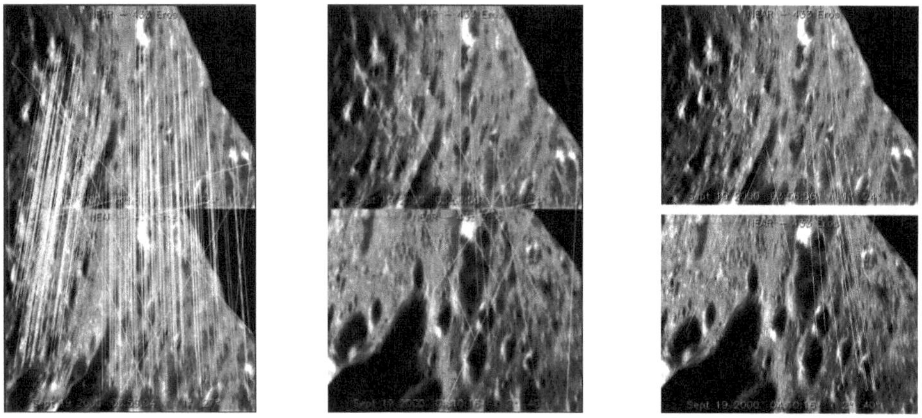

(a) 相邻图像特征匹配结果 (216对匹配点)　(b) 间隔图像 SIFT 匹配结果 (3对匹配点)　(c) 间隔图像ASIFT匹配结果 (13对匹配点)

图 3-31　序列图像特征点匹配结果对比

3.2.2　光照视角不变特征点提取匹配

探测器附着过程中，不同时刻获取的图像间存在较大尺度、光照和视角变化，为特征匹配带来困难。在对小行星复杂形貌环境进行智能感知的基础上，通过进一步构建尺度自适应模块获取小行星尺度比例因子，利用等变卷积神经网络建立视角变化下特征的不变关联，并设计自注意力与互注意力融合模块获取特征间的时空关联关系，得到光照不变特征，实现复杂环境下的特征精准匹配[4]。

设计如图 3-32 所示的跨尺度光照不变特征匹配网络，网络结构包括三个模块，即尺度自适应调整模块、视角光照不变特征提取模块、特征匹配模块，在尺度、光照、视角变化条件下对形貌特征进行匹配。

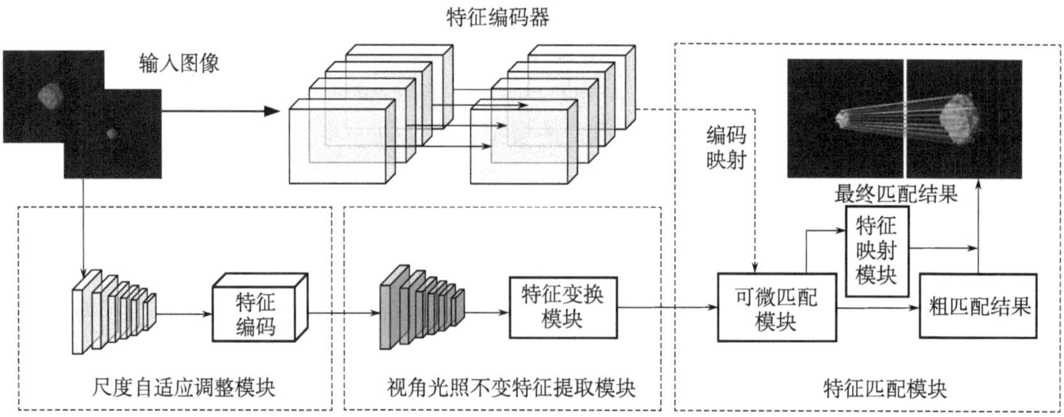

图 3-32　网络总体架构图

尺度自适应调整模块结构如图 3-33 所示，由特征提取模块、基于全局注意力机制的特征融合模块以及 Transformer 编码块 3 个部分构成。其中，特征提取模块以 VGG16 为基础模型，能获取更大的感知野；全局注意力机制使网络关注尺度不变信息，Transformer 编码块提升了尺度信息的表征能力，模块特征处理流程可用下式表示

$$F''=M_s(M_c(F)\otimes F)\otimes M_c(F)\otimes F \tag{3-27}$$

式中，F'' 和 F 分别代表细化后的特征图与 VGG16 提取的特征图；M_c 和 M_s 分别代表通道注意力机制与空间注意力机制处理；$\otimes$ 为逐元素乘法。利用空洞卷积层获取多尺度信息，并将多尺度信息输入 Transformer 编码块获取图像尺度比例因子，按下式计算图像间的尺度比例

$$S_{A\to B}=\sum_{i=0}^{L-1}p_i\ln(S_{A\to B}^i) \tag{3-28}$$

$$S_{B\to A}=\sum_{i=0}^{L-1}p_i\ln(S_{B\to A}^i) \tag{3-29}$$

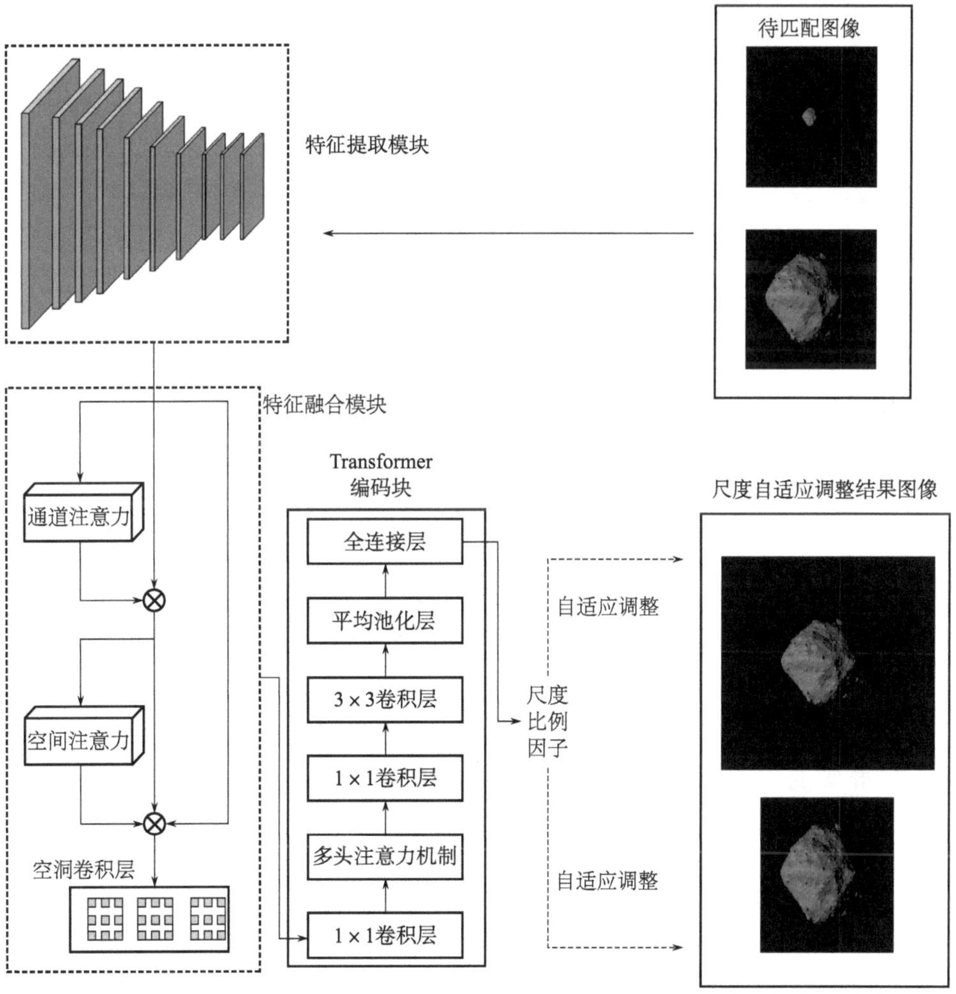

图 3-33　尺度自适应调整模块

$$\hat{S}_{A\to B}=\frac{S_{A\to B}+S_{B\to A}}{2} \tag{3-30}$$

$$\overline{S}_{A\to B}=e^{\hat{S}_{A\to B}} \tag{3-31}$$

式中，$S_{A\to B}$ 是图像 A 与 B 间比例因子的对数；$S_{B\to A}$ 是图像 B 与 A 间比例因子的对数；i 是预定义比例因子；L 是预定义比例因子总数；p_i 是预测尺度权重；$\hat{S}_{A\to B}$ 是比例因子的对数的平均值，其目的在于减小估计的误差，最终的尺度估计因子由式（3-31）计算得到。

视角光照不变特征提取模块如图 3-34 所示，采用具有残差连接的 ResNet 作为主干特征提取网络，使得网络训练过程中高层特征与低层特征具有关联性。针对视角、光照变化的特征匹配问题，采用基于群表示理论的等变神经网络实现输入图像与提取特征的等变线性映射。

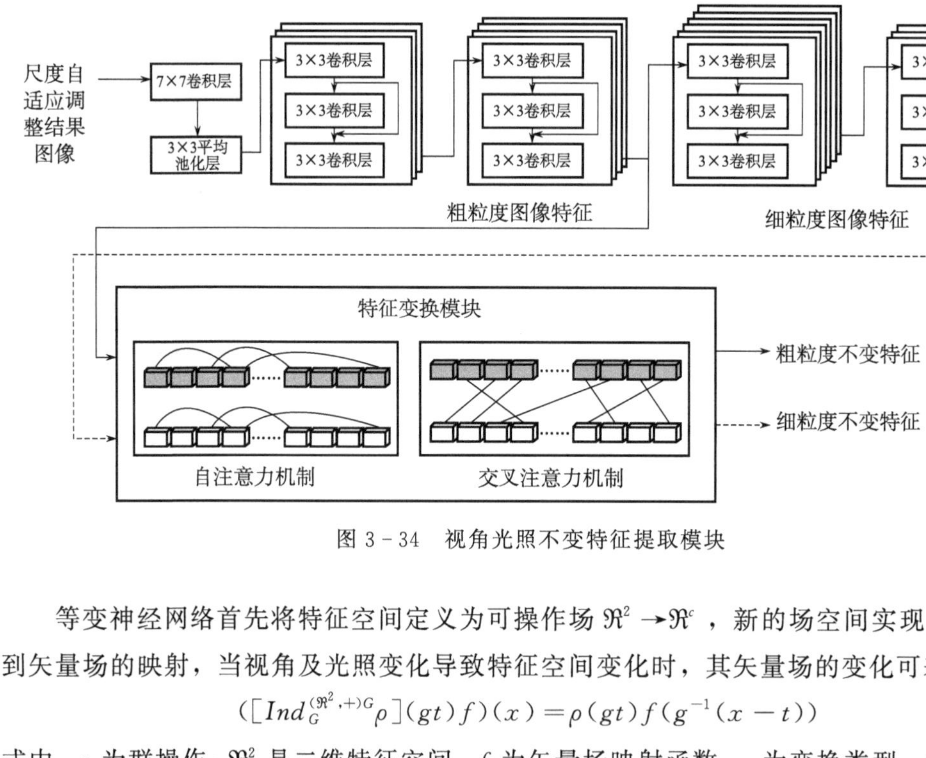

图 3-34 视角光照不变特征提取模块

等变神经网络首先将特征空间定义为可操作场 $\mathfrak{R}^2\to\mathfrak{R}^c$，新的场空间实现了二维特征到矢量场的映射，当视角及光照变化导致特征空间变化时，其矢量场的变化可表示为

$$([Ind_G^{(\mathfrak{R}^2,+)G}\rho](gt)f)(x)=\rho(gt)f(g^{-1}(x-t)) \tag{3-32}$$

式中，g 为群操作；$\mathfrak{R}^2$ 是二维特征空间；f 为矢量场映射函数；ρ 为变换类型。定义卷积核为 $k(x)$，群等变卷积核为 $k(gx)$。根据式（3-32）可知，当卷积满足 $k(gx)=\rho_{\text{out}}(g)k(x)\rho_{\text{in}}(g)^{-1}$，$\forall g\in G$，$x\in\mathfrak{R}^2$ 时，可推导得到

$$(k\otimes([Ind_G^{(\mathfrak{R}^2,+)}\rho_{\text{in}}](gt)f))(x)=[Ind_G^{(\mathfrak{R}^2,+)}\rho_{\text{out}}](gt)(k\otimes f(x)) \tag{3-33}$$

式中，$\otimes$ 为卷积运算。由式（3-33）可知，当输入经过 $Ind_G^{(\mathfrak{R}^2,+)}\rho_{\text{in}}$ 变化时，输出按 $Ind_G^{(\mathfrak{R}^2,+)}\rho_{\text{out}}$ 的指定方式变换，即输入变化时输出特征具有等变性，通过等变卷积神经网络实现特征的视角不变映射。

进一步提升特征表征能力，将特征划分为细粒度特征 F_c 与粗粒度特征 F_f 。由于细粒度特征语义信息准确但位置信息粗糙，而粗粒度特征细节信息丰富但缺乏语义信息，为增强 F_c 和 F_f 间特征关联性，首先利用卷积层获取空间注意力图，并通过全局池化层将其变换成一维特征向量。基于此，采用自注意力机制捕获特征间丰富的全局关系，并映射回特征图，使网络更关注特征图中的不变区域；进而利用互注意力机制，使网络关注于粗粒度特征与细粒度特征间关联性，增强细粒度特征所缺失的细节信息，获取更为丰富的空间特征关系，从而获取光照不变特征。特征提取过程可用下式表示

$$F'_c = M_s(F_c) \oplus F_c \tag{3-34}$$

$$F'_f = M_s(F_f) \oplus F_f \tag{3-35}$$

$$F''_c = M_c(F_f) \oplus F'_c \tag{3-36}$$

$$F''_f = M_c(F_c) \oplus F'_f \tag{3-37}$$

式中，M_s 为自注意力机制；M_c 为互相关注意力机制；F'_c 为自注意力机制增强后的粗粒度特征；F'_f 为自注意力机制增强后的细粒度特征；F''_c 为互相关机制增强后的粗粒度特征；F''_f 为互相关机制增强后的细粒度特征；$\oplus$ 为特征加权融合。

特征匹配模块如图 3－35 所示，分为粗匹配和精细匹配阶段。在粗匹配阶段，利用特征匹配模块在图像间匹配粗特征，并作为匹配结果的一部分。在生成匹配结果之前，计算每组匹配结果的置信度，通过设定匹配阈值剔除置信概率较低的匹配，获取粗匹配结果。在随后的精细匹配模块中，通过在粗匹配结果周围分割出像素级别的特征图块并通过特征匹配生成精细匹配结果。完成图像间的匹配后，可利用 RANSAC 算法剔除误匹配（见 3.3.2 节），并将匹配结果映射回原始图像，得到最终匹配结果。

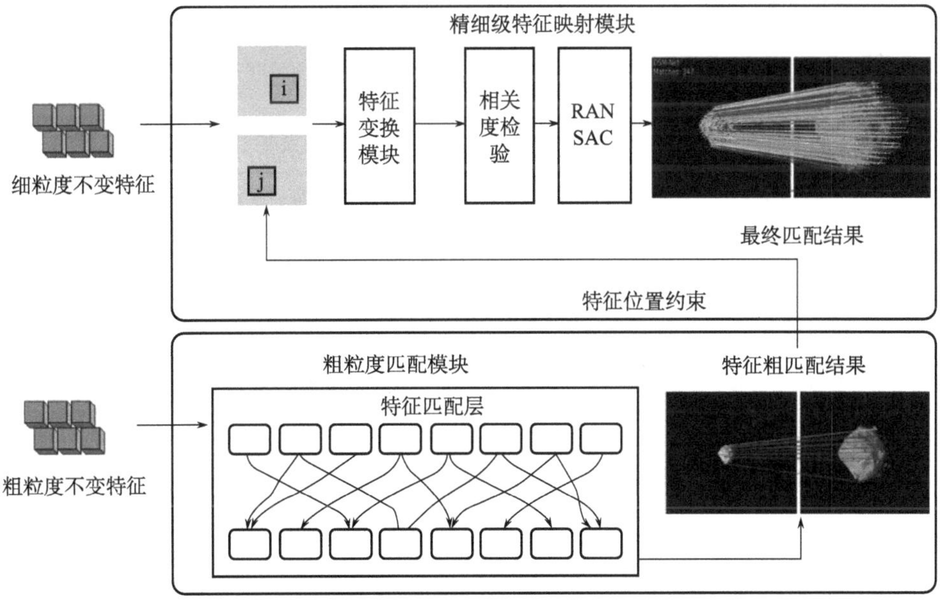

图 3－35　特征匹配模块

仿真生成不同视角、不同光照角度的小行星图像及对应的深度图像，以深度图像作为标签构建数据集。在训练网络模型时，初始学习率设置为 1×10^{-3}，训练过程中图像被自适应地调节为 640×480。同时采用 Adam 优化器自适应地调整学习率，使其收敛到局部最优解的速度更快，Adam 优化器的参数为 $\beta_1=0.9$，$\beta_2=0.999$。

图 3－36 显示了大尺度变化下小行星图像匹配结果。从图中可以看出，与具有代表性的 SIFT、ORB 相比，跨尺度光照不变特征匹配算法有更好的匹配效果，且提取的特征点均匀分布于小行星表面而不是明暗交界处。表 3－4 统计了不同尺度变化下小行星特征点平均数及正确匹配数，由结果可知：跨尺度光照不变特征匹配算法不仅能提取更多的特征点，且匹配准确率提升了 20%左右。同时与基于学习的算法 COTR 相比，解决了图像大视角变化下网络难以获取鲁棒匹配的问题。

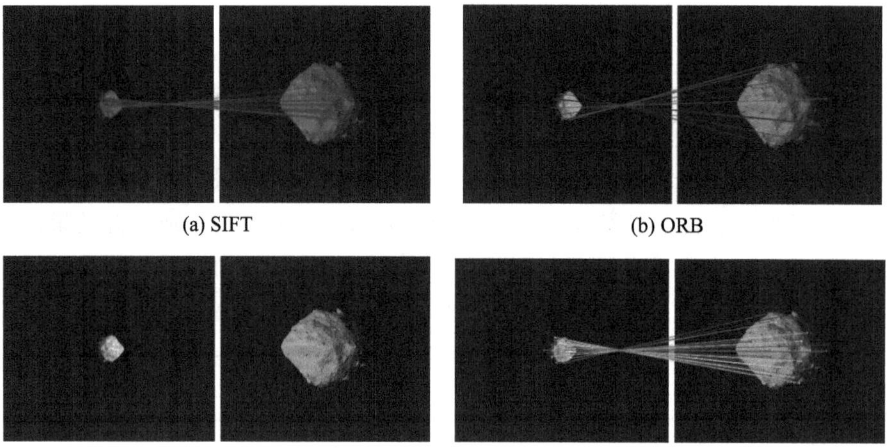

(a) SIFT　(b) ORB

(c) COTR　(d) 跨尺度光照不变特征匹配算法

图 3－36　大尺度＋视角变化下匹配结果对比（见彩插）

表 3－4　尺度变化下不同方法特征点提取数目及正确匹配率

方法	特征点匹配数目	特征点正确匹配数目	匹配准确率
SIFT	36	15	42%
ORB	31	18	58%
COTR	0	0	0%
跨尺度光照不变特征匹配算法	82	73	89%

图 3－37 为不同算法在光照变化下的匹配结果，仿真结果表明跨尺度光照不变特征匹配算法在光照变化下有较好的匹配结果，所匹配的特征点均匀分布于小行星表面而不是明暗交界处。表 3－5 统计了不同光照变化下不同算法提取特征点的平均数及正确匹配率，从表中可看出：跨尺度光照不变特征匹配算法在光照变化下能提取更多特征点，且匹配准确率在 85%以上。

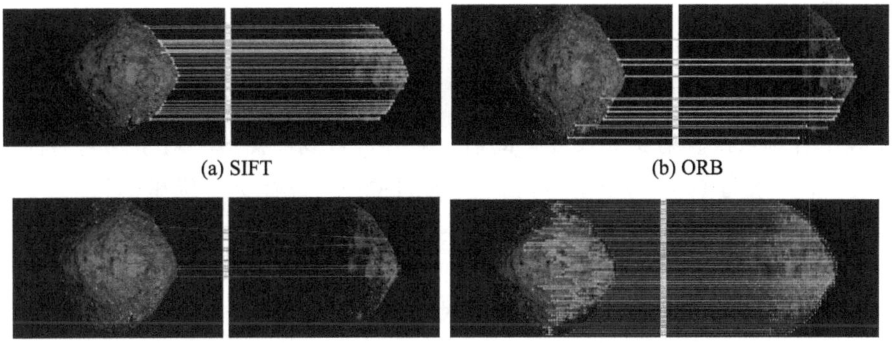

(a) SIFT　(b) ORB　(c) COTR　(d) 跨尺度光照不变特征匹配算法

图 3 - 37　光照变化下匹配结果对比（见彩插）

表 3 - 5　光照变化下特征点提取数目及正确匹配率

方法	特征点匹配数目	特征点正确匹配数目	匹配准确率
SIFT	58	33	57%
ORB	32	13	41%
COTR	154	77	50%
跨尺度光照不变特征匹配算法	2 433	2 199	90%

3.2.3　特征曲线提取匹配

相较于特征点，小行星表面形貌的边缘曲线能够提供更丰富的导航信息，同时，对表面物理纹理特征的识别提取结果也能够直接用于障碍检测。和形貌特征提取方法相比，特征曲线能够适用更多场景，在几何形状类似，光照条件变化较大或存在沟壑、重叠陨石坑或不规则岩石等情况下，均能够获得较好的提取匹配精度[5]。

为了获取纹理曲线的多尺度特征，首先同样对原始图像进行灰度化，通过连续降采样获取多分辨率图像集，构建图像金字塔，采用 Edge Drawing 算法对不同尺度图像依次进行纹理曲线提取，得到不同尺度下的特征曲线。基于纹理边缘处像素值变化明显的特点，利用高斯滤波滤除各层图像噪声，利用 Sobel 算子进行梯度计算，采用 X 方向和 Y 方向两组 3×3 的卷积核与图像作卷积，得到两个方向相邻像素的灰度变化率，从而计算得到图像灰度函数的近似梯度。为减小计算量，可剔除梯度幅值较小的像素，仅保留梯度幅值发生显著变化的像素用于提取边缘曲线。

根据灰度梯度图，选择局部梯度极大值对应像素点作为节点，以获得连续边缘曲线。由节点开始进行像素连接，当满足以下条件之一时停止：

1）当前像素梯度为 0 时，此时位置处于内部稳定变化区域而非边缘区域；

2）检测对象重复出现时，即出现环形结构，且发生闭环。

对图像金字塔进行纹理曲线提取后，将计算结果映射到原尺度空间下。在以降采样系数 k 进行构建的图像金字塔中，对于第 j 层图像中检测曲线中任意一点 $(\overline{x}_i，\overline{y}_i)$，将其

映射到原始输入图像尺度空间后坐标为

$$\begin{cases} x_i = \overline{x}_i \cdot k^j \\ y_i = \overline{y}_i \cdot k^j \end{cases} \tag{3-38}$$

将提取曲线中各点依次映射到原尺度空间后，对其进行线性插值。对于映射后曲线上两相邻像素点（x_1，y_1）与（x_2，y_2），[x_1，x_2] 区间中任一位置 x 处纵坐标为

$$y = y_1 + \frac{y_2 - y_1}{x_2 - x_1}(x - x_1) \tag{3-39}$$

由此图像金字塔各层图像所提取的纹理曲线被映射至原尺度下，得到特征曲线各点的坐标信息。

图 3-38 给出了特征曲线提取方法的仿真结果，可以看到，基于 Edge Drawing 算法提取得到的特征曲线具有连续性，且由于特征曲线基于节点生成，边缘噪声较少。

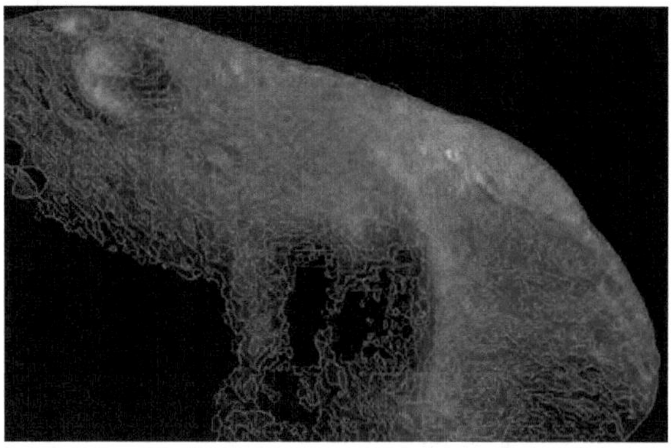

图 3-38　小行星表面特征曲线提取结果（见彩插）

接下来使用直线段近似拟合每段曲线，采用分段计算的方法构建曲线特征描述符。在近似直线段附近区域划分矩形带 m 条，记作 $\{B_1，B_2，\cdots，B_m\}$，如图 3-39 所示。令各矩形带宽度为 w，且均为曲线支撑区域的子区域。为使曲线描述符具有旋转不变性，以直线方向为基准，将各像素梯度向量投影向直线方向与正交方向。设支撑区域内某像素梯度为 $\boldsymbol{g}$，直线方向为 $\boldsymbol{d}_L$，与其正交方向为 $\boldsymbol{d}_\perp$，则投影后梯度向量为

$$\boldsymbol{g}' = (\boldsymbol{g} \cdot \boldsymbol{d}_L, \boldsymbol{g} \cdot \boldsymbol{d}_\perp)^{\mathrm{T}} \tag{3-40}$$

对于第 i 段曲线支撑区域内矩形带 B_j，将其第 k 行像素的投影后梯度向量按方向求和后得

$$\begin{cases} p_{1k}^{ij} = \sum\limits_{\boldsymbol{g}' \cdot \boldsymbol{d}_\perp > 0} |\boldsymbol{g}' \cdot \boldsymbol{d}_\perp| \\ p_{2k}^{ij} = \sum\limits_{\boldsymbol{g}' \cdot \boldsymbol{d}_\perp < 0} |\boldsymbol{g}' \cdot \boldsymbol{d}_\perp| \\ p_{3k}^{ij} = \sum\limits_{\boldsymbol{g}' \cdot \boldsymbol{d}_L > 0} |\boldsymbol{g}' \cdot \boldsymbol{d}_L| \\ p_{4k}^{ij} = \sum\limits_{\boldsymbol{g}' \cdot \boldsymbol{d}_L < 0} |\boldsymbol{g}' \cdot \boldsymbol{d}_L| \end{cases} \tag{3-41}$$

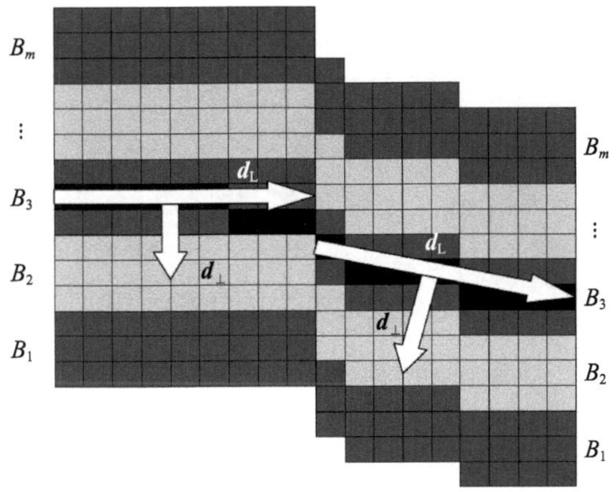

图 3－39　曲线描述符结构

遍历所有曲线段后，根据维度对应累加后得到整条曲线矩形带 B_j 的第 k 行梯度描述为

$$\begin{cases} p_{1k}^{j} = \sum p_{1k}^{ij} \\ p_{2k}^{j} = \sum p_{2k}^{ij} \\ p_{3k}^{j} = \sum p_{3k}^{ij} \\ p_{4k}^{j} = \sum p_{4k}^{ij} \end{cases}, i = 1, 2, \cdots, l \tag{3-42}$$

根据宽度 w 对每行进行计算后排列，可获得曲线矩形带 B_j 的梯度描述

$$\boldsymbol{H}_j = \begin{pmatrix} p_{11}^{j} & p_{12}^{j} & \cdots & p_{1n}^{j} \\ p_{21}^{j} & p_{22}^{j} & \cdots & p_{2n}^{j} \\ p_{31}^{j} & p_{32}^{j} & \cdots & p_{3n}^{j} \\ p_{41}^{j} & p_{42}^{j} & \cdots & p_{4n}^{j} \end{pmatrix} \tag{3-43}$$

式中，n 为第 j 条矩形带需要计算的行数，满足

$$n = \begin{cases} 2w, j = 1 \text{ 或 } m \\ 3w, \text{其他} \end{cases} \tag{3-44}$$

对 $\boldsymbol{H}_j$ 每行元素求解计算均值向量 $\boldsymbol{U}_j$ 与标准差向量 $\boldsymbol{S}_j$ 作为特征，另外为削弱图像亮度变换的影响进行归一化操作，则该曲线 B_j 矩形带的描述符 $\boldsymbol{BD}_j$ 可表示为

$$\boldsymbol{BD}_j = \left(\frac{\boldsymbol{U}_j^{\mathrm{T}}}{\| \boldsymbol{U}_j^{\mathrm{T}} \|}, \frac{\boldsymbol{S}_j^{\mathrm{T}}}{\| \boldsymbol{S}_j^{\mathrm{T}} \|} \right)^{\mathrm{T}} \tag{3-45}$$

遍历所有曲线矩形带描述符进行计算，最终可获得曲线描述符 $\boldsymbol{CBD}$

$$\boldsymbol{CBD} = (\boldsymbol{BD}_1^{\mathrm{T}}, \boldsymbol{BD}_2^{\mathrm{T}}, \cdots, \boldsymbol{BD}_m^{\mathrm{T}})^{\mathrm{T}} \tag{3-46}$$

基于最近邻距离比例算法，采用 Brute Force 算法进行曲线描述符配准，纹理曲线匹配结果如图 3－40 所示。

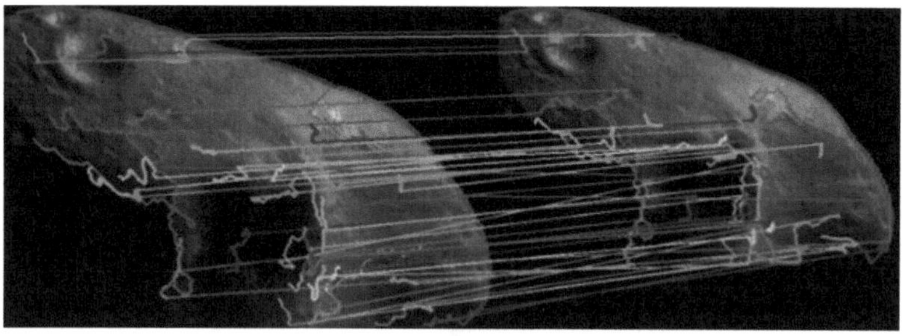

图 3-40　曲线匹配结果（见彩插）

3.3　特征误匹配校正与剔除

探测器基于提取的形貌特征或点线特征，通过与星表形貌数据库或相邻时刻图像进行匹配，获取探测器的状态信息。准确的特征匹配是实现高精度状态估计的前提。然而在探测器附着小行星过程中，受光照条件、图像噪声等影响，部分特征可能提取偏差较大，导致未能正确匹配。以下结合几种特征仿射不变量，介绍特征误匹配的校正与剔除方法。

3.3.1　基于仿射不变量的误匹配校正

随着探测器位置、姿态动态变化，成像时刻的相机视角发生改变，图像之间存在旋转和尺度变化。对于陨石坑特征，可将陨石坑成像过程近似为仿射变换，利用仿射不变性对未能正确匹配的陨石坑进行校正。仿射不变性指参数在仿射变换下不发生变化，变换前后保持一致。下面以陨石坑为例，给出三种常用仿射不变量。

(1) 基于二次曲线对的仿射不变性

将椭圆方程写成如下形式

$$\boldsymbol{x}^{\mathrm{T}}\boldsymbol{z}\boldsymbol{x}=0 \tag{3-47}$$

式中，$\boldsymbol{x}=(x\quad y\quad 1)^{\mathrm{T}}$ 为图像齐次坐标；$\boldsymbol{z}=\begin{pmatrix} a & b/2 & d/2 \\ b/2 & c & e/2 \\ d/2 & e/2 & f \end{pmatrix}$ 为陨石坑几何参数矩阵。

当附着表面近似为平面时，相机在不同视角获取的两幅图像，其像素间的对应关系可通过单应性变换确定。例如，对于线性变换 $\boldsymbol{X}=\boldsymbol{T}\boldsymbol{x}$ ，对应陨石坑 $\boldsymbol{z}_1$ 和 $\boldsymbol{z}_2$ 的几何参数矩阵分别为 $\boldsymbol{Z}_1=\boldsymbol{T}^{\mathrm{T}}\boldsymbol{z}_1\boldsymbol{T}$ 和 $\boldsymbol{Z}_2=\boldsymbol{T}^{\mathrm{T}}\boldsymbol{z}_2\boldsymbol{T}$ ，则有

$$I_{Z_1Z_2}=\mathrm{trace}(\boldsymbol{T}^{-1}\boldsymbol{z}_1^{-1}(\boldsymbol{T}^{\mathrm{T}})^{-1}\boldsymbol{T}^{\mathrm{T}}\boldsymbol{z}_2\boldsymbol{T}) \tag{3-48}$$

根据相似矩阵的迹相等，上式可进一步写为

$$I_{Z_1Z_2}=\mathrm{trace}(\boldsymbol{z}_1^{-1}\boldsymbol{z}_2)=I_{z_1z_2} \tag{3-49}$$

同理可得 $I_{Z_2Z_1}=I_{z_2z_1}$。因此，对于任意两个陨石坑 $\boldsymbol{z}_1$ 和 $\boldsymbol{z}_2$，可构造如下仿射不变量

$$\begin{cases} I_{z_1z_2}=\mathrm{trace}(\boldsymbol{z}_1^{-1}\boldsymbol{z}_2) \\ I_{z_2z_1}=\mathrm{trace}(\boldsymbol{z}_2^{-1}\boldsymbol{z}_1) \end{cases} \tag{3-50}$$

令陨石坑数量为 n，每一个陨石坑与其他陨石坑进行组合得到的仿射不变量数量为 $2(n-1)$。图 3-41 所示的图像对中，图像 P_2 由 P_1 单应性变换得到，每幅图像中分别包含三个陨石坑，不同陨石坑组合得到不同的仿射不变量，每个陨石坑的仿射不变量在理想情况下具有唯一性。陨石坑图像的仿射不变量见表 3-6 和表 3-7，可以看出，两幅图像中对应陨石坑的仿射不变量整体较为相近。

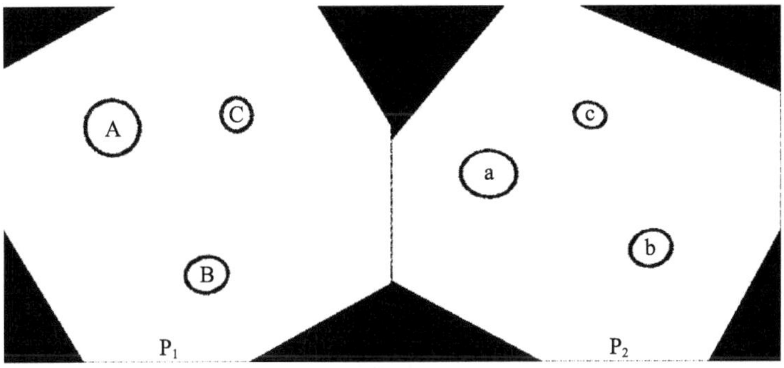

图 3-41 不同时刻陨石坑图像

表 3-6 陨石坑二次曲线对仿射不变量（图像 P_1）

编号	仿射不变量			
A	−37.61	−17.36	−62.14	−45.05
B	−62.14	−51.62	−37.61	−90.73
C	−45.05	−90.73	−17.36	−51.62

表 3-7 陨石坑二次曲线对仿射不变量（图像 P_2）

编号	仿射不变量			
a	−38.29	−16.63	−60.30	−46.44
b	−60.30	−48.28	−38.29	−97.43
c	−46.44	−97.43	−16.63	−48.28

(2) 封闭曲线面积比仿射不变性

在陨石坑识别提取过程中，常将陨石坑拟合为封闭椭圆。平面内两条封闭曲线所围成的面积比为仿射不变量，因此陨石坑之间的面积比也可作为仿射不变量。图 3-41 所示的两幅陨石坑图像，仿射变换前后对应陨石坑面积之比保持不变

$$\begin{cases} S_A/S_B = S_a/S_b \\ S_B/S_C = S_b/S_c \end{cases} \tag{3-51}$$

利用陨石坑几何参数拟合方法可得到椭圆参数 $\boldsymbol{a}=(a, b, c, d, e, f)$，为计算陨石坑面积，将一般形式的椭圆方程沿中心顺时针旋转角度 θ 转化为标准形式，坐标旋转矩阵 $\boldsymbol{T}$ 为

$$\boldsymbol{T}=\begin{pmatrix} \cos\theta & \sin\theta \\ -\sin\theta & \cos\theta \end{pmatrix} \tag{3-52}$$

将上式代入一般形式的椭圆方程得

$$a(x\cos\theta + y\sin\theta)^2 + b(x\cos\theta + y\sin\theta)(-x\sin\theta + y\cos\theta) + c(-x\sin\theta + y\cos\theta)^2 + d(x\cos\theta + y\sin\theta) + e(-x\sin\theta + y\cos\theta) + f = 0 \tag{3-53}$$

对上式进行化简，有

$$\begin{aligned} & x^2(a\cos^2\theta - b\cos\theta\sin\theta + c\sin^2\theta) + \\ & xy[2a\cos\theta\sin\theta + b(\cos^2\theta - \sin^2\theta) - 2c\cos\theta\sin\theta] + \\ & y^2(a\sin^2\theta + b\cos\theta\sin\theta + c\cos^2\theta) + x(d\cos\theta - e\sin\theta) + \\ & y(d\sin\theta + e\cos\theta) + f = 0 \end{aligned} \tag{3-54}$$

对于标准椭圆方程，xy 项对应的系数为 0，即

$$2a\cos\theta\sin\theta + b(\cos^2\theta - \sin^2\theta) - 2c\cos\theta\sin\theta = 0 \tag{3-55}$$

则

$$\theta = \frac{1}{2}\arctan(b/(c-a)) \tag{3-56}$$

将方程（3-54）写为标准形式

$$A(x - x_0)^2 + C(y - y_0)^2 = F \tag{3-57}$$

其中

$$A = a\cos^2\theta - b\cos\theta\sin\theta + c\sin^2\theta \tag{3-58}$$

$$C = a\sin^2\theta + b\cos\theta\sin\theta + c\cos^2\theta \tag{3-59}$$

$$D = d\cos\theta - e\sin\theta \tag{3-60}$$

$$E = d\sin\theta + e\cos\theta \tag{3-61}$$

$$F = -f + D^2/4A + E^2/4C \tag{3-62}$$

椭圆中心坐标 $x_0 = -D/(2A)$，$y_0 = -E/(2C)$，半长轴和半短轴为 $a = \sqrt{|F/A|}$，$b = \sqrt{|F/C|}$，陨石坑面积为

$$S = \pi\sqrt{|F/A||F/C|} \tag{3-63}$$

令检测得到的陨石坑数量为 n，将每个陨石坑分别与其他陨石坑面积做比，可得到 $2(n-1)$ 个仿射不变量。图 3-41 所示的陨石坑图像，仿射变换前后得到的不变量分别见表 3-8 和表 3-9，从结果可以看出，两幅图像中的面积比基本保持不变。

表 3-8 陨石坑面积比仿射不变量（图像 P_1）

编号	面积比仿射不变量			
A	1.35	0.74	2.01	0.50
B	0.74	1.35	1.49	0.67
C	0.50	2.01	0.67	1.49

表 3－9　陨石坑面积比仿射不变量（图像 P_2）

编号	面积比仿射不变量			
a	1.35	0.75	2.00	0.50
b	0.74	1.36	1.49	0.68
c	0.51	2.01	0.67	1.49

（3）三角形面积比仿射不变性

选定任意不共线的三个陨石坑，将其形心依次相连形成三角形，则所形成的三角形面积比在仿射变换前后保持不变。例如，图 3－42 所示的陨石坑图像中，陨石坑 A、B、C、D 形心组成的若干个三角形面积之比满足

$$\begin{cases} S_{ABC}/S_{ABD} = S_{abc}/S_{abd} \\ S_{ACD}/S_{ABD} = S_{acd}/S_{abd} \end{cases} \tag{3-64}$$

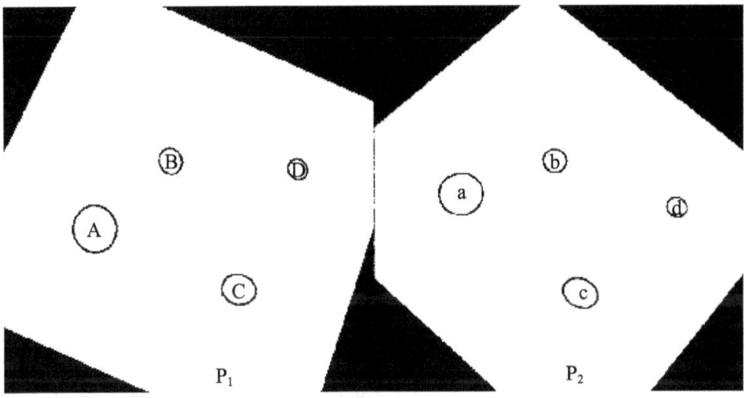

图 3－42　不同时刻陨石坑图像

根据标准形式的陨石坑椭圆方程，可知陨石坑的形状中心坐标满足 $x_0=-D/(2A)$，$y_0=-E/(2C)$。令陨石坑椭圆中心坐标向量分别为 $\boldsymbol{P}_A$、$\boldsymbol{P}_B$、$\boldsymbol{P}_C$，则三角形的面积为

$$S_{ABC}=\frac{1}{4}\sqrt{(l_{AB}+l_{AC}+l_{BC})(l_{AB}+l_{AC}-l_{BC})(l_{AB}+l_{BC}-l_{AC})(l_{AC}+l_{BC}-l_{AB})} \tag{3-65}$$

式中，$l_{AB}=\|\boldsymbol{P}_A-\boldsymbol{P}_B\|$，$l_{AC}=\|\boldsymbol{P}_A-\boldsymbol{P}_C\|$，$l_{BC}=\|\boldsymbol{P}_B-\boldsymbol{P}_C\|$ 分别为三角形的边长。选取任意三个不共线的陨石坑组成三角形，将其面积与其他陨石坑三角形面积做比，构造仿射不变量，可实现对多个陨石坑的同时匹配。

当光照条件变化较大或图像噪声影响显著时，可能存在个别特征出现明显提取偏差的现象，从而导致特征未能正确匹配。以陨石坑为例，对同一着陆区的两幅图像 P_1 和 P_2，通过单应性变换可确定两幅图像共同观测区域中像素点的对应关系

$$\boldsymbol{X}'=\boldsymbol{TX} \tag{3-66}$$

式中，$\boldsymbol{T}$ 为单应性变换矩阵。在图像 P_1 和 P_2 中选定三对正确匹配的陨石坑，记其在图像 P_1 和 P_2 中的齐次坐标分别为 $\boldsymbol{X}_i=(x_i,\ y_i,\ 1)^{\mathrm{T}}$ 和 $\boldsymbol{X}'_i=(x'_i,\ y'_i,\ 1)^{\mathrm{T}}$，其中 $i=1,\ 2,$

3 。图像 P_1 到 P_2 的单应性变换矩阵可表示为

$$\boldsymbol{T} = (\boldsymbol{X}'_1, \boldsymbol{X}'_2, \boldsymbol{X}'_3)(\boldsymbol{X}_1, \boldsymbol{X}_2, \boldsymbol{X}_3)^{-1} \tag{3-67}$$

在选定正确匹配的陨石坑后，根据陨石坑面积比仿射不变性，有

$$S_A/S_a = S_B/S_b \tag{3-68}$$

上式表明仿射变换前后对应陨石坑的面积比相等。在大多数陨石坑获得正确匹配的情况下，令同一陨石坑在两幅图像中的面积比为 k_i ，i 为匹配的陨石坑编号，则陨石坑的平均面积比为

$$k_{\text{ave}} = \frac{1}{n}\sum_{i=1}^{n} k_i \tag{3-69}$$

在误匹配为少数的情况下，误匹配的存在对陨石坑对的平均面积比影响较小，因此可将陨石坑的平均面积比作为正确匹配陨石坑的判断标准。

在图像中选择 3 对陨石坑，基于式（3 - 67）可求得图像之间的单应性变换矩阵 $\boldsymbol{T}$ ，将图像 P_2 中的陨石坑变换到图像 P_1 中。理想情况下，变换后的陨石坑位置将与 P_1 中的陨石坑位置重合；否则，认为所选定的 3 个陨石坑匹配对中存在未能正确匹配的陨石坑。对于这类陨石坑，可根据正确匹配的陨石坑计算变换矩阵 $\boldsymbol{T}$ 进行重新匹配，提高匹配的准确率。

下面给出陨石坑误匹配校正的仿真算例。对图 3 - 43 左侧的原始图像进行单应性变换，模拟相机位置、姿态变化后拍摄的目标表面图像，如图 3 - 43 右侧所示。两幅图像间的相对位置变化为［100，100，1 000］m ，相对姿态变化为［15°，25°，20°］。对获得的陨石坑图像进行匹配，结果如图 3 - 43 所示。

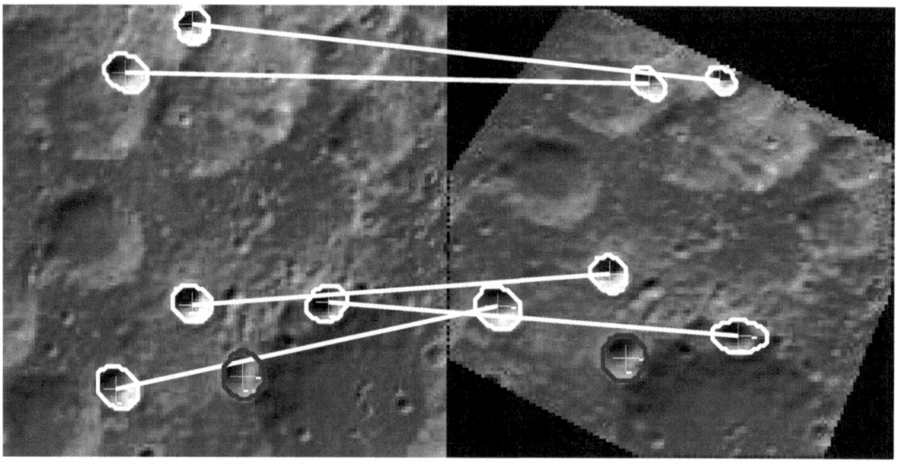

图 3 - 43　陨石坑匹配结果

图 3 - 43 中，两幅图像 6 对陨石坑中正确匹配陨石坑为 5 对，未能正确匹配的陨石坑 1 对。其中未能正确匹配的陨石坑形状较不规则、轮廓不清晰，在两幅图像中检测得到的形状参数变化较大。随后，根据正确匹配的陨石坑计算变换矩阵 $\boldsymbol{T}$ 进行重新匹配，结果如图 3 - 44 所示，所有陨石坑均得到了正确匹配。

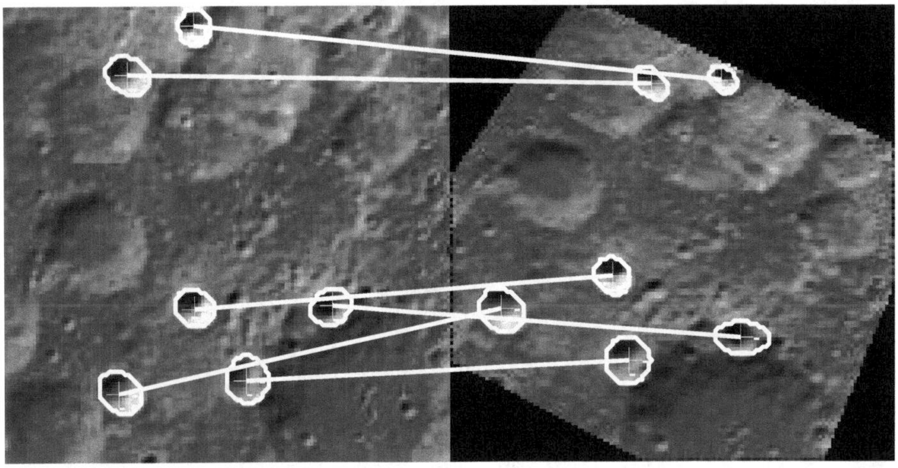

图 3 - 44　校正结果

3.3.2　随机采样一致性误匹配剔除

在图像特征点粗匹配的基础上，采用 RANSAC（Random Sample Consensus）算法对匹配点进行精匹配，能够有效剔除错误匹配点对，提高匹配正确率。RANSAC 算法是一种用于剔除误匹配点的随机抽样检测算法，包括如下 3 个步骤：

1）从所有特征点对集中随机选取 4 对特征点，利用随机选取的特征点计算图像单应性矩阵；

2）利用单应性矩阵对误匹配点进行剔除，对所有除初始点对集 s 外的剩余特征点对，基于得到的单应性矩阵计算剩余点对点误差是否小于设定的距离阈值，小于阈值的匹配点记为内点对，大于阈值的匹配点记为误匹配对；

3）基于所有的内点统计进行内点更新，并再次重复上述步骤，迭代 M 次，最终得到含有内点最多的最优单应性矩阵，完成特征的误匹配剔除。

下面给出 RANSAC 算法误匹配剔除算例。图 3 - 45（a）为一组图像特征点粗匹配结果，图 3 - 45（b）为误匹配剔除后的匹配结果，从图中可以看出，RANSAC 能对误匹配点进行有效剔除。

图 3 - 46 为不同距离阈值下误匹配剔除结果。可以看出，阈值设置得越小，剔除的特征点数目就越多，但阈值设置得过小可能需要更多的迭代次数才能找到足够多的内点，从而延长了算法的运行时间。

(a) 初始匹配结果

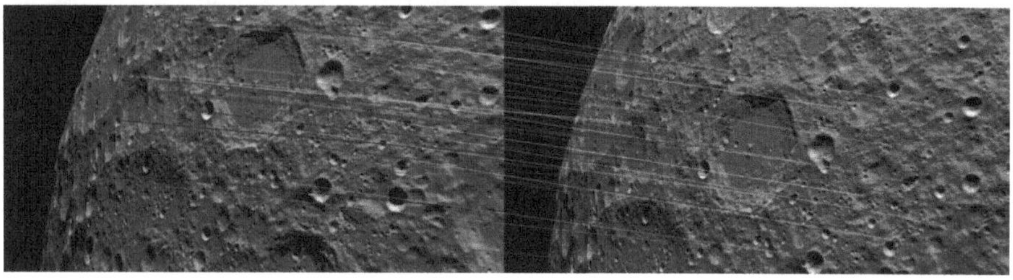

(b) 误匹配剔除结果

图 3 - 45　特征点误匹配剔除结果（见彩插）

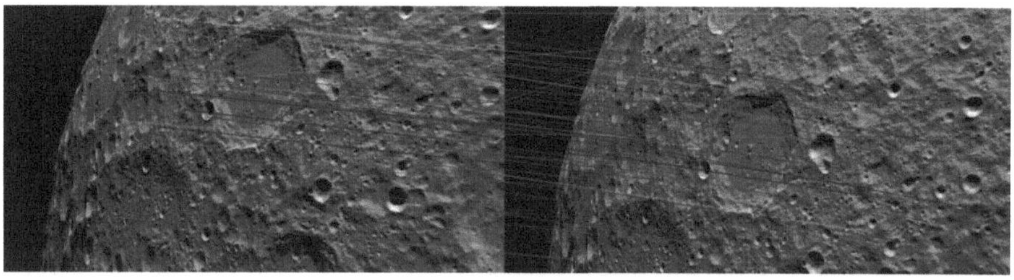

(a) 初始匹配结果

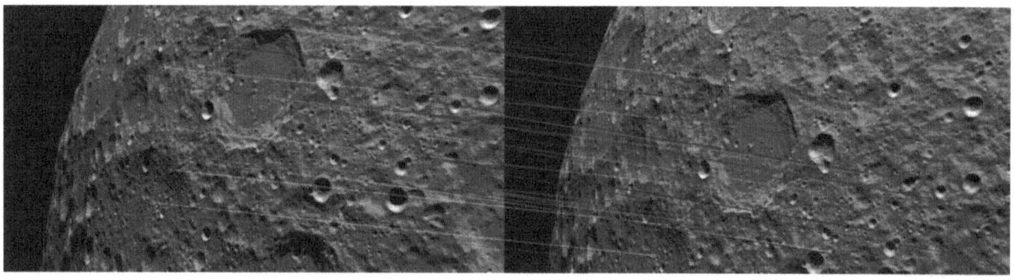

(b) 误匹配剔除结果(阈值=4)

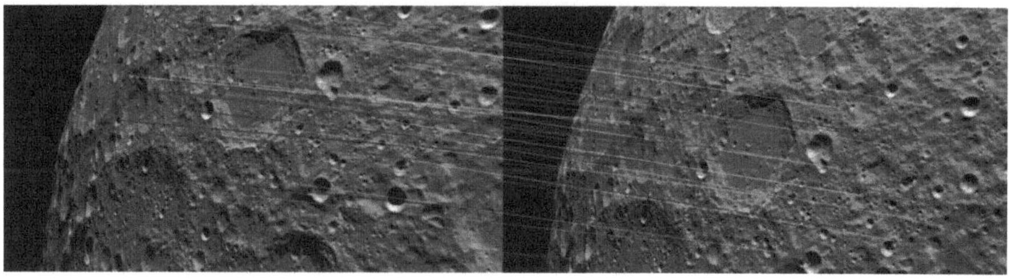

(c) 误匹配剔除结果(阈值=10)

图 3 - 46　不同距离阈值下误匹配剔除结果（见彩插）

参考文献

[1] 崔平远，高锡珍，朱圣英，等．行星着陆复杂形貌特征匹配与自主导航研究进展［J］．宇航学报，2022，43（6）：713－722.

[2] 邵巍，郗洪良，王光泽，等．暗弱环境下小天体陨石坑智能检测算法［J］．宇航学报，2021，42（11）：1439－1445.

[3] LI S，GU T，LIU Y，et al. Accurate semantic segmentation of small－body craters for navigation［J］．Acta Astronautica，2024（219）：183－194.

[4] 李帅，李晋屹，刘延杰，等．快自旋小天体跨尺度光照不变匹配算法［J］．深空探测学报（中英文），2024，11（1）：56－62.

[5] 王光泽，邵巍，郗洪良，等．小天体表面纹理曲线精准匹配算法［J］．深空探测学报（中英文），2021，8（3）：306－314.

[6] ORHEI C，MOCOFAN M，VERT S，et al. An automated threshold edge drawing algorithm［C］．44th International Conference on Telecommunications and Signal Processing，2021：292－295.

[7] 冯军华，崔祜涛，崔平远，等．行星表面陨石坑检测与匹配方法［J］．航空学报，2010，31（9）：1858－1863.

第 4 章　附着自主光学导航

附着过程中，需要确定探测器相对小行星的位置、速度与姿态。自主光学导航是小行星附着常用导航方式，其核心在于利用光学敏感器获取小行星表面导航特征的观测量，通过导航特征和探测器位姿的几何关系建立观测方程，从而直接解算或滤波估计得到探测器状态。本章围绕小行星附着自主导航特点，介绍几种自主光学导航方法。

4.1　特征矢量观测相对导航

本节给出一种基于光学相机与激光测距仪的特征矢量观测相对导航方法，通过在探测器下方固定安装若干个激光测距仪，测量沿安装方向探测器与着陆平面之间的距离，获得探测器本体系下与小行星表面交点的相对位置矢量。基于这些位置矢量确定着陆平面的法线方向，进而结合光学相机提取的目标着陆点和特征点的像元像线信息，建立相对导航坐标系，估计探测器相对着陆点的位置与姿态。

4.1.1　相对导航坐标系

附着过程中，光学相机跟踪拍摄着陆点及其周围形貌图像，可将某一导航特征点选定为参考着陆点，建立相对导航坐标系。光学相机采用小孔成像模型，特征点观测原理如图 4－1 所示。图中，$o_c-x_cy_cz_c$ 表示相机坐标系，f 为相机焦距，(p, l) 为特征点在像平面上的像元像线坐标。

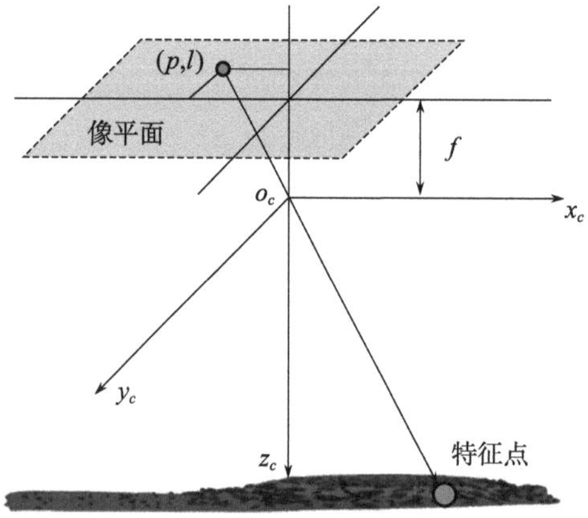

图 4－1　特征点观测示意图

第 i 个特征点在像平面上的像元像线坐标 (p_i, l_i) 满足

$$\begin{pmatrix} p_i \\ l_i \end{pmatrix} = \frac{f}{z_i^c} \begin{pmatrix} x_i^c \\ y_i^c \end{pmatrix} \tag{4-1}$$

式中，x_i^c，y_i^c，z_i^c 为第 i 个特征点在相机坐标系下的三轴位置分量。假设探测器在导航坐标系中的位置矢量为 $\boldsymbol{r} = (x, y, z)^{\mathrm{T}}$，则有

$$\begin{pmatrix} x_i^c \\ y_i^c \\ z_i^c \end{pmatrix} = \boldsymbol{C}_c^n \left(\begin{pmatrix} x_i \\ y_i \\ z_i \end{pmatrix} - \begin{pmatrix} x \\ y \\ z \end{pmatrix} \right) \tag{4-2}$$

式中，$\boldsymbol{C}_c^n$ 为导航坐标系到相机坐标系的转换矩阵；x_i，y_i，z_i 为第 i 个特征点在导航坐标系下的三轴位置分量。

在探测器下方安装三个成一定角度的激光测距仪，如图 4-2 所示。图中，$o_b - x_b y_b z_b$ 为探测器本体坐标系，假设三个测距仪的测量波束在 $o_b x_b y_b$ 平面内的投影均匀分布，夹角 $\theta = 120°$，其中一个测距仪波束在 $o_b x_b y_b$ 平面内的投影沿 x_b 轴方向。每个测距仪波束与本体坐标系 z 轴的夹角均为 φ。

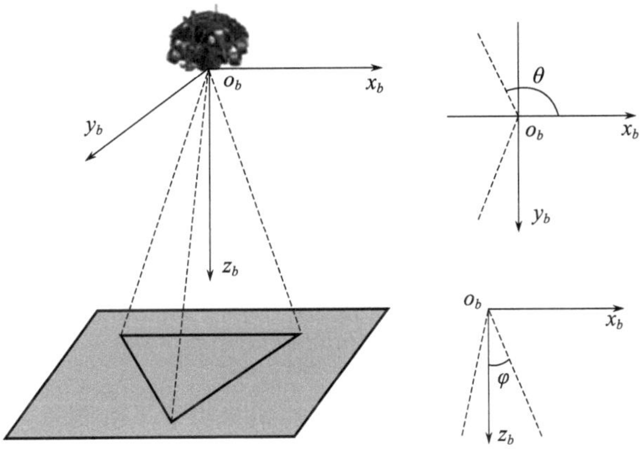

图 4-2　激光测距仪布局示意图

探测器沿测量波束方向到小行星表面的距离为

$$\rho_j = \frac{z}{\boldsymbol{m}_z^{\mathrm{T}} \boldsymbol{m}_j}, j = 1, 2, 3 \tag{4-3}$$

式中，ρ_j 为探测器第 j 个激光测距仪的测量波束与小行星表面交点的距离；$\boldsymbol{m}_z = (0 \quad 0 \quad 1)^{\mathrm{T}}$ 为导航坐标系下着陆平面的法向量；$\boldsymbol{m}_j$ 为第 j 个激光测距仪在导航坐标系下的测量方向矢量，可根据探测器本体坐标系与导航坐标系之间的转换关系得到

$$\boldsymbol{m}_j = \boldsymbol{C}_n^b \boldsymbol{m}_j^b \tag{4-4}$$

式中，$\boldsymbol{C}_n^b$ 为从本体坐标系到导航坐标系的旋转矩阵；$\boldsymbol{m}_j^b$ 为第 j 个激光测距仪在本体坐标系下的测量方向矢量。根据图 4-2 所示的几何关系可知

$$\boldsymbol{m}_1^b = (\cos\varphi \quad 0 \quad \sin\varphi)^{\mathrm{T}} \tag{4-5}$$

$$\boldsymbol{m}_2^b=(\cos\varphi\cos\theta \quad \cos\varphi\sin\theta \quad \sin\varphi)^{\mathrm{T}} \tag{4-6}$$

$$\boldsymbol{m}_3^b=(\cos\varphi\cos\theta \quad -\cos\varphi\sin\theta \quad \sin\varphi)^{\mathrm{T}} \tag{4-7}$$

从相机观测到的 N 个特征点中，选取三个不共线的特征点 P_1，P_2，P_3 建立附着过程相对导航坐标系。不失一般性，假设相机坐标系与探测器本体坐标系重合，即 $\boldsymbol{C}_n^b=\boldsymbol{C}_n^c$，且选取特征点 P_1 作为参考着陆点。定义相对导航坐标系原点为着陆点 P_1，x_n 轴由 P_1 指向 P_2，z_n 轴沿三个特征点构成的平面的法线方向，y_n 轴满足右手准则，如图 4-3 所示。图中，$\boldsymbol{r}_i^c=(x_i^c,\ y_i^c,\ z_i^c)^{\mathrm{T}}$ 为三个特征点在相机坐标系下的位置矢量。

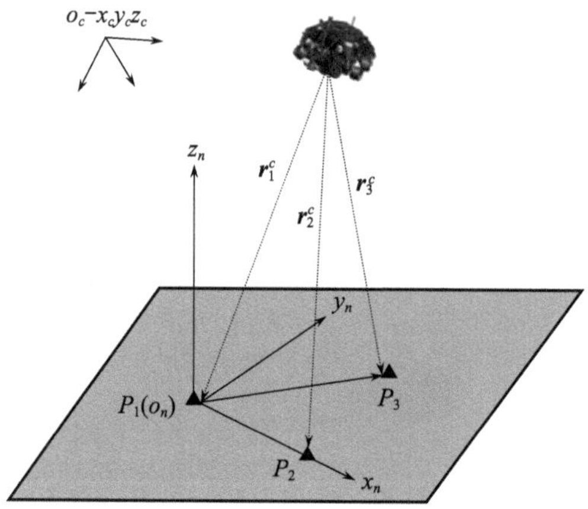

图 4-3　附着过程相对导航坐标系

根据光学相机的观测量得到特征点在相机坐标系下的单位方向矢量为

$$\boldsymbol{n}_i^c=\frac{(p_i \quad l_i \quad f)^{\mathrm{T}}}{\sqrt{p_i^2+l_i^2+f^2}} \tag{4-8}$$

结合激光测距仪的测距信息和安装方向，得到相机坐标系下沿测量方向与小行星表面交点的相对位置矢量为

$$\boldsymbol{R}_j^c=\rho_j\boldsymbol{m}_j^c=\rho_j\boldsymbol{m}_j^b \tag{4-9}$$

将着陆区域近似视为平面，得到相机坐标系下着陆平面单位法向量为

$$\boldsymbol{m}_z^c=\frac{(\boldsymbol{R}_2^c-\boldsymbol{R}_1^c)\times(\boldsymbol{R}_3^c-\boldsymbol{R}_1^c)}{\|(\boldsymbol{R}_2^c-\boldsymbol{R}_1^c)\times(\boldsymbol{R}_3^c-\boldsymbol{R}_1^c)\|} \tag{4-10}$$

结合式（4-8）与式（4-10），可得相机坐标系下的特征矢量为

$$\boldsymbol{r}_i^c=\boldsymbol{n}_i^c\,\frac{1}{3}\sum_{j=1}^{3}\frac{(\boldsymbol{m}_z^c)^{\mathrm{T}}\boldsymbol{m}_j^c}{(\boldsymbol{m}_z^c)^{\mathrm{T}}\boldsymbol{n}_i^c} \tag{4-11}$$

构成相对导航坐标系的三个特征点之间的位置矢量为

$$\boldsymbol{P}_{1,2}=\boldsymbol{r}_2^c-\boldsymbol{r}_1^c \tag{4-12}$$

$$\boldsymbol{P}_{1,3}=\boldsymbol{r}_3^c-\boldsymbol{r}_1^c \tag{4-13}$$

相对导航坐标系 $o_n-x_ny_nz_n$ 三轴在相机坐标系下的单位矢量为

$$\boldsymbol{e}_x = \frac{\boldsymbol{P}_{1,2}}{\|\boldsymbol{P}_{1,2}\|} \tag{4-14}$$

$$\boldsymbol{e}_z = \frac{\boldsymbol{P}_{1,2} \times \boldsymbol{P}_{1,3}}{\|\boldsymbol{P}_{1,2} \times \boldsymbol{P}_{1,3}\|} \tag{4-15}$$

$$\boldsymbol{e}_y = \boldsymbol{e}_z \times \boldsymbol{e}_x \tag{4-16}$$

相对导航坐标系到相机坐标系的旋转矩阵可表示为

$$\boldsymbol{C}_c^n = (\boldsymbol{e}_x \quad \boldsymbol{e}_y \quad \boldsymbol{e}_z) \tag{4-17}$$

将上式代入式（4-2），即可建立探测器在相对导航坐标系中的观测方程，相机坐标系和相对导航坐标系下的特征矢量满足

$$\boldsymbol{r}_i^c = \boldsymbol{C}_c^n \boldsymbol{r}_i^n = \boldsymbol{C}_c^n (\boldsymbol{r}_i - \boldsymbol{r}) \tag{4-18}$$

利用附着过程获取的第一幅图像建立相对导航坐标系后，在后续的观测中，探测器通过陀螺仪输出的角速度计算探测器的姿态变化，结合式（4-17），可确定各个时刻相对导航坐标系到相机坐标系的旋转矩阵

$$\boldsymbol{C}_c^n(t) = \boldsymbol{C}_t^{t_0} \boldsymbol{C}_c^n(t_0) \tag{4-19}$$

式中，$\boldsymbol{C}_t^{t_0}$ 为探测器从 t_0 时刻到 t 时刻的姿态旋转矩阵。

4.1.2　相对位姿估计

附着过程中，实时估计探测器在相对导航坐标系下相对参考着陆点 P_1 的状态。记导航系统状态矢量为

$$\boldsymbol{X} = (\boldsymbol{r}^{\mathrm{T}} \quad \boldsymbol{v}^{\mathrm{T}} \quad \boldsymbol{q}^{\mathrm{T}})^{\mathrm{T}} \tag{4-20}$$

式中，$\boldsymbol{r}$，$\boldsymbol{v}$，$\boldsymbol{q}$ 分别为探测器的位置、速度以及姿态四元数。上节中建立的相对导航坐标系不随小行星转动，可视为惯性坐标系。在相对导航坐标系下，探测器动力学方程可表示为

$$\dot{\boldsymbol{X}} = \boldsymbol{f}(\boldsymbol{X}) = \begin{pmatrix} \boldsymbol{v} \\ \boldsymbol{C}_n^b \boldsymbol{a}_c + \boldsymbol{g} \\ \dfrac{1}{2}\Omega(\boldsymbol{\omega})\boldsymbol{q} \end{pmatrix} \tag{4-21}$$

式中，$\boldsymbol{a}_c$ 为本体坐标系下的控制加速度，由于相机坐标系与探测器本体坐标系重合，上式中 $\boldsymbol{C}_n^b$ 可替换为 $\boldsymbol{C}_n^c$；$\boldsymbol{g}$ 为相对导航坐标系下的引力加速度；$\Omega(\boldsymbol{\omega}) = [\boldsymbol{\omega} \times]$ 为反对称矩阵；$\boldsymbol{\omega}$ 为探测器角速度。导航系统状态方程为

$$\dot{\boldsymbol{X}} = \boldsymbol{f}(\boldsymbol{X}) + \boldsymbol{w} \tag{4-22}$$

式中，$\boldsymbol{w}$ 为系统噪声，假设为零均值高斯分布的白噪声。

导航系统的直接观测量为 N 个特征点在相机坐标系下的三维特征矢量，利用上节探测器本体坐标系、相机坐标系和相对导航坐标系间的转换关系，建立如下观测方程

$$\boldsymbol{Y} = \begin{pmatrix} \boldsymbol{r}_1^c \\ \vdots \\ \boldsymbol{r}_N^c \end{pmatrix} = \boldsymbol{h}(\boldsymbol{x}) + \boldsymbol{\upsilon} = \begin{pmatrix} \boldsymbol{C}_c^n(\boldsymbol{r}_1 - \boldsymbol{r}) \\ \vdots \\ \boldsymbol{C}_c^n(\boldsymbol{r}_N - r) \end{pmatrix} + \boldsymbol{\upsilon} = \begin{pmatrix} \boldsymbol{C}_b^n(\boldsymbol{r}_1 - \boldsymbol{r}) \\ \vdots \\ \boldsymbol{C}_b^n(\boldsymbol{r}_N - \boldsymbol{r}) \end{pmatrix} + \boldsymbol{\upsilon} \tag{4-23}$$

式中，$\boldsymbol{v}$ 为测量误差，同样假设为零均值高斯分布的白噪声。

结合式（4－22）和式（4－23）给出的状态方程和观测方程，采用扩展卡尔曼滤波对探测器状态进行估计。令探测器在 t_k 时刻的状态估计为 $\hat{\boldsymbol{x}}_k$ ，状态估计误差协方差为 $\boldsymbol{P}_k$ ，系统噪声 $\boldsymbol{w}_k$ 与观测噪声 $\boldsymbol{v}_k$ 为零均值的高斯白噪声，满足

$$\begin{cases} E(\boldsymbol{w}_k)=\boldsymbol{0}, E(\boldsymbol{w}_k\boldsymbol{w}_j^{\mathrm{T}})=\boldsymbol{Q}_k\delta_{kj} \\ E(\boldsymbol{v}_k)=\boldsymbol{0}, E(\boldsymbol{v}_k\boldsymbol{v}_j^{\mathrm{T}})=\boldsymbol{R}_k\delta_{kj} \\ E(\boldsymbol{w}_k\boldsymbol{v}_j^{\mathrm{T}})=\boldsymbol{0} \end{cases} \tag{4-24}$$

式中，$\boldsymbol{Q}_k$ 表示系统噪声协方差阵；$\boldsymbol{R}_k$ 表示测量噪声协方差阵，为对称正定矩阵；δ_{kj} 表示克罗内克函数。

状态一步预测

$$\hat{\boldsymbol{x}}_{k+1,k}=\hat{\boldsymbol{x}}_k+\boldsymbol{f}(\hat{\boldsymbol{x}}_k)T \tag{4-25}$$

$$\boldsymbol{P}_{k+1,k}=\boldsymbol{\Phi}_{k+1,k}\boldsymbol{P}_k\boldsymbol{\Phi}_{k+1,k}^{\mathrm{T}}+\boldsymbol{Q}_k \tag{4-26}$$

式中，$\hat{\boldsymbol{x}}_{k+1,k}$ 为 t_{k+1} 时刻的状态预测值；T 为时间步长；$\boldsymbol{P}_{k+1,k}$ 为 t_{k+1} 时刻的误差协方差矩阵预测值；$\boldsymbol{\Phi}_{k+1,k}$ 为 t_k 时刻到 t_{k+1} 时刻的状态转移矩阵，满足

$$\boldsymbol{\Phi}_{k+1,k}=\boldsymbol{I}+\boldsymbol{F}(t_k)T=\boldsymbol{I}+\left.\frac{\partial \boldsymbol{f}(x)}{\partial \boldsymbol{x}}\right|_{\boldsymbol{x}=\hat{\boldsymbol{x}}_k}T \tag{4-27}$$

测量更新

$$\boldsymbol{K}_{k+1}=\boldsymbol{P}_{k+1,k}\boldsymbol{H}_{k+1}^{\mathrm{T}}(\boldsymbol{H}_{k+1}\boldsymbol{P}_{k+1,k}\boldsymbol{H}_{k+1}^{\mathrm{T}}+\boldsymbol{R}_{k+1})^{-1} \tag{4-28}$$

$$\hat{\boldsymbol{x}}_{k+1}=\hat{\boldsymbol{x}}_{k+1,k}+\boldsymbol{K}_{k+1}(\boldsymbol{z}_{k+1}-\boldsymbol{h}(\hat{\boldsymbol{x}}_{k+1,k})) \tag{4-29}$$

$$\boldsymbol{P}_{k+1}=(\boldsymbol{I}-\boldsymbol{K}_{k+1}\boldsymbol{H}_{k+1})\boldsymbol{P}_{k+1,k}(\boldsymbol{I}-\boldsymbol{K}_{k+1}\boldsymbol{H}_{k+1})^{\mathrm{T}}+\boldsymbol{K}_{k+1}\boldsymbol{R}_{k+1}\boldsymbol{K}_{k+1}^{\mathrm{T}} \tag{4-30}$$

其中

$$\boldsymbol{H}_{k+1}=\frac{\partial \boldsymbol{h}(\boldsymbol{x})}{\partial \boldsymbol{x}^{\mathrm{T}}}\bigg|_{\boldsymbol{x}=\hat{\boldsymbol{x}}_{k+1,k}} \tag{4-31}$$

给定初始状态估计 $\hat{\boldsymbol{x}}_0$ 及估计误差协方差 $\boldsymbol{P}_0$，利用式（4－27）～式（4－31）即可实现探测器状态的滤波估计。

导航系统的可观测性反映了系统通过观测信息确定自身状态的能力。以下从可观测性角度对基于光学相机与激光测距仪的自主光学导航系统性能进行分析，给出探测器状态可观测性与特征点数量、位置的关系。

（1）位置、速度可观测性分析

对于式（4－22）、式（4－23）构成的非线性系统，可通过求解雅可比矩阵，构建可观测性矩阵。忽略引力加速度变化，t_k 时刻状态方程的雅可比矩阵为

$$\boldsymbol{F}_k=\left.\frac{\partial \boldsymbol{f}(\boldsymbol{X})}{\partial \boldsymbol{X}}\right|_{\boldsymbol{X}=\hat{\boldsymbol{x}}_k}=\begin{bmatrix} \boldsymbol{0}_{3\times3} & \boldsymbol{I}_3 & \boldsymbol{0}_{3\times4} \\ \boldsymbol{0}_{3\times3} & \boldsymbol{0}_{3\times3} & \boldsymbol{A}_{3\times4} \\ \boldsymbol{0}_{3\times3} & \boldsymbol{0}_{4\times3} & \dfrac{1}{2}\Omega(\boldsymbol{\omega}) \end{bmatrix} \tag{4-32}$$

式中，$\hat{\boldsymbol{x}}_k$ 为 t_k 时刻的状态估计值。

$$\boldsymbol{A}_{3\times4}=\frac{\partial(\boldsymbol{C}_n^b\boldsymbol{a}_c)}{\partial\boldsymbol{q}} \tag{4-33}$$

观测方程雅可比矩阵为

$$\boldsymbol{H}_k=\frac{\partial\boldsymbol{h}(\boldsymbol{X})}{\partial\boldsymbol{X}}\mid_{\boldsymbol{X}=\hat{\boldsymbol{x}}_{k+1,k}}=\begin{pmatrix}\boldsymbol{C}_b^n & \boldsymbol{0}_{3\times3} & \boldsymbol{B}_1\\ \vdots & \vdots & \vdots\\ \boldsymbol{C}_b^n & \boldsymbol{0}_{3\times3} & \boldsymbol{B}_N\end{pmatrix} \tag{4-34}$$

其中

$$\boldsymbol{B}_i=\frac{\partial\boldsymbol{C}_b^n(\boldsymbol{r}_i-\boldsymbol{r})}{\partial\boldsymbol{q}},\quad i=1,\cdots,N \tag{4-35}$$

得到系统可观测性矩阵为

$$\boldsymbol{O}=\begin{bmatrix}\boldsymbol{H}_k\\ \boldsymbol{H}_k\boldsymbol{F}_k\\ \vdots\\ \boldsymbol{H}_k\boldsymbol{F}_k^{\ n-1}\end{bmatrix} \tag{4-36}$$

式中，n 为系统状态维数。取系统可观测性矩阵的前两项

$$\begin{pmatrix}\boldsymbol{H}_k\\ \boldsymbol{H}_k\boldsymbol{F}_k\end{pmatrix}=\begin{bmatrix}\boldsymbol{C}_b^n & \boldsymbol{0}_{3\times3} & \boldsymbol{B}_1\\ \vdots & \vdots & \vdots\\ \boldsymbol{C}_b^n & \boldsymbol{0}_{3\times3} & \boldsymbol{B}_N\\ \boldsymbol{0}_{3\times3} & \boldsymbol{C}_b^n & \frac{1}{2}\boldsymbol{B}_1\Omega(\boldsymbol{\omega})\\ \vdots & \vdots & \vdots\\ \boldsymbol{0}_{3\times3} & \boldsymbol{C}_b^n & \frac{1}{2}\boldsymbol{B}_N\Omega(\boldsymbol{\omega})\end{bmatrix} \tag{4-37}$$

并取上式前 6 列作为位置速度的可观测性矩阵

$$\boldsymbol{O}_{rv}=\begin{pmatrix}\boldsymbol{C}_b^n & \cdots & \boldsymbol{C}_b^n & \boldsymbol{0}_{3\times3} & \cdots & \boldsymbol{0}_{3\times3}\\ \boldsymbol{0}_{3\times3} & \cdots & \boldsymbol{0}_{3\times3} & \boldsymbol{C}_b^n & \cdots & \boldsymbol{C}_b^n\end{pmatrix}^{\mathrm{T}} \tag{4-38}$$

由于 $\boldsymbol{C}_b^n$ 为满秩矩阵，当只存在一个特征点时，式（4-37）前 6 列线性无关，即 $\boldsymbol{O}_{rv}$ 满秩，探测器的位置和速度可观。以可观测性矩阵条件数的倒数作为系统的可观测度

$$J=\frac{1}{\mathrm{cond}(\boldsymbol{O}_{rv})}=\frac{\sigma_{\min}(\boldsymbol{O}_{rv}^{\mathrm{T}}\boldsymbol{O}_{rv})}{\sigma_{\max}(\boldsymbol{O}_{rv}^{\mathrm{T}}\boldsymbol{O}_{rv})} \tag{4-39}$$

式中，$\sigma_{\min}$ 和 $\sigma_{\max}$ 分别为矩阵 $\boldsymbol{O}_{rv}^{\mathrm{T}}\boldsymbol{O}_{rv}$ 的最小和最大特征值。由于 $\boldsymbol{C}_b^n$ 为坐标转换矩阵，所以有

$$\boldsymbol{O}_{rv}^{\mathrm{T}}\boldsymbol{O}_{rv}=\begin{pmatrix}N\boldsymbol{I}_3 & \boldsymbol{0}_{3\times3}\\ \boldsymbol{0}_{3\times3} & N\boldsymbol{I}_3\end{pmatrix} \tag{4-40}$$

可以看出，当仅有一个特征点时，探测器的位置速度可观，且可观测度始终为 1。得到上述结论的前提是 $\boldsymbol{C}_b^n$ 已知，即探测器姿态已知。以下对姿态可观测性进行分析。

（2）姿态可观测性分析

由于与姿态四元数相关的偏微分矩阵形式复杂，无法直观地通过式（4-37）分析探测器姿态的可观测性。根据探测器状态方程可知，探测器的姿态变化与位置速度无关，因此可单独对其可观测性进行分析。姿态四元数为4维矢量，其自由度为3，以下仅对姿态四元数矢量部分做可观测性分析。

令姿态四元数的估计值为 $\hat{\boldsymbol{q}}$ ，与真实值的偏差为

$$\delta\boldsymbol{q}=\hat{\boldsymbol{q}}^{*}\otimes\boldsymbol{q}=(1\quad\delta\tilde{\boldsymbol{q}}^{\mathrm{T}})^{\mathrm{T}} \tag{4-41}$$

式中，$\hat{\boldsymbol{q}}^{*}=(\boldsymbol{q}(1)\quad-\boldsymbol{q}(2)\quad-\boldsymbol{q}(3)\quad-\boldsymbol{q}(4))^{\mathrm{T}}$ 为 $\hat{\boldsymbol{q}}$ 的共轭四元数；$\delta\tilde{\boldsymbol{q}}$ 为姿态四元数偏差的矢量部分，$\otimes$ 表示四元数乘法。以 $\delta\tilde{\boldsymbol{q}}$ 为变量分析姿态可观测性，状态方程为

$$\delta\dot{\tilde{\boldsymbol{q}}}=-\frac{1}{2}[\boldsymbol{\omega}\times]\delta\tilde{\boldsymbol{q}} \tag{4-42}$$

其中

$$[\boldsymbol{\omega}\times]=\begin{pmatrix}0&-\omega_z&\omega_y\\\omega_z&0&-\omega_x\\-\omega_y&\omega_x&0\end{pmatrix} \tag{4-43}$$

以下采用 Fisher 信息矩阵分析姿态的可观测性。Fisher 信息矩阵是衡量随机观测数据包含的待估状态信息的重要工具，通过 Cramér-Rao 不等式反映观测信息量及系统可观测性大小。假设测量噪声服从零均值高斯分布，则观测量关于系统状态变量的联合概率密度函数为

$$p(\boldsymbol{Y}\mid\boldsymbol{x})=\prod_{i=1}^{m}\left(\prod_{j=1}^{3}\frac{1}{\sqrt{2\pi}\,\sigma_i}\mathrm{e}^{-\frac{1}{2}\sigma^{-2}(\boldsymbol{Y}_{i,j}-\hat{\boldsymbol{Y}}_{i,j})^2}\right) \tag{4-44}$$

式中，$\hat{\boldsymbol{Y}}_{i,j}=\hat{\boldsymbol{C}}_b^n(\boldsymbol{r}_i-\boldsymbol{r})$ ，下标 i 表示第 i 个特征点，下标 j 表示第 i 个观测矢量的第 j 个分量；σ 为高斯分布标准差。在式（4-44）中，假设不同特征点视线矢量的测量精度相同，则姿态的 Fisher 信息矩阵为

$$\boldsymbol{FIM}=-\sum_{i=1}^{m}\sigma^{-2}[\hat{\boldsymbol{C}}_b^n(\boldsymbol{r}_i-\boldsymbol{r})\times]^2 \tag{4-45}$$

其中

$$[(\boldsymbol{r}_i-\boldsymbol{r})\times]=\begin{pmatrix}0&-\Delta z_i&\Delta y_i\\\Delta z_i&0&-\Delta x_i\\-\Delta y_i&\Delta x_i&0\end{pmatrix} \tag{4-46}$$

其中 $\Delta x=x_i-x$ ，$\Delta y=y_i-y$ ，$\Delta z=z_i-z$ 。

当视场范围内仅存在一个特征点时，Fisher 信息矩阵为

$$\boldsymbol{F}_1=-\sigma^{-2}[\hat{\boldsymbol{C}}_b^n\Delta\boldsymbol{r}_1\times]^2 \tag{4-47}$$

对矩阵进行相似变换

$$
\begin{aligned}
\boldsymbol{F}_{s1} &= (\hat{\boldsymbol{C}}_b^n)^{-1}\boldsymbol{F}_1\hat{\boldsymbol{C}}_b^n = -\sigma^2[\Delta\boldsymbol{r}_1\times]^2 \\
&= -\sigma^2\begin{pmatrix} -\Delta z_1^2-\Delta y_1^2 & \Delta x_1\Delta y_1 & \Delta x_1\Delta z_1 \\ \Delta x_1\Delta y_1 & -\Delta x_1^2-\Delta z_1^2 & \Delta y_1\Delta z_1 \\ \Delta x_1\Delta z_1 & \Delta y_1\Delta z_1 & -\Delta x_1^2-\Delta y_1^2 \end{pmatrix}
\end{aligned} \tag{4-48}
$$

由于坐标旋转矩阵不改变矩阵的秩，因此 $\boldsymbol{F}_{s1}$ 与 $\boldsymbol{F}_1$ 具有相同的秩。矩阵 $\boldsymbol{F}_{s1}$ 的秩为 2，且各列线性相关，满足

$$
\Delta x\boldsymbol{F}_{s1}(1)+\Delta y\boldsymbol{F}_{s1}(2)+\Delta z\boldsymbol{F}_{s1}(3)=0 \tag{4-49}
$$

因此当仅有一个特征点时，姿态不可观，且仅有一个方向不可观，即在导航坐标系下沿 $\boldsymbol{r}_1-\boldsymbol{r}$ 方向的旋转角度不可观。

当视场范围内存在两个特征点时，Fisher 信息矩阵为

$$
\boldsymbol{F}_2 = -\sigma^{-2}([\hat{\boldsymbol{C}}_b^n\Delta\boldsymbol{r}_1\times]^2+[\hat{\boldsymbol{C}}_b^n\Delta\boldsymbol{r}_2\times]^2) \tag{4-50}
$$

其中 $\Delta\boldsymbol{r}_1\neq\Delta\boldsymbol{r}_2$，即要求两个特征点不重合。采用与式（4-48）相同的变换，可以得到

$$
\boldsymbol{F}_{s2} = -\sigma^2\left[\begin{pmatrix} -\Delta z_1^2-\Delta y_1^2 & \Delta x_1\Delta y_1 & \Delta x_1\Delta z_1 \\ \Delta x_1\Delta y_1 & -\Delta x_1^2-\Delta z_1^2 & \Delta y_1\Delta z_1 \\ \Delta x_1\Delta z_1 & \Delta y_1\Delta z_1 & -\Delta x_1^2-\Delta y_1^2 \end{pmatrix}+\begin{pmatrix} -\Delta z_2^2-\Delta y_2^2 & \Delta x_2\Delta y_2 & \Delta x_2\Delta z_2 \\ \Delta x_2\Delta y_2 & -\Delta x_2^2-\Delta z_2^2 & \Delta y_2\Delta z_2 \\ \Delta x_2\Delta z_2 & \Delta y_2\Delta z_2 & -\Delta x_2^2-\Delta y_2^2 \end{pmatrix}\right] \tag{4-51}
$$

$\boldsymbol{F}_{s2}$ 的秩为 6，而当 $\Delta\boldsymbol{r}_1$ 与 $\Delta\boldsymbol{r}_2$ 共线时 $\boldsymbol{F}_{s2}$ 的秩为 2。因此，当存在两个特征点，且满足特征点视线矢量不共线时，姿态完全可观。

下面给出特征矢量观测相对导航的仿真算例。探测器初始状态由表 4-1 给出，利用附着过程第一幅图像中包括着陆点在内的三个不共线特征点构建相对导航坐标系，采用的导航特征点模拟观测情况如图 4-4 所示。着陆点位于（0，0，0）m，图中实线框线为相机在不同时刻的观测视场，圆圈表示用于滤波估计的导航特征点。得到的位姿估计误差如图 4-5 和图 4-6 所示。可以看到，状态估计误差能够较快收敛，可实现探测器相对着陆点的位姿估计。

表 4-1　探测器初始状态

参数	数值	参数	数值
$\boldsymbol{r}_0$ /m	$(100,100,500)^{\mathrm{T}}$	$\boldsymbol{v}_0$ /(m/s)	$(-0.1,-0.1,-0.1)^{\mathrm{T}}$
ϕ /(°)	1.1	θ /(°)	−3.7
ψ /(°)	4.5	t/s	100

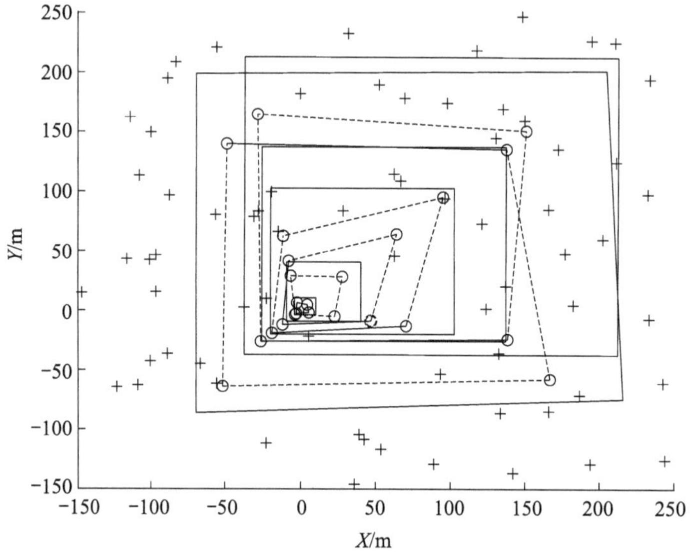

图 4-4　导航特征点观测情况

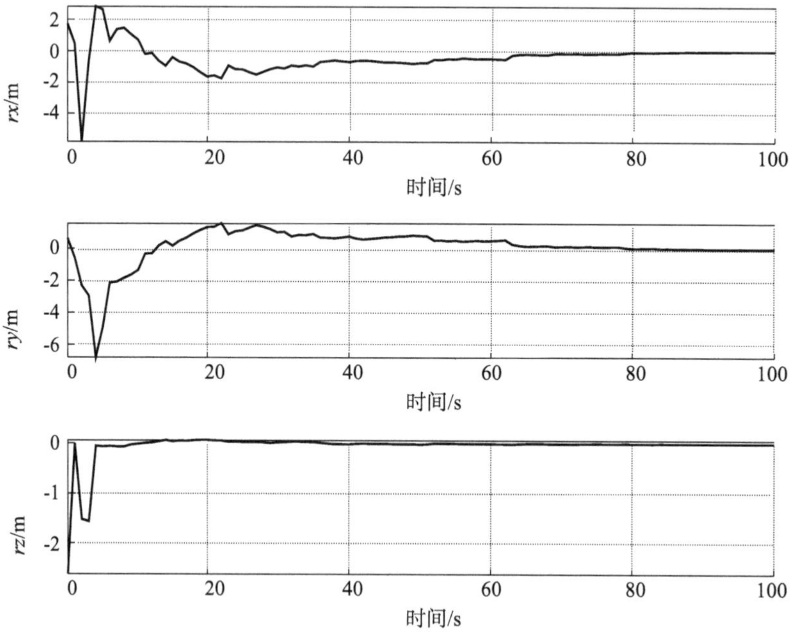

图 4-5　位置估计误差

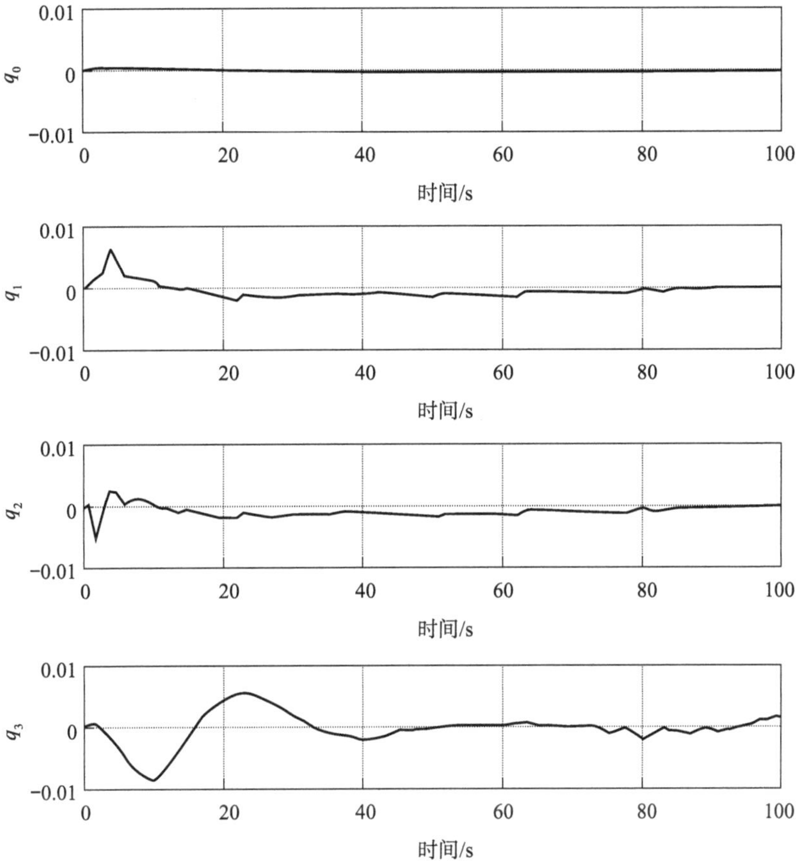

图 4－6　姿态估计误差

4.2　特征曲线匹配光学导航

相比于特征点，特征曲线能够提供更丰富的观测信息。利用第 3 章特征曲线提取匹配结果，既可以实现基于已知特征曲线的位姿确定，也可以根据帧间曲线匹配结果进行运动状态估计[3]。其中，基于已知特征曲线的位姿确定是利用下降图像中提取的陨石坑边缘特征曲线与导航数据库建立对应关系，在已知特征曲线三维位置情况下确定探测器的绝对位置和姿态；帧间曲线匹配运动状态估计是通过匹配帧间图像的特征曲线，估计得到探测器在相邻时刻间的运动状态。

4.2.1　特征曲线观测模型

假设探测器在光学图像中检测到 m 个陨石坑，陨石坑数量 $m \geqslant 3$。通过与预先建立的导航数据库进行匹配，得到 m 个陨石坑的绝对位置信息。对于陨石坑边缘曲线，可直接将特征曲线的中心点、长短半轴和长轴倾角作为观测量，记观测量为 $\boldsymbol{z}_j = (\boldsymbol{u}_{cj}^{\mathrm{T}} \quad a_j \quad b_j \quad \theta_j)^{\mathrm{T}}$。其中，特征曲线中心点和长短半轴满足

$$\boldsymbol{u}_{cj}=\begin{pmatrix}u_{cj}\\v_{cj}\end{pmatrix}=\frac{f}{c_{z_{cj}}}\begin{pmatrix}c_{x_{cj}}\\c_{y_{cj}}\end{pmatrix} \tag{4-52}$$

$$a_j=\sqrt{(u_{mj}-u_{cj})^2+(v_{mj}-v_{cj})^2} \tag{4-53}$$

$$b_j=\sqrt{(u_{nj}-u_{cj})^2+(v_{nj}-v_{cj})^2} \tag{4-54}$$

长轴倾角满足

$$\theta_j=\begin{cases}0 & ,u_{mj}=u_{cj}\\ \arctan\left(\dfrac{v_{mj}-v_{cj}}{u_{mj}-u_{cj}}\right) & ,u_{mj}\neq u_{cj}\end{cases} \tag{4-55}$$

式中，$(u_{mj},\ v_{mj})$ 和 $(u_{nj},\ v_{nj})$ 分别表示特征曲线的长短轴与特征曲线的交点坐标，取值范围为 $0\leqslant\theta_j<\pi$ 。

此外，还可利用曲线方程系数作为观测量建立观测方程，将特征曲线在着陆点固连坐标系下表示为

$$^L\tilde{\boldsymbol{x}}^{\mathrm{T}}\boldsymbol{\Theta}^L\tilde{\boldsymbol{x}}=0 \tag{4-56}$$

式中，矩阵 $\boldsymbol{\Theta}$ 表示特征曲线的二次型矩阵，为 3×3 对称矩阵；$^L\tilde{\boldsymbol{x}}$ 表示着陆点坐标系下特征曲线上的任一点，采用齐次坐标表示为 $^L\tilde{\boldsymbol{x}}=(^Lx\quad {^Ly}\quad 1)^{\mathrm{T}}$ 。

特征曲线上任一点 $^L\tilde{\boldsymbol{x}}$ 的观测模型由下式给出

$$\boldsymbol{u}=\begin{pmatrix}u\\v\end{pmatrix}=\sigma\boldsymbol{KC}(\boldsymbol{q})(^L\boldsymbol{x}-{^L\boldsymbol{r}}) \tag{4-57}$$

其中

$$\boldsymbol{K}=\begin{pmatrix}f & 0 & 0\\0 & f & 0\end{pmatrix} \tag{4-58}$$

将着陆区域近似视为平面，即 $^Lz=0$。不失一般性，令 $\sigma=1$，观测模型可改写为

$$\tilde{\boldsymbol{u}}=\begin{pmatrix}u\\v\\1\end{pmatrix}=\boldsymbol{M}^L\tilde{\boldsymbol{x}} \tag{4-59}$$

式中，$\tilde{\boldsymbol{u}}$ 为特征曲线上任一点的齐次坐标，转换矩阵 $\boldsymbol{M}$ 满足

$$\boldsymbol{M}=\boldsymbol{KC}(\boldsymbol{q})\boldsymbol{T} \tag{4-60}$$

其中

$$\boldsymbol{T}=\begin{pmatrix}1 & 0 & -{^Lr^x}\\0 & 1 & -{^Lr^y}\\0 & 0 & -{^Lr^z}\end{pmatrix} \tag{4-61}$$

则特征曲线在图像坐标系中可表示为

$$\tilde{\boldsymbol{u}}^{\mathrm{T}}\boldsymbol{E}\tilde{\boldsymbol{u}}=0 \tag{4-62}$$

式中，矩阵 $\boldsymbol{E}$ 表示特征曲线的二次型矩阵，为 3×3 对称矩阵，满足

$$\boldsymbol{E}=\boldsymbol{M}^{-\mathrm{T}}\boldsymbol{\Theta}\boldsymbol{M}^{-1} \tag{4-63}$$

为了便于计算，将上式改写为

$$z_j = \mathrm{vech}(\boldsymbol{E}_j) = \boldsymbol{H}\,\mathrm{vec}(\boldsymbol{E}_j) \tag{4-64}$$

式中，$\boldsymbol{z}_j = (a_j \quad b_j \quad c_j \quad d_j \quad e_j)^{\mathrm{T}}$ 为特征曲线的观测量；a_j，b_j，c_j，d_j，e_j，f_j 表示特征曲线方程的系数；vech(·) 表示对称矩阵的向量化形式；vec(·) 表示任意矩阵的向量化形式；矩阵 $\boldsymbol{H}$ 为 vech(·) 与 vec(·) 之间的转换矩阵，满足

$$\boldsymbol{H} = \begin{pmatrix} 1 & 0 & 0 & 0 & 0 & 0 & 0 & 0 & 0 \\ 0 & 1 & 0 & 0 & 0 & 0 & 0 & 0 & 0 \\ 0 & 0 & 0 & 0 & 1 & 0 & 0 & 0 & 0 \\ 0 & 0 & 1 & 0 & 0 & 0 & 0 & 0 & 0 \\ 0 & 0 & 0 & 0 & 0 & 1 & 0 & 0 & 0 \\ 0 & 0 & 0 & 0 & 0 & 0 & 0 & 0 & 1 \end{pmatrix} \tag{4-65}$$

4.2.2　已知特征曲线的位姿确定

当观测数据充足时，可根据特征曲线观测量，利用最小二乘法确定探测器的位姿。用 $\boldsymbol{R}_c^s$ 和 $\boldsymbol{t}_c^s$ 分别表示着陆点固连坐标系与探测器本体坐标系之间的旋转矩阵和平移矢量，$\boldsymbol{R}_c^s$ 和 $\boldsymbol{t}_c^s$ 反映了探测器的绝对姿态和位置信息。基于特征曲线观测模型，利用下降图像和数据库中任意两对成功匹配的特征曲线，建立如下状态约束方程

$$(\boldsymbol{G}_l^{-1}\boldsymbol{G}_k)\boldsymbol{W} = \boldsymbol{W}(\boldsymbol{C}_l^{-1}\boldsymbol{C}_k) \tag{4-66}$$

式中，$k < l$ 且 k，$l \in \{1, 2, \cdots, m\}$；$\boldsymbol{C}_k$ 和 $\boldsymbol{C}_l$ 分别表示两条特征曲线在下降图像中的椭圆曲线矩阵；$\boldsymbol{G}_k$ 和 $\boldsymbol{G}_l$ 分别表示两条特征曲线在导航数据库中的椭圆曲线矩阵，矩阵 $\boldsymbol{W}$ 包含探测器绝对状态，表示为

$$\boldsymbol{W} = (\boldsymbol{R}_1 \quad \boldsymbol{R}_2 \quad \boldsymbol{t}_c^s) \tag{4-67}$$

式中，$\boldsymbol{R}_1$ 和 $\boldsymbol{R}_2$ 为姿态 $\boldsymbol{R}_{c_\tau}^s$ 的列向量，且 $\boldsymbol{R}_{c_\tau}^s = (\boldsymbol{R}_1, \boldsymbol{R}_2, \boldsymbol{R}_1 \times \boldsymbol{R}_2)$；$\boldsymbol{t}_c^s$ 表示探测器在着陆点坐标系中的位置。

利用矩阵的克罗内克积（$\otimes$），建立探测器绝对位姿的线性约束方程

$$\boldsymbol{F}_{9m(m-1)/2\times 9}\,\boldsymbol{w} = 0 \tag{4-68}$$

式中，向量 $\boldsymbol{w}$ 为矩阵 $\boldsymbol{W}$ 的向量化形式，满足 $\boldsymbol{w} = (w_1, \cdots, w_9)^{\mathrm{T}}$；矩阵 $\boldsymbol{F}$ 满足

$$\boldsymbol{F} = (\boldsymbol{F}_{1,2}^{\mathrm{T}}, \boldsymbol{F}_{1,3}^{\mathrm{T}}, \cdots, \boldsymbol{F}_{1,m}^{\mathrm{T}}, \cdots, \boldsymbol{F}_{m-1,m}^{\mathrm{T}})^{\mathrm{T}} \tag{4-69}$$

其中

$$\boldsymbol{F}_{l,k} = ((\boldsymbol{G}_l^{-1}\boldsymbol{G}_k) \otimes \boldsymbol{I} - \boldsymbol{I} \otimes (\boldsymbol{C}_l^{-1}\boldsymbol{C}_k)^{\mathrm{T}})_{9\times 9} \tag{4-70}$$

矩阵 $\boldsymbol{I}$ 为 3×3 的单位矩阵。通过最小二乘法求解式（4-68）可得到 $\boldsymbol{w}$，从而获得探测器在着陆点坐标系下的绝对位置 $\boldsymbol{t}_c^s$ 和姿态 $\boldsymbol{R}_c^s$。

对导航系统可观测性进行分析，记线性化后的特征曲线的观测方程为

$$\Delta \boldsymbol{z}_j = \boldsymbol{H}_z \begin{pmatrix} \Delta^L \boldsymbol{r} \\ \Delta^L \boldsymbol{v} \\ \Delta \boldsymbol{q} \end{pmatrix} + \boldsymbol{v}_z \tag{4-71}$$

式中，$\boldsymbol{v}_z$ 表示特征曲线的测量误差；$\boldsymbol{H}_z$ 为观测方程雅可比矩阵，满足

$$\boldsymbol{H}_z=\left.\frac{\partial \boldsymbol{h}_z(\boldsymbol{x})}{\partial \boldsymbol{x}}\right|_{\boldsymbol{x}=\hat{\boldsymbol{x}}_{k+1,k}}=\begin{bmatrix}\boldsymbol{H}_{ur_{cj}} & \boldsymbol{0}_{3\times3} & \boldsymbol{H}_{uq_{cj}}\\ \partial a/\partial^L\boldsymbol{r} & \boldsymbol{0}_{3\times3} & \partial a/\partial\boldsymbol{q}\\ \partial b/\partial^L\boldsymbol{r} & \boldsymbol{0}_{3\times3} & \partial b/\partial\boldsymbol{q}\\ \partial\theta/\partial^L r & \boldsymbol{0}_{3\times3} & \partial\theta/\partial\boldsymbol{q}\end{bmatrix} \tag{4-72}$$

则特征曲线观测量关于探测器位置的 Fisher 信息矩阵为

$$\begin{aligned}\boldsymbol{F}_z^{(j)}&=\sigma_z^{-2}\begin{pmatrix}\boldsymbol{H}_{ur_{cr}}\\ \partial\boldsymbol{a}_j/\partial^L\boldsymbol{r}\\ \partial\boldsymbol{b}_j/\partial^L\boldsymbol{r}\end{pmatrix}^{\mathrm{T}}\begin{pmatrix}\boldsymbol{H}_{ur_{cr}}\\ \partial\boldsymbol{a}_j/\partial^L\boldsymbol{r}\\ \partial\boldsymbol{b}_j/\partial^L\boldsymbol{r}\end{pmatrix}+\sigma_\theta^{-2}\left(\frac{\partial\theta_j}{\partial^L\boldsymbol{r}}\right)^{\mathrm{T}}\left(\frac{\partial\theta_j}{\partial^L\boldsymbol{r}}\right)\\ &=\left(\frac{1}{\sigma_z{}^C z}\right)^2\boldsymbol{C}^{\mathrm{T}}(\boldsymbol{\Gamma}_{u_{cj}}+\boldsymbol{\Gamma}_{a_j}+\boldsymbol{\Gamma}_{b_j})\boldsymbol{C}+\left(\frac{1}{\sigma_\theta{}^C z}\right)^2\boldsymbol{C}^{\mathrm{T}}\boldsymbol{\Gamma}_{\theta_j}\boldsymbol{C}\end{aligned} \tag{4-73}$$

式中，σ_z 表示特征曲线中心点和长短轴观测噪声标准差；σ_θ 表示特征曲线倾角观测噪声标准差，其余变量表达式如下

$$\boldsymbol{\Gamma}_{u_{cj}}=\begin{pmatrix}f^2 & 0 & -fu_{cj}\\ 0 & f^2 & -fv_{cj}\\ -fu_{cj} & -fv_{cj} & u_{cj}^2+v_{cj}^2\end{pmatrix} \tag{4-74}$$

$$\boldsymbol{\Gamma}_{a_j}=\begin{pmatrix}0 & 0 & 0\\ 0 & 0 & 0\\ 0 & 0 & (u_{mj}-u_{cj})^2+(v_{mj}-v_{cj})^2\end{pmatrix} \tag{4-75}$$

$$\boldsymbol{\Gamma}_{b_j}=\begin{pmatrix}0 & 0 & 0\\ 0 & 0 & 0\\ 0 & 0 & (u_{nj}-u_{cj})^2+(v_{nj}-v_{cj})^2\end{pmatrix} \tag{4-76}$$

$$\boldsymbol{\Gamma}_{\theta_j}=\boldsymbol{0}_{3\times3} \tag{4-77}$$

从特征曲线的 Fisher 信息矩阵可以看出，系统可观测度只与特征曲线的位置和大小有关，与特征曲线倾角无关。观测 n 条特征曲线时探测器位置估计误差下限为

$$\frac{3}{\operatorname{tr}(\boldsymbol{F}_z^{(n)})}=\frac{3(\sigma_z{}^c z)^2}{2nf^2+\sum_{j=1}^{n}(u_{cj}^2+v_{cj}^2+a^2+b^2)} \tag{4-78}$$

由上式可知，图像坐标系下特征曲线中心距离图像中心越远，特征曲线长短轴越长，探测器位置估计误差下限越小。因此可将 Fisher 信息矩阵的迹作为优化性能指标，对特征曲线进行优选，提高探测器状态估计性能。

下面给出基于 3 条特征曲线的探测器状态估计仿真算例。假设着陆时间 120 s，相机视场角 45°，图像分辨率为 1 024×1 024 像素，图像处理频率 1 Hz，特征曲线绝对位置已知，中心点和长短轴图像精度均为 1 个像素，仿真得到的状态估计误差如图 4-7 至图 4-9 所示。图中探测器位置、速度和姿态估计误差均能较快收敛，表明了利用特征曲线进行自主导航的可行性。同时，采用优选后的特征曲线进行探测器状态估计，估计误差收敛速度更快，且得到的状态估计精度更高。

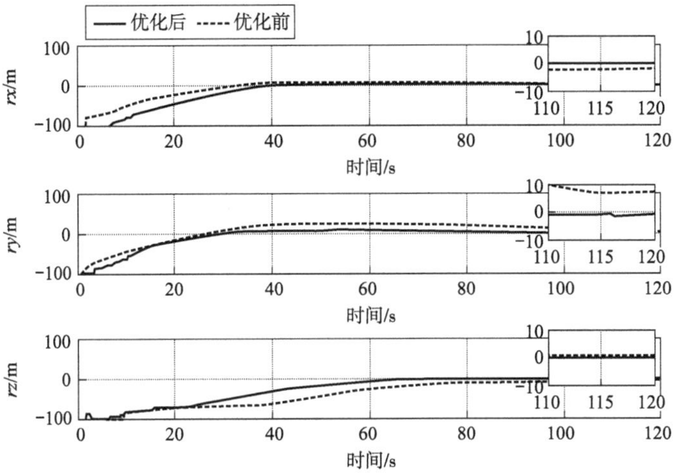

图 4－7　特征曲线优选前后位置估计误差

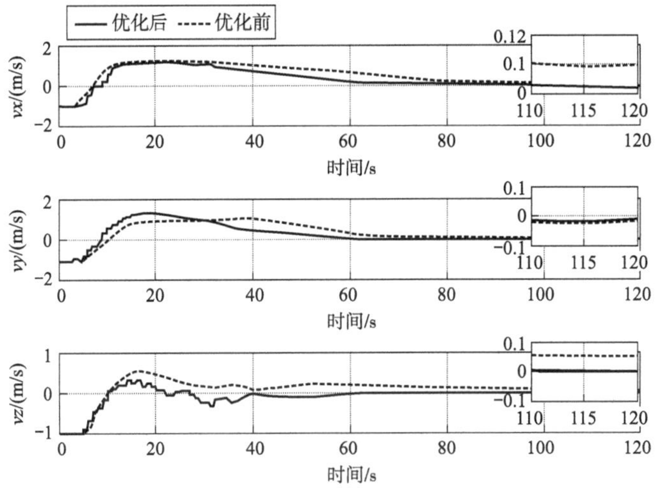

图 4－8　特征曲线优选前后速度估计误差

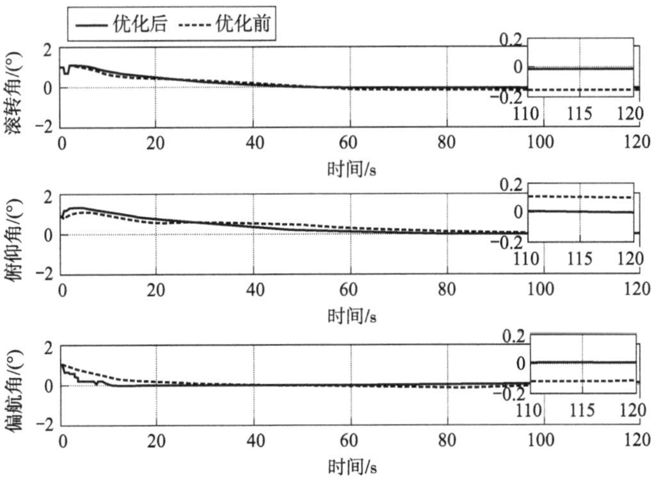

图 4－9　特征曲线优选前后姿态估计误差

4.2.3 帧间匹配运动状态估计

基于已知特征曲线的绝对导航方法需要通过匹配下降图像和导航数据库中的陨石坑，获得特征曲线的绝对位置信息。相比之下，下降过程中探测器在相邻时刻获取的序列图像之间陨石坑特征的形状和尺度变化较小，更容易实现快速匹配，为确定探测器的状态变化提供观测信息。

假设下降过程中探测器在不同位置 C_1 和 C_2 拍摄的序列图像中存在共同特征点 $\boldsymbol{p}=(x, y, z)^{\mathrm{T}}$，如图 4-10 所示。当探测器由 C_1 运动至 C_2 处，由单应变换可知特征点在探测器本体坐标系下的观测量存在如下转换关系

$$\boldsymbol{p}_{C_2}=\boldsymbol{H}\boldsymbol{p}_{C_1} \tag{4-79}$$

式中，$\boldsymbol{H}$ 表示单应矩阵，满足

$$\boldsymbol{H}=\boldsymbol{R}_{C_2}^{C_1}+\boldsymbol{t}_{C_2}^{C_1}\boldsymbol{n}_{C_1}^{\mathrm{T}}/d_{C_1} \tag{4-80}$$

式中，$\boldsymbol{t}_{C_2}^{C_1}$ 表示 C_2 处探测器本体坐标系下相对位置；$\boldsymbol{R}_{C_2}^{C_1}$ 为 C_1 到 C_2 本体坐标系变换的方向余弦阵，反映了探测器不同时刻的姿态变化；$\boldsymbol{n}_{C_1}$ 表示探测器本体坐标系下着陆区法向量；d_{C_1} 表示探测器本体坐标系原点 O_{C_1} 到小行星表面的距离。相应地，探测器由位置 C_1 运动至 C_2 处，特征点在图像坐标系下的像点满足如下关系

$$\boldsymbol{u}_{C_2}=\rho\boldsymbol{H}\boldsymbol{u}_{C_1} \tag{4-81}$$

式中，ρ 为非零常数。

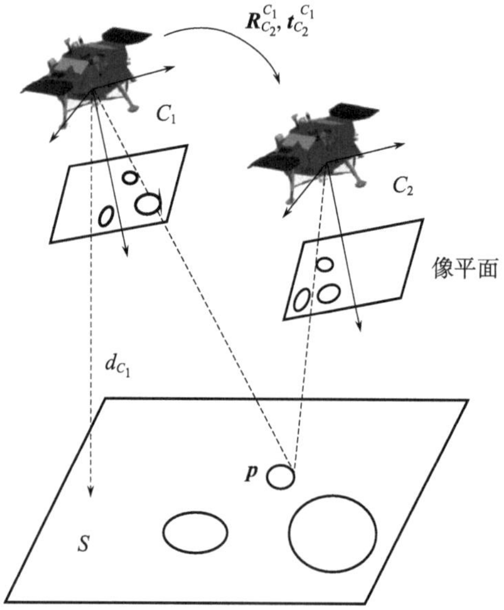

图 4-10 探测器相对运动关系示意图

同样地，根据探测器分别在 C_1 和 C_2 处成像得到的图像坐标系下特征曲线方程

$$\boldsymbol{u}_{C_1}^{\mathrm{T}}\boldsymbol{A}_k\boldsymbol{u}_{C_1}=0 \tag{4-82}$$

$$\boldsymbol{u}_{C_2}^{\mathrm{T}}\boldsymbol{B}_k\boldsymbol{u}_{c_2}=0 \tag{4-83}$$

式中，$\boldsymbol{A}_k$，$\boldsymbol{B}_k \in \boldsymbol{R}^{3\times3}$，为非奇异对称矩阵。将式（4－81）代入式（4－83）中

$$\boldsymbol{u}_{C_1}^{\mathrm{T}} \boldsymbol{H}^{\mathrm{T}} \boldsymbol{B}_k \boldsymbol{H} \boldsymbol{u}_{C_1} = 0 \tag{4-84}$$

对比式（4－82）和式（4－84）得到

$$\boldsymbol{H}^{\mathrm{T}} \boldsymbol{B}_k \boldsymbol{H} = \xi_k \boldsymbol{A}_k \tag{4-85}$$

式中，ξ_k 为非零常数。上式可进一步变换为

$$\boldsymbol{H}^{\mathrm{T}} = \xi_k \boldsymbol{A}_k \boldsymbol{H}^{-1} \boldsymbol{B}_k^{-1} \tag{4-86}$$

对于不同特征曲线，有

$$\boldsymbol{A}_1 \boldsymbol{H}^{-1} \boldsymbol{B}_1^{-1} = \xi_{12} \boldsymbol{A}_2 \boldsymbol{H}^{-1} \boldsymbol{B}_2^{-1} \tag{4-87}$$

式中，ξ_{12} 为非零常数，满足 $\xi_{12} = \xi_2 / \xi_1$。因此，可利用序列图像中任意两对成功匹配的特征曲线，建立探测器本体坐标系下不同时刻相对运动约束方程

$$(\boldsymbol{B}_j^{-1} \boldsymbol{B}_i) \boldsymbol{H} = \boldsymbol{H} (\boldsymbol{A}_j^{-1} \boldsymbol{A}_i) \tag{4-88}$$

式中，$i < j$ 且 i，$j \in \{1, 2, \cdots, n\}$；矩阵 $\boldsymbol{A}_i$，$\boldsymbol{A}_j$ 分别表示探测器在位置 $C_{\lambda-1}$ 时观测的两条特征曲线；矩阵 $\boldsymbol{B}_i$，$\boldsymbol{B}_j$ 分别表示探测器在位置 C_λ 时观测的两条特征曲线。

类似地，利用矩阵的克罗内克积（$\otimes$），建立探测器相对位姿的线性方程

$$\boldsymbol{E}_{9n(n-1)/2\times9} \boldsymbol{h} = 0 \tag{4-89}$$

式中，向量 $\boldsymbol{h}$ 表示单应矩阵 $\boldsymbol{H}$ 的向量化形式，即 $\boldsymbol{h} = (h_1, \cdots, h_9)^{\mathrm{T}}$；矩阵 $\boldsymbol{E}$ 满足

$$\boldsymbol{E} = (\boldsymbol{E}_{1,2}^{\mathrm{T}}, \boldsymbol{E}_{1,3}^{\mathrm{T}}, \cdots, \boldsymbol{E}_{1,n}^{\mathrm{T}}, \cdots, \boldsymbol{E}_{n-1,n}^{\mathrm{T}})^{\mathrm{T}} \tag{4-90}$$

其中

$$\boldsymbol{E}_{i,j} = [(\boldsymbol{B}_j^{-1} \boldsymbol{B}_i) \otimes \boldsymbol{I} - \boldsymbol{I} \otimes (\boldsymbol{A}_j^{-1} \boldsymbol{A}_i)^{\mathrm{T}}]_{9\times9} \tag{4-91}$$

矩阵 $\boldsymbol{I}$ 为 3×3 的单位矩阵。

基于成功匹配的特征曲线建立的约束方程，求解单应矩阵 $\boldsymbol{H}$。进而利用奇异值分解得到 $\boldsymbol{H} = \boldsymbol{USV}^{\mathrm{T}}$，其中矩阵 $\boldsymbol{U}$ 表示矩阵 $\boldsymbol{HH}^{\mathrm{T}}$ 特征向量组成的矩阵，矩阵 $\boldsymbol{V}$ 表示矩阵 $\boldsymbol{H}^{\mathrm{T}}\boldsymbol{H}$ 特征向量组成的矩阵，满足 $\boldsymbol{UU}^{\mathrm{T}} = \boldsymbol{VV}^{\mathrm{T}} = \boldsymbol{I}_3$，矩阵 $\boldsymbol{S}$ 为对角矩阵，满足 $\boldsymbol{S} = \mathrm{diag}(s_1, s_2, s_3)$，元素 s_1，s_2，s_3 表示矩阵 $\boldsymbol{H}^{\mathrm{T}}\boldsymbol{H}$ 的奇异值。当探测器上同时配置有激光测距仪时，结合激光测距仪测量得到的高度信息，建立探测器在不同时刻的相对运动方程

$$\boldsymbol{R}_{C_\lambda}^{C_{\lambda-1}} = \boldsymbol{U} \boldsymbol{R}' \boldsymbol{V}^{\mathrm{T}} \tag{4-92}$$

$$\boldsymbol{t}_{C_\lambda}^{C_{\lambda-1}} = \frac{1}{\omega} (-\beta \boldsymbol{u}_1 + (s_3/s_2 - \eta\alpha) \boldsymbol{u}_3) \tag{4-93}$$

式中，ω 为比例因子；$\boldsymbol{u}_1$ 和 $\boldsymbol{u}_3$ 为矩阵 $\boldsymbol{U}$ 的列向量，且

$$\boldsymbol{R}' = \begin{pmatrix} \alpha & 0 & \beta \\ 0 & 1 & 0 \\ -\eta\beta & 0 & \eta\alpha \end{pmatrix} \tag{4-94}$$

其中矩阵 $\boldsymbol{R}'$ 中的元素满足

$$\begin{cases}\alpha = \dfrac{s_1 + \eta s_3 \delta^2}{s_2(1+\delta^2)} \\ \beta = \pm\sqrt{1-\alpha^2} \\ \eta = \det(\boldsymbol{U})\det(\boldsymbol{V}) \\ \delta = \pm\sqrt{\dfrac{s_1^2 - s_2^2}{s_2^2 - s_3^2}}\end{cases} \tag{4-95}$$

考虑到测量误差可能导致探测器状态估计结果明显偏离真实值，为了降低探测器状态估计对噪声的灵敏度，采用归一化状态估计方法，定义图像特征的标准化矩阵为

$$\boldsymbol{L} = \begin{pmatrix} s & 0 & -s\bar{u} \\ 0 & s & -s\bar{v} \\ 0 & 0 & 1 \end{pmatrix} \tag{4-96}$$

其中

$$\begin{cases}\bar{u} = \dfrac{1}{n}\sum\limits_{i=1}^{n} u_i \\ \bar{v} = \dfrac{1}{n}\sum\limits_{i=1}^{n} v_i \\ s = \sqrt{2} / \left[\dfrac{1}{n}\sum\limits_{i=1}^{n}\sqrt{(u_i - \bar{u})^2 + (v_i - \bar{v})^2}\right]\end{cases} \tag{4-97}$$

其中 $(u_i,\ v_i)$ 表示特征曲线图像中心点坐标。标准化矩阵将所有图像特征的中心转换到 (0，0) 处，原点到每个图像特征中心的平均距离为 $\sqrt{2}$ 。通过标准化，所有图像特征坐标大小在同一个数量级下，以此可以改善矩阵的条件数，降低对噪声的敏感度，提高估计精度。

对于帧间曲线匹配导航，利用式（4-96）得到帧间图像特征的标准化矩阵分别为 $\boldsymbol{L}$ 和 $\boldsymbol{L}'$ 。结合式（4-88）得到新的帧间特征曲线匹配对 $\{\boldsymbol{B}'_j,\ \boldsymbol{B}'_i,\ \boldsymbol{A}'_j,\ \boldsymbol{A}'_i\}$， 满足 $\boldsymbol{A}'_i = \boldsymbol{L}^{-\mathrm{T}}\boldsymbol{A}_i\boldsymbol{L}^{-1}$ 和 $\boldsymbol{B}'_i = (\boldsymbol{L}')^{-\mathrm{T}}\boldsymbol{B}_i(\boldsymbol{L}')^{-1}$ 。图像特征标准化后，单应矩阵 $\boldsymbol{H}$ 通过反标准化计算得到

$$\boldsymbol{H} = (\boldsymbol{L}')^{-1}\widetilde{\boldsymbol{H}}\boldsymbol{L} \tag{4-98}$$

以下从误差分析角度，利用测量矩阵奇异值偏差给出一种可观测度衡量方法，分析状态估计误差与特征曲线图像噪声的关系。令不同时刻图像陨石坑特征的观测噪声分别为 $\Delta\boldsymbol{A}$ 和 $\Delta\boldsymbol{B}$ 。结合式（4-89）～式（4-91），计算矩阵 $\boldsymbol{E}$ 的误差为

$$\Delta\boldsymbol{E} = (\Delta\boldsymbol{E}_{1,2}^{\mathrm{T}}, \Delta\boldsymbol{E}_{1,3}^{\mathrm{T}}, \cdots, \Delta\boldsymbol{E}_{1,n}^{T}, \cdots \Delta\boldsymbol{E}_{n-1,n}^{\mathrm{T}})^{\mathrm{T}} \tag{4-99}$$

其中

$$\Delta\boldsymbol{E}_{i,j} = \Delta\boldsymbol{B}_{i,j} \otimes \boldsymbol{I} - \boldsymbol{I} \otimes \Delta\boldsymbol{A}_{i,j}^{\mathrm{T}} \tag{4-100}$$

误差 $\Delta\boldsymbol{A}_{i,j}$ 和 $\Delta\boldsymbol{B}_{i,j}$ 分别满足

$$\begin{cases}\Delta\boldsymbol{A}_{i,j} = \boldsymbol{A}_j^{-1}\Delta\boldsymbol{A}\boldsymbol{A}_j^{-1}(\boldsymbol{A}_j - \boldsymbol{A}_i - \Delta\boldsymbol{A}) \\ \Delta\boldsymbol{B}_{i,j} = \boldsymbol{B}_j^{-1}\Delta\boldsymbol{B}\boldsymbol{B}_j^{-1}(\boldsymbol{B}_j - \boldsymbol{B}_i - \Delta\boldsymbol{B})\end{cases} \tag{4-101}$$

基于矩阵扰动传播理论，结合式（4－89）计算向量 $\boldsymbol{h}$ 估计误差 $\Delta\boldsymbol{h}$ 的线性化形式

$$\Delta\boldsymbol{h} \approx \boldsymbol{G}\boldsymbol{\Lambda}\boldsymbol{G}^{\mathrm{T}}(\Delta\boldsymbol{E}^{\mathrm{T}}\boldsymbol{E}+\boldsymbol{E}^{\mathrm{T}}\Delta\boldsymbol{E})\boldsymbol{h} \tag{4-102}$$

式中，矩阵 $\boldsymbol{G}$ 表示矩阵 $\boldsymbol{E}^{\mathrm{T}}\boldsymbol{E}$ 特征向量对应的矩阵；矩阵 $\boldsymbol{\Lambda}$ 表示由矩阵 $\boldsymbol{E}^{\mathrm{T}}\boldsymbol{E}$ 特征值构成的矩阵，满足

$$\boldsymbol{\Lambda}=\mathrm{diag}\{(\lambda_9-\lambda_1)^{-1},(\lambda_9-\lambda_2)^{-1},\cdots,(\lambda_9-\lambda_8)^{-1},0\} \tag{4-103}$$

式中，λ_i 表示矩阵 $\boldsymbol{E}^{\mathrm{T}}\boldsymbol{E}$ 的特征值，满足 $\lambda_1 \geqslant \lambda_2 \geqslant \cdots \geqslant \lambda_9$。计算特征值 λ_9 的估计误差

$$\Delta\lambda_9 \approx \boldsymbol{g}_9^{\mathrm{T}}(\Delta\boldsymbol{E}^{\mathrm{T}}\boldsymbol{E}+\boldsymbol{E}^{\mathrm{T}}\Delta\boldsymbol{E})\boldsymbol{g}_9 \tag{4-104}$$

式中，向量 $\boldsymbol{g}_9$ 表示特征值 λ_9 对应的特征向量。当观测矩阵不存在噪声时，即 $\Delta\boldsymbol{E}=\boldsymbol{0}$，矩阵 $\boldsymbol{E}^{\mathrm{T}}\boldsymbol{E}$ 最小特征值满足 $\lambda_9=0$。相反地，当观测矩阵存在噪声时，特征值 λ_9 满足 $\lambda_9=\Delta\lambda_9$。

对 $\boldsymbol{H}=\boldsymbol{U}\boldsymbol{S}\boldsymbol{V}^{\mathrm{T}}$ 关于单应矩阵元素 h_{ij} 两边求偏导，得到

$$\frac{\partial\boldsymbol{H}}{\partial h_{ij}}=\frac{\partial\boldsymbol{U}}{\partial h_{ij}}\boldsymbol{S}\boldsymbol{V}^{\mathrm{T}}+\boldsymbol{U}\frac{\partial\boldsymbol{S}}{\partial h_{ij}}\boldsymbol{V}^{\mathrm{T}}+\boldsymbol{U}\boldsymbol{S}\frac{\partial\boldsymbol{V}^{\mathrm{T}}}{\partial h_{ij}} \tag{4-105}$$

矩阵 $\boldsymbol{H}$ 的不同奇异值关于元素 h_{ij} 的导数为

$$\frac{\partial s_t}{\partial h_{ij}}=u_{it}v_{it}\ ,\ t=1,2,3 \tag{4-106}$$

$\boldsymbol{U}$ 和 $\boldsymbol{V}$ 关于元素 h_{ij} 的导数 $\partial\boldsymbol{U}/\partial h_{ij}$ 和 $\partial\boldsymbol{V}^{\mathrm{T}}/\partial h_{ij}$ 满足如下线性方程组

$$\begin{cases} s_l\boldsymbol{\Xi}_{U\,kl}^{ij}+s_k\boldsymbol{\Xi}_{V\,kl}^{ij}=u_{ik}v_{jl} \\ s_k\boldsymbol{\Xi}_{U\,kl}^{ij}+s_l\boldsymbol{\Xi}_{V\,kl}^{ij}=-u_{il}v_{jk} \end{cases} \tag{4-107}$$

其中 $k=1$，2，$l=2$，3，满足 $k<l$，矩阵 $\boldsymbol{\Xi}_U^{ij}$ 和 $\boldsymbol{\Xi}_V^{ij}$ 为反对称矩阵，其对角线元素均为零，满足

$$\begin{cases} \boldsymbol{\Xi}_U^{ij}=\boldsymbol{U}^{\mathrm{T}}\dfrac{\partial\boldsymbol{U}}{\partial h_{ij}} \\ \boldsymbol{\Xi}_V^{ij}=\dfrac{\partial\boldsymbol{V}^{\mathrm{T}}}{\partial h_{ij}}\boldsymbol{V} \end{cases} \tag{4-108}$$

根据 k 和 l 的不同取值，求解线性方程组（4－107）可以计算得到 $\boldsymbol{\Xi}_U^{ij}$ 和 $\boldsymbol{\Xi}_V^{ij}$，从而得到 $\partial\boldsymbol{U}/\partial h_{ij}$ 和 $\partial\boldsymbol{V}^{\mathrm{T}}/\partial h_{ij}$，即

$$\begin{cases} \dfrac{\partial\boldsymbol{U}}{\partial h_{ij}}=\boldsymbol{U}\boldsymbol{\Xi}_U^{ij} \\ \dfrac{\partial\boldsymbol{V}^{\mathrm{T}}}{\partial h_{ij}}=-\boldsymbol{V}\boldsymbol{\Xi}_V^{ij} \end{cases} \tag{4-109}$$

根据式（4－92），对相对姿态矩阵 $\boldsymbol{R}$ 关于单应矩阵元素 h_{ij} 求偏导，得到

$$\frac{\partial\boldsymbol{R}}{\partial h_{ij}}=\frac{\partial\boldsymbol{U}}{\partial h_{ij}}\boldsymbol{R}'\boldsymbol{V}^{\mathrm{T}}+\boldsymbol{U}\frac{\partial\boldsymbol{R}'}{\partial s_t}\frac{\partial s_t}{\partial h_{ij}}\boldsymbol{V}^{\mathrm{T}}+\boldsymbol{U}\boldsymbol{R}'\frac{\partial\boldsymbol{V}^{\mathrm{T}}}{\partial h_{ij}} \tag{4-110}$$

定义相对姿态矩阵 $\boldsymbol{R}$ 的雅可比矩阵为

$$J_{\boldsymbol{R}}(h_{11},h_{12},\cdots,h_{33})=\left[\mathrm{vec}\left(\frac{\partial\boldsymbol{R}}{\partial h_{11}}\right)^{\mathrm{T}},\mathrm{vec}\left(\frac{\partial\boldsymbol{R}}{\partial h_{12}}\right)^{\mathrm{T}},\cdots,\mathrm{vec}\left(\frac{\partial\boldsymbol{R}}{\partial h_{33}}\right)^{\mathrm{T}}\right]_{9\times 9} \tag{4-111}$$

式中，$\mathrm{vec}(\partial \boldsymbol{R}/\partial h_{ij})$ 表示矩阵 $\dfrac{\partial \boldsymbol{R}}{\partial h_{ij}}$ 的向量化形式。

基于一阶近似理论，相对姿态矩阵估计误差 $\Delta \boldsymbol{r}$ 与单应矩阵误差 $\Delta \boldsymbol{h}$ 具有如下关系

$$\Delta \boldsymbol{r} \approx J_R(h_{11}, h_{12}, \cdots, h_{33})\Delta \boldsymbol{h} \tag{4-112}$$

同样的，相对位置的估计误差 $\Delta \boldsymbol{t}$ 与单应矩阵误差 $\Delta \boldsymbol{h}$ 具有如下关系

$$\Delta \boldsymbol{t} \approx \left(\frac{\partial \boldsymbol{t}}{\partial h_{11}}, \frac{\partial \boldsymbol{t}}{\partial h_{12}}, \cdots, \frac{\partial \boldsymbol{t}}{\partial h_{33}}\right)_{3\times 9} \Delta \boldsymbol{h} \tag{4-113}$$

综上可知，特征曲线观测噪声与相对姿态和位置估计误差之间存在二阶非线性关系。探测器状态估计误差不仅取决于特征曲线观测噪声的大小，还与特征曲线的本身属性（如长短轴或半径大小、位置）有关。

由式（4-101）可知，当观测噪声较小，帧间图像特征曲线满足 $\boldsymbol{A}_j \approx \boldsymbol{A}_i$ 和 $\boldsymbol{B}_j \approx \boldsymbol{B}_i$ 时，导航精度可以大大提高。值得注意的是，该条件可以同时满足，是因为两幅图像中同一陨石坑的特征曲线形状相近，并且采用同样的图像处理方法得到的特征曲线提取精度相近。因此，当图像中存在较多特征曲线时，可通过筛选合适的特征曲线，提高探测器导航性能。

在相对运动状态估计中，假设帧间特征曲线的测量矩阵是完全可观的。但实际上，这种假设并不总是成立的。为了评估导航系统的可观测度，建立如下可观测度评价准则

$$\begin{cases} \sigma_{\text{criterion1}} = \dfrac{\lambda_9}{\lambda_8} \\ \sigma_{\text{criterion2}} = \lambda_9 \end{cases} \tag{4-114}$$

式中，λ_8 和 λ_9 表示矩阵 $\tilde{\boldsymbol{E}}^{\mathrm{T}}\tilde{\boldsymbol{E}}$ 的特征值，噪声矩阵 $\tilde{\boldsymbol{E}}$ 满足 $\tilde{\boldsymbol{E}} = \boldsymbol{E} + \Delta \boldsymbol{E}$ 。可观测度准则 $\sigma_{\text{criterion1}}$ 和 $\sigma_{\text{criterion2}}$ 满足

$$\begin{cases} 0 \leqslant \sigma_{\text{criterion1}} \leqslant 1 \\ \sigma_{\text{criterion2}} > \Delta\lambda_9 \end{cases} \tag{4-115}$$

若 $\sigma_{\text{criterion1}}$ 接近 1 或 $\sigma_{\text{criterion2}}$ 远大于理论误差值 $\Delta\lambda_9$，则导航系统可观测性较差；若 $\sigma_{\text{criterion1}}$ 接近 0 且 $\sigma_{\text{criterion2}}$ 近似等于误差值 $\Delta\lambda_9$，则导航系统可观测性较好。换言之，可观测度评价准则 $\sigma_{\text{criterion1}}$ 和 $\sigma_{\text{criterion2}}$ 越小，导航系统的可观测度越好。

下面给出帧间匹配运动状态估计的仿真算例。同样地，假设下降过程中经图像处理后的特征曲线中心点和长短轴图像精度均为 1 个像素，不同噪声条件下得到的运动状态估计误差如图 4-11、图 4-12 所示。图中虚线为未经归一化处理的相对位姿估计结果，实线为归一化处理后的相对位姿估计结果。可以看到，通过对图像中特征曲线分布进行归一化处理可以有效提高估计精度。

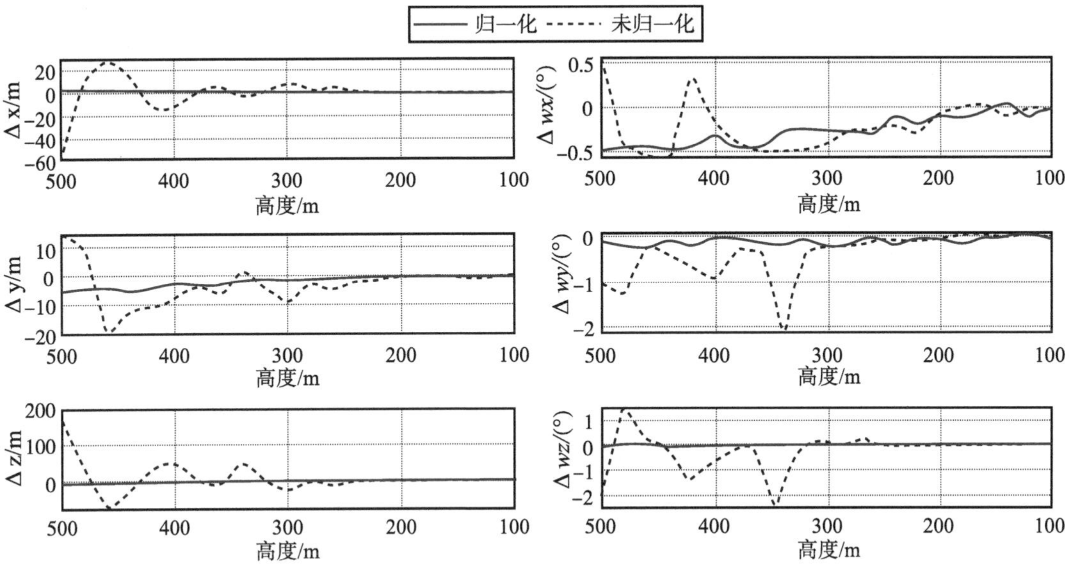

图 4 - 11　中心点噪声条件下探测器相对位姿估计误差

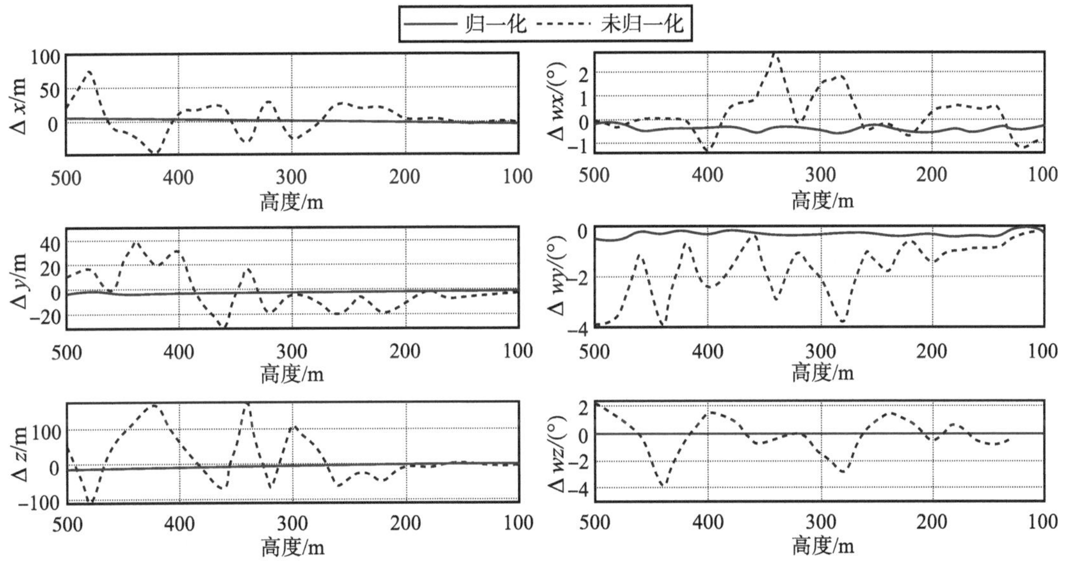

图 4 - 12　长短轴噪声条件下探测器相对位姿估计误差

4.3　多源信息融合自主导航

面对复杂不确知的小行星附着环境，当导航数据库不完备或下降图像和数据库的特征观测视角和光照条件差异较大时，仅依赖于视觉的光学导航方法将难以提供准确的状态信息。本节在光学测量基础上进一步引入惯性测量信息，介绍一种多源信息融合的自主导航方法[6]，实现复杂不确知环境下的探测器状态估计。

4.3.1 自主导航观测模型

附着过程中，假设探测器同时安装光学相机和惯性测量单元（Inertial Measurement Unit，IMU）进行自主导航，通过融合光学和惯性测量信息估计探测器状态。不失一般性，认为探测器本体坐标系与光学相机坐标系重合，即光学相机相对探测器的安装矩阵为单位阵。探测器状态 $\boldsymbol{x}$ 包括探测器位置 ${}^{L}\boldsymbol{r}$ 、速度 ${}^{L}\boldsymbol{v}$ 和姿态四元数 ${}^{B}_{L}\boldsymbol{q}$ ，其中，探测器位置 ${}^{L}\boldsymbol{r}$ 和速度 ${}^{L}\boldsymbol{v}$ 在着陆点固连坐标系中给出，姿态四元数 ${}^{B}_{L}\boldsymbol{q}$ 描述了着陆点固连坐标系到本体坐标系的旋转关系，简记为 $\boldsymbol{q}$ 。$\boldsymbol{a}_{\mathrm{imu}}$ 和 $\boldsymbol{\omega}_{\mathrm{imu}}$ 分别表示 IMU 在导航坐标系下测量得到的加速度和角速度，基于 IMU 测量信息建立如下探测器动力学模型

$$\begin{cases} {}^{L}\dot{\boldsymbol{r}} = {}^{L}\boldsymbol{v} \\ {}^{L}\dot{\boldsymbol{v}} = \boldsymbol{C}^{\mathrm{T}}(\boldsymbol{q})(\boldsymbol{a}_{\mathrm{imu}} - \boldsymbol{b}_{a} - \boldsymbol{n}_{a}) - 2[\boldsymbol{\omega}_{L} \times]{}^{L}\boldsymbol{v} - [\boldsymbol{\omega}_{L} \times]^{2}\,{}^{L}\boldsymbol{r} + {}^{L}\boldsymbol{g} + \boldsymbol{n}_{\mathrm{d}} \\ \dot{\boldsymbol{q}} = \dfrac{1}{2}\Omega(\boldsymbol{\omega}_{\mathrm{imu}} - \boldsymbol{b}_{\omega} - \boldsymbol{C}(\boldsymbol{q})\boldsymbol{\omega}_{L} - \boldsymbol{n}_{\omega})\boldsymbol{q} \end{cases} \tag{4-116}$$

式中，$\boldsymbol{C}(\boldsymbol{q})$ 表示着陆点固连坐标系到探测器本体坐标系的旋转矩阵；$\boldsymbol{\omega}_{L}$ 表示小行星自转角速度；${}^{L}\boldsymbol{g}$ 表示着陆点固连坐标系下的引力加速度；$\boldsymbol{n}_{\mathrm{d}}$ 表示环境扰动。反对称矩阵为

$$[\boldsymbol{\omega} \times] = \begin{pmatrix} 0 & -\omega_{z} & \omega_{y} \\ \omega_{z} & 0 & -\omega_{x} \\ -\omega_{y} & \omega_{x} & 0 \end{pmatrix} \tag{4-117}$$

$$\Omega(\boldsymbol{\omega}) = \begin{pmatrix} -[\boldsymbol{\omega} \times] & \boldsymbol{\omega} \\ -\boldsymbol{\omega}^{\mathrm{T}} & 0 \end{pmatrix} \tag{4-118}$$

式中，ω_{x} ，ω_{y} 和 ω_{z} 表示角速度矢量 $\boldsymbol{\omega}$ 的三轴分量。

由于着陆点坐标系固连在小行星表面，考虑小行星自转 $\boldsymbol{\omega}_{L}$ 影响，IMU 加速度计和陀螺仪测量得到的加速度 $\boldsymbol{a}_{\mathrm{imu}}$ 和角速度 $\boldsymbol{\omega}_{\mathrm{imu}}$ 观测模型为

$$\begin{cases} \boldsymbol{a}_{\mathrm{imu}} = \boldsymbol{C}(\boldsymbol{q})({}^{L}\boldsymbol{a} - {}^{L}\boldsymbol{g} + 2[\boldsymbol{\omega}_{L} \times]{}^{L}\boldsymbol{v} + [\boldsymbol{\omega}_{L} \times]^{2}\,{}^{L}\boldsymbol{r}) + \boldsymbol{b}_{a} + \boldsymbol{n}_{a} \\ \boldsymbol{\omega}_{\mathrm{imu}} = {}^{B}\boldsymbol{\omega} + \boldsymbol{C}(\boldsymbol{q})\boldsymbol{\omega}_{L} + \boldsymbol{b}_{\omega} + \boldsymbol{n}_{\omega} \end{cases} \tag{4-119}$$

式中，${}^{L}\boldsymbol{a}$ 表示除引力外作用于探测器上的合力产生的加速度（比力）；${}^{B}\boldsymbol{\omega}$ 表示探测器本体坐标系下探测器相对着陆点坐标系的角速度；$\boldsymbol{b}_{a}$ 和 $\boldsymbol{b}_{\omega}$ 分别表示加速度计和陀螺仪零偏；$\boldsymbol{n}_{a}$ 和 $\boldsymbol{n}_{\omega}$ 分别表示加速度计和陀螺仪测量噪声，假设为零均值高斯白噪声。假设 $\boldsymbol{b}_{a}$ 和 $\boldsymbol{b}_{\omega}$ 为高斯白噪声的积分

$$\begin{cases} \dot{\boldsymbol{b}}_{a} = \boldsymbol{n}_{wa} \\ \dot{\boldsymbol{b}}_{\omega} = \boldsymbol{n}_{w\omega} \end{cases} \tag{4-120}$$

式中，$\boldsymbol{n}_{wa}$ 和 $\boldsymbol{n}_{w\omega}$ 分别为加速度计和陀螺仪偏差噪声。

根据动力学模型（4－116）和 IMU 测量信息可对探测器状态进行递推。考虑到 IMU 测量误差随时间累积，在设计滤波器时将加速度计和陀螺仪零偏增广为系统状态变量，通过实时估计更新 IMU 参数，降低 IMU 测量误差对状态估计的影响。

由于在未知附着环境中，特征曲线的绝对位置及参数信息 $\boldsymbol{\Theta}_j$ 未知，4.2.1 节建立的特征曲线观测方程无法直接用于探测器状态估计。为此，利用序列图像中的特征曲线构建不确知环境下的相机测量模型。特征曲线观测几何关系如图 4－13 所示，与 4.2.3 节基于帧间特征曲线单应变换建立的探测器相对运动约束方程不同，本节仅利用一对特征曲线建立不确知形貌环境下特征曲线观测模型。

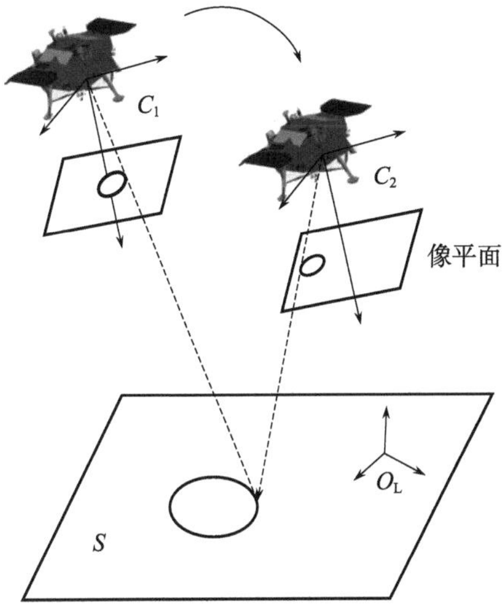

图 4－13　同一特征曲线观测几何关系

假设特征曲线 $\boldsymbol{\Theta}_j$ 同时在 t_1 和 t_2 时刻获取的图像中被观测，特征曲线 $\boldsymbol{\Theta}_j$ 在序列图像中的测量值分别为

$$\boldsymbol{E}_1=\boldsymbol{M}_1^{-\mathrm{T}}\boldsymbol{\Theta}_j\boldsymbol{M}_1^{-1} \tag{4-121}$$

$$\boldsymbol{E}_2=\boldsymbol{M}_2^{-\mathrm{T}}\boldsymbol{\Theta}_j\boldsymbol{M}_2^{-1} \tag{4-122}$$

则特征曲线 $\boldsymbol{\Theta}_j$ 在 t_2 时刻的测量值满足

$$\boldsymbol{E}_2=\boldsymbol{M}_2^{-\mathrm{T}}\boldsymbol{M}_1^{\mathrm{T}}\boldsymbol{E}_1\boldsymbol{M}_1\boldsymbol{M}_2^{-1} \tag{4-123}$$

为了便于描述测量值与探测器状态之间的关系，对上式进行变换得到

$$\boldsymbol{z}_2^j=\boldsymbol{H}\mathrm{vec}(\boldsymbol{E}_2)+\boldsymbol{v}_2^j \tag{4-124}$$

式中，特征曲线的观测量 $\boldsymbol{z}_2^j=(a_2^j \quad b_2^j \quad c_2^j \quad d_2^j \quad e_2^j)^{\mathrm{T}}$，$a_2^j$，$b_2^j$，$c_2^j$，$d_2^j$，$e_2^j$，$f_2^j$ 为特征曲线方程的系数；$\boldsymbol{v}_2^j$ 表示测量噪声，假设为零均值高斯白噪声；$\boldsymbol{H}$ 和 $\mathrm{vec}(\boldsymbol{E}_2)$ 分别满足

$$\boldsymbol{H}=\begin{pmatrix}1&0&0&0&0&0&0&0&0\\0&1&0&0&0&0&0&0&0\\0&0&0&0&1&0&0&0&0\\0&0&1&0&0&0&0&0&0\\0&0&0&0&0&1&0&0&0\\0&0&0&0&0&0&0&0&1\end{pmatrix} \tag{4-125}$$

$$\mathrm{vec}(\boldsymbol{E}_2)=(\boldsymbol{M}_2^{-\mathrm{T}}\otimes\boldsymbol{M}_2^{-\mathrm{T}})(\boldsymbol{M}_1^{\mathrm{T}}\otimes\boldsymbol{M}_1^{\mathrm{T}})\mathrm{vec}(\boldsymbol{E}_1) \tag{4-126}$$

式中，符号 $\otimes$ 表示克罗内克积；vec(·) 表示矩阵按列向量化形式。

式（4-124）给出了复杂不确知环境下特征曲线的观测模型，包括当前时刻和前一时刻成像时在着陆点坐标系下探测器的位置和姿态，以及前一时刻成像时的特征曲线测量值。根据该观测模型，可实现探测器状态的滤波估计。

4.3.2 探测器状态融合估计

基于上述观测模型，设计如下多源信息融合自主导航系统：利用光学相机获取着陆区域序列图像，对其中两幅图像进行特征曲线提取与匹配。若图像中存在成功匹配的特征曲线对，则基于式（4-124）利用两幅图像特征曲线的测量值建立成像时刻探测器位置和姿态的观测模型。考虑到相机获取特征曲线存在时间间隔，在两次观测间隔中，利用 IMU 测量值进行探测器状态动力学递推。此处采用无迹卡尔曼滤波方法融合多源观测信息，实现探测器状态的滤波估计，估计状态包括位置、速度、姿态和 IMU 偏差。

（1）滤波器设计

将加速度计和陀螺仪零偏 $\boldsymbol{b}_a$ 和 $\boldsymbol{b}_\omega$ 增广为系统状态，定义导航系统状态向量为

$$\boldsymbol{x}_E=({}^L\boldsymbol{r}^{\mathrm{T}}\quad {}^L\boldsymbol{v}^{\mathrm{T}}\quad \boldsymbol{q}^{\mathrm{T}}\quad \boldsymbol{b}_a^{\mathrm{T}}\quad \boldsymbol{b}_\omega^{\mathrm{T}})^{\mathrm{T}} \tag{4-127}$$

由于观测模型中不仅有当前成像时刻探测器的位置和姿态，还包含前一成像时刻探测器的位置和姿态，因此在系统状态中进一步增加前一成像时刻位置 ${}^L\boldsymbol{r}_C$ 和姿态 $\boldsymbol{q}_C$，将导航系统状态增广为

$$\boldsymbol{x}=(\boldsymbol{x}_E^{\mathrm{T}}\quad {}^L\boldsymbol{r}_C^{\mathrm{T}}\quad \boldsymbol{q}_C^{\mathrm{T}})^{\mathrm{T}} \tag{4-128}$$

第 $\boldsymbol{k}$ 步滤波开始前，状态向量更新为

$$\hat{\boldsymbol{x}}_{k-1}=\begin{pmatrix}\boldsymbol{I}_{16}\\ \boldsymbol{N}\end{pmatrix}\hat{\boldsymbol{x}}_{E,k-1} \tag{4-129}$$

其中矩阵 $\boldsymbol{N}$ 满足

$$\boldsymbol{N}=\begin{pmatrix}\boldsymbol{I}_3 & \boldsymbol{0}_{3\times3} & \boldsymbol{0}_{3\times4} & \boldsymbol{0}_{3\times6}\\ \boldsymbol{0}_{4\times3} & \boldsymbol{0}_{4\times3} & \boldsymbol{I}_4 & \boldsymbol{0}_{4\times6}\end{pmatrix} \tag{4-130}$$

导航系统状态方程可写为

$$\dot{\boldsymbol{x}}=\begin{bmatrix}{}^L\dot{\boldsymbol{r}}\\ {}^L\dot{\boldsymbol{v}}\\ \dot{\boldsymbol{q}}\\ \dot{\boldsymbol{b}}_a\\ \dot{\boldsymbol{b}}_\omega\\ {}^L\dot{\boldsymbol{r}}_c\\ \dot{\boldsymbol{q}}_c\end{bmatrix}=\begin{bmatrix}{}^L\boldsymbol{v}\\ \boldsymbol{C}^{\mathrm{T}}(\boldsymbol{q})(\boldsymbol{a}_{\mathrm{imu}}-\boldsymbol{b}_a-\boldsymbol{n}_a)+{}^L\boldsymbol{g}\\ \dfrac{1}{2}\Omega(\boldsymbol{\omega}_{\mathrm{imu}}-\boldsymbol{b}_\omega-\boldsymbol{n}_\omega)\boldsymbol{q}\\ \boldsymbol{n}_{\mathrm{wa}}\\ \boldsymbol{n}_{\mathrm{w\omega}}\\ \boldsymbol{0}_{3\times1}\\ \boldsymbol{0}_{4\times1}\end{bmatrix}=\boldsymbol{f}(\boldsymbol{x})+\boldsymbol{w} \tag{4-131}$$

式中，$\boldsymbol{w}$ 表示系统噪声。

基于式（4-124），建立导航系统测量方程

$$z_k^j = \boldsymbol{h}(\boldsymbol{x}_k) + \boldsymbol{v}_k^j \tag{4-132}$$

式中，$\boldsymbol{v}_k^j$ 表示测量噪声，由测量噪声 $\boldsymbol{n}_k^j$ 和 $\boldsymbol{n}_{k-1}^j$ 组成，假设其为互不相关的高斯白噪声，均值为零，协方差满足

$$\boldsymbol{R}_k^j = E\{\boldsymbol{v}_k^j(\boldsymbol{v}_k^j)^{\mathrm{T}}\} \tag{4-133}$$

考虑到多源信息融合自主导航系统状态方程与观测方程均为非线性，采用无迹卡尔曼滤波进行探测器状态估计。记导航系统初始状态和协方差为

$$\begin{cases}\hat{\boldsymbol{x}}_0 = E[\boldsymbol{x}_0] \\ \boldsymbol{P}_0 = E[(\boldsymbol{x}_0 - \hat{\boldsymbol{x}}_0)(\boldsymbol{x}_0 - \hat{\boldsymbol{x}}_0)^{\mathrm{T}}]\end{cases} \tag{4-134}$$

对于 $k=1, 2, 3, \cdots$，构造 sigma 采样点

$$\begin{cases}\boldsymbol{\chi}_{k-1}^0 = \hat{\boldsymbol{x}}_{k-1} \\ \boldsymbol{\chi}_{k-1}^i = \hat{\boldsymbol{x}}_{k-1} + (\sqrt{(n+\lambda)\boldsymbol{P}_{k-1}})_i & i=1,\cdots,n \\ \boldsymbol{\chi}_{k-1}^i = \hat{\boldsymbol{x}}_{k-1} - (\sqrt{(n+\lambda)\boldsymbol{P}_{k-1}})_i & i=n+1,\cdots,2n\end{cases} \tag{4-135}$$

式中，n 为增广状态维数；λ 为控制 sigma 点分布的参数；下标 i 代表矩阵的第 i 列。

状态一步预测

$$\begin{cases}\boldsymbol{\chi}_{k/k-1}^i = f(\boldsymbol{\chi}_{k-1}^i) \\ \hat{\boldsymbol{x}}_k^- = \sum_{i=0}^{2n} W_i^{(m)} \boldsymbol{\chi}_{k/k-1}^i \\ \boldsymbol{P}_{x,k}^- = \sum_{i=0}^{2n} W_i^{(c)} [\boldsymbol{\chi}_{k/k-1}^i - \hat{\boldsymbol{x}}_k^-][\boldsymbol{\chi}_{k/k-1}^i - \hat{\boldsymbol{x}}_k^-]^{\mathrm{T}} + \boldsymbol{Q}_{k-1}\end{cases} \tag{4-136}$$

式中，$W_i^{(m)}$，$W_i^{(c)}$ 分别为均值和协方差加权系数。

基于特征曲线测量信息，进行测量更新

$$\begin{cases}\hat{\boldsymbol{x}}_k = \hat{\boldsymbol{x}}_k^- + \boldsymbol{K}(\boldsymbol{z}_k - \hat{\boldsymbol{z}}_k^-) \\ \boldsymbol{P}_k = \boldsymbol{P}_k^- - \boldsymbol{K}\boldsymbol{P}_{z,k}\boldsymbol{K}^{\mathrm{T}}\end{cases} \tag{4-137}$$

其中

$$\begin{cases}\boldsymbol{\gamma}_{k/k-1}^i = h(\boldsymbol{\chi}_{k/k-1}^i) \\ \hat{\boldsymbol{z}}_k^- = \sum_{i=0}^{2n} W_i^{(m)} \boldsymbol{\gamma}_{k/k-1}^i \\ \boldsymbol{P}_{z,k} = \sum_{i=0}^{2n} W_i^{(c)} (\boldsymbol{\gamma}_{k/k-1}^i - \hat{\boldsymbol{z}}_k^-)(\boldsymbol{\gamma}_{k/k-1}^i - \hat{\boldsymbol{z}}_k^-)^{\mathrm{T}} + \boldsymbol{R}_k \\ \boldsymbol{P}_{xz,k} = \sum_{i=0}^{2n} W_i^{(c)} (\boldsymbol{\chi}_{k/k-1}^i - \hat{\boldsymbol{x}}_k^-)(\boldsymbol{\gamma}_{k/k-1}^i - \hat{\boldsymbol{z}}_k^-)^{\mathrm{T}} \\ \boldsymbol{K} = \boldsymbol{P}_{xz,k}\boldsymbol{P}_{z,k}^{-1}\end{cases} \tag{4-138}$$

无迹卡尔曼滤波参数 λ 和权重 $W_i^{(m)}$，$W_i^{(c)}$ 为

$$\begin{cases}\lambda=\alpha^2(n+\kappa)-n\\ W_0^{(m)}=\dfrac{\lambda}{n+\lambda}\\ W_0^{(c)}=\dfrac{\lambda}{n+\lambda}+1-\alpha^2+\beta\\ W_i^{(m)}=W_i^{(c)}=\dfrac{1}{2(n+\lambda)}\quad i=1,2,\cdots,2n\end{cases}\tag{4-139}$$

其中常数 α 和 κ 分别满足 $10^{-4}\leqslant\alpha\leqslant 1$ 和 $\kappa=3-n$，对于高斯分布取 $\beta=2$。基于上述步骤，实现附着过程中探测器状态的多源信息融合估计。

(2) 可观性分析

为评估多源信息融合自主导航性能，以下对系统的可观测性进行分析。对状态方程进行线性化，得到系统误差状态方程

$$\Delta\dot{\boldsymbol{x}}=\boldsymbol{F}\Delta\boldsymbol{x}+\boldsymbol{G}\boldsymbol{n}\tag{4-140}$$

式中，$\Delta\boldsymbol{x}$ 表示误差状态；$\boldsymbol{n}$ 表示系统误差，定义为 $\boldsymbol{n}=(\boldsymbol{n}_\omega^{\mathrm{T}}\quad\boldsymbol{n}_{w\omega}^{\mathrm{T}}\quad\boldsymbol{n}_a^{\mathrm{T}}\quad\boldsymbol{n}_{wa}^{\mathrm{T}}\quad\boldsymbol{n}_g^{\mathrm{T}})^{\mathrm{T}}$；矩阵 $\boldsymbol{F}$ 和 $\boldsymbol{G}$ 满足

$$\boldsymbol{F}=\begin{pmatrix}\boldsymbol{0}_{3\times3}&\boldsymbol{I}_3&\boldsymbol{0}_{3\times3}&\boldsymbol{0}_{3\times3}&\boldsymbol{0}_{3\times3}&\boldsymbol{0}_{3\times6}\\ -[\boldsymbol{\omega}_L\times]^2&-2[\boldsymbol{\omega}_L\times]&-\boldsymbol{C}^{\mathrm{T}}(\hat{\boldsymbol{q}})[(\boldsymbol{a}_{\mathrm{imu}}-\hat{\boldsymbol{b}}_a)\times]&-\boldsymbol{C}^{\mathrm{T}}(\hat{\boldsymbol{q}})&\boldsymbol{0}_{3\times3}&\boldsymbol{0}_{3\times6}\\ \boldsymbol{0}_{3\times3}&\boldsymbol{0}_{3\times3}&-[(\boldsymbol{\omega}_{\mathrm{imu}}-\hat{\boldsymbol{b}}_\omega)\times]&\boldsymbol{0}_{3\times3}&-\boldsymbol{I}_3&\boldsymbol{0}_{3\times6}\\ \boldsymbol{0}_{3\times3}&\boldsymbol{0}_{3\times3}&\boldsymbol{0}_{3\times3}&\boldsymbol{0}_{3\times3}&\boldsymbol{0}_{3\times3}&\boldsymbol{0}_{3\times6}\\ \boldsymbol{0}_{3\times3}&\boldsymbol{0}_{3\times3}&\boldsymbol{0}_{3\times3}&\boldsymbol{0}_{3\times3}&\boldsymbol{0}_{3\times3}&\boldsymbol{0}_{3\times6}\\ \boldsymbol{0}_{6\times3}&\boldsymbol{0}_{6\times3}&\boldsymbol{0}_{6\times3}&\boldsymbol{0}_{6\times3}&\boldsymbol{0}_{6\times3}&\boldsymbol{0}_{6\times6}\end{pmatrix}\tag{4-141}$$

$$\boldsymbol{G}=\begin{pmatrix}\boldsymbol{0}_{3\times3}&\boldsymbol{0}_{3\times3}&\boldsymbol{0}_{3\times3}&\boldsymbol{0}_{3\times3}&\boldsymbol{0}_{3\times3}\\ \boldsymbol{0}_{3\times3}&\boldsymbol{0}_{3\times3}&-\boldsymbol{C}^{\mathrm{T}}(\hat{\boldsymbol{q}})&\boldsymbol{0}_{3\times3}&\boldsymbol{I}_3\\ -\boldsymbol{I}_3&\boldsymbol{0}_{3\times3}&\boldsymbol{0}_{3\times3}&\boldsymbol{0}_{3\times3}&\boldsymbol{0}_{3\times3}\\ \boldsymbol{0}_{3\times3}&\boldsymbol{0}_{3\times3}&\boldsymbol{0}_{3\times3}&\boldsymbol{I}_3&\boldsymbol{0}_{3\times3}\\ \boldsymbol{0}_{3\times3}&\boldsymbol{I}_3&\boldsymbol{0}_{3\times3}&\boldsymbol{0}_{3\times3}&\boldsymbol{0}_{3\times3}\\ \boldsymbol{0}_{6\times3}&\boldsymbol{0}_{6\times3}&\boldsymbol{0}_{6\times3}&\boldsymbol{0}_{6\times3}&\boldsymbol{0}_{6\times3}\end{pmatrix}\tag{4-142}$$

系统误差状态转移矩阵通过下式积分得到

$$\dot{\boldsymbol{\Phi}}=\boldsymbol{F}\boldsymbol{\Phi}\tag{4-143}$$

根据式 (4-141) 所示的雅可比矩阵 $\boldsymbol{F}$ 的形式，系统误差状态转移矩阵为

$$\boldsymbol{\Phi}_{k,k-1}=\begin{pmatrix}\overline{\boldsymbol{\Phi}}_{k,k-1}&\boldsymbol{0}_{15\times6}\\ \boldsymbol{0}_{6\times15}&\boldsymbol{I}_6\end{pmatrix}\tag{4-144}$$

联合式 (4-138) 和式 (4-144)，可将系统误差状态转移矩阵 $\boldsymbol{\Phi}_{k,1}$ 表示为

$$\boldsymbol{\Phi}_{k,1}=\begin{pmatrix}\overline{\boldsymbol{\Phi}}_{k,1}\\ \boldsymbol{N}'\overline{\boldsymbol{\Phi}}_{k-1,1}\end{pmatrix}\tag{4-145}$$

其中矩阵 $\overline{\boldsymbol{\Phi}}_{k,1}$ 和 $\boldsymbol{N}'$ 分别满足

$$\overline{\boldsymbol{\Phi}}_{k,1}=\overline{\boldsymbol{\Phi}}_{k,k-1}\cdots\overline{\boldsymbol{\Phi}}_{2,1} \tag{4-146}$$

$$\boldsymbol{N}'=\begin{pmatrix}\boldsymbol{I}_3 & \boldsymbol{0}_{3\times3} & \boldsymbol{0}_{3\times3} & \boldsymbol{0}_{3\times6}\\ \boldsymbol{0}_{3\times3} & \boldsymbol{0}_{3\times3} & \boldsymbol{I}_3 & \boldsymbol{0}_{3\times6}\end{pmatrix} \tag{4-147}$$

计算得到

$$\boldsymbol{\Phi}_{k,1}=\begin{bmatrix}\boldsymbol{I}_3 & \Delta t_k\boldsymbol{I}_3 & \overline{\boldsymbol{\Phi}}_{k,1}^{(1,3)} & \overline{\boldsymbol{\Phi}}_{k,1}^{(1,4)} & \overline{\boldsymbol{\Phi}}_{k,1}^{(1,5)}\\ \boldsymbol{0}_{3\times3} & \boldsymbol{I}_3 & \overline{\boldsymbol{\Phi}}_{k,1}^{(2,3)} & \overline{\boldsymbol{\Phi}}_{k,1}^{(2,4)} & \overline{\boldsymbol{\Phi}}_{k,1}^{(2,5)}\\ \boldsymbol{0}_{3\times3} & \boldsymbol{0}_{3\times3} & \overline{\boldsymbol{\Phi}}_{k,1}^{(3,3)} & \boldsymbol{0}_{3\times3} & \overline{\boldsymbol{\Phi}}_{k,1}^{(3,5)}\\ \boldsymbol{0}_{3\times3} & \boldsymbol{0}_{3\times3} & \boldsymbol{0}_{3\times3} & \boldsymbol{I}_3 & \boldsymbol{0}_{3\times3}\\ \boldsymbol{0}_{3\times3} & \boldsymbol{0}_{3\times3} & \boldsymbol{0}_{3\times3} & \boldsymbol{0}_{3\times3} & \boldsymbol{I}_3\\ \boldsymbol{I}_3 & \Delta t_{k-1}\boldsymbol{I}_3 & \overline{\boldsymbol{\Phi}}_{k-1,1}^{(1,3)} & \overline{\boldsymbol{\Phi}}_{k-1,1}^{(1,4)} & \overline{\boldsymbol{\Phi}}_{k-1,1}^{(1,5)}\\ \boldsymbol{0}_{3\times3} & \boldsymbol{0}_{3\times3} & \overline{\boldsymbol{\Phi}}_{k-1,1}^{(3,3)} & \boldsymbol{0}_{3\times3} & \overline{\boldsymbol{\Phi}}_{k-1,1}^{(3,5)}\end{bmatrix} \tag{4-148}$$

其中 $\Delta t_k=t_k-t_1$，$\overline{\boldsymbol{\Phi}}_{k,1}^{(m,n)}$ 表示矩阵 $\overline{\boldsymbol{\Phi}}_{k,1}$ 中位置（m，n）处的元素。

与此同时，当观测一条特征曲线时，线性化测量方程得到 t_k 时刻观测残差方程

$$\Delta\boldsymbol{z}_k^j=\boldsymbol{J}_k^j\Delta\boldsymbol{x}_k+\boldsymbol{v}_k^j \tag{4-149}$$

式中，$\Delta\boldsymbol{z}_k^j$ 为观测值残差向量；$\boldsymbol{J}_k^j$ 表示观测方程雅可比矩阵，具有如下形式

$$\boldsymbol{J}_k^j=(\boldsymbol{J}_{r_k}^j\quad \boldsymbol{0}_{3\times3}\quad \boldsymbol{J}_{\delta\theta_k}^j\quad \boldsymbol{0}_{3\times3}\quad \boldsymbol{J}_{r_{k-1}}^j\quad \boldsymbol{J}_{\delta\theta_{k-1}}^j) \tag{4-150}$$

基于上述对导航系统状态方程和观测方程的线性化处理，以观测单条特征曲线为例，利用可观测性矩阵分析导航系统可观测性。

由于一条特征曲线需要至少在两幅图像中观测到才能进行测量更新，定义系统可观测性矩阵为

$$\boldsymbol{O}=\begin{bmatrix}\boldsymbol{J}_2\boldsymbol{\Phi}_{2,1}\\ \boldsymbol{J}_3\boldsymbol{\Phi}_{3,1}\\ \vdots\\ \boldsymbol{J}_k\boldsymbol{\Phi}_{k,1}\end{bmatrix} \tag{4-151}$$

根据式（4-145）和式（4-150），计算可观测性矩阵的第 k 行块

$$\boldsymbol{O}_k=\boldsymbol{J}_k\boldsymbol{\Phi}_{k,1}=(\boldsymbol{\Gamma}_1\quad \boldsymbol{\Gamma}_2\quad \boldsymbol{\Gamma}_3\quad \boldsymbol{\Gamma}_4\quad \boldsymbol{\Gamma}_5) \tag{4-152}$$

其中

$$\boldsymbol{\Gamma}_1=\boldsymbol{J}_{r_k}+\boldsymbol{J}_{r_{k-1}} \tag{4-153}$$

$$\boldsymbol{\Gamma}_2=\Delta t_k\boldsymbol{J}_{r_k}+\Delta t_{k-1}\boldsymbol{J}_{r_{k-1}} \tag{4-154}$$

$$\boldsymbol{\Gamma}_3=\boldsymbol{J}_{r_k}\overline{\boldsymbol{\Phi}}_{k,1}^{(1,3)}+\boldsymbol{J}_{\delta\theta_k}\overline{\boldsymbol{\Phi}}_{k,1}^{(3,3)}+\boldsymbol{J}_{r_{k-1}}\overline{\boldsymbol{\Phi}}_{k-1,1}^{(1,3)}+\boldsymbol{J}_{\delta\theta_{k-1}}\overline{\boldsymbol{\Phi}}_{k-1,1}^{(3,3)} \tag{4-155}$$

$$\boldsymbol{\Gamma}_4=\boldsymbol{J}_{r_k}\overline{\boldsymbol{\Phi}}_{k,1}^{(1,4)}+\boldsymbol{J}_{r_{k-1}}\overline{\boldsymbol{\Phi}}_{k-1,1}^{(1,4)} \tag{4-156}$$

$$\boldsymbol{\Gamma}_5=\boldsymbol{J}_{r_k}\overline{\boldsymbol{\Phi}}_{k,1}^{(1,5)}+\boldsymbol{J}_{\delta\theta_k}\overline{\boldsymbol{\Phi}}_{k,1}^{(3,5)}+\boldsymbol{J}_{r_{k-1}}\overline{\boldsymbol{\Phi}}_{k-1,1}^{(1,5)}+\boldsymbol{J}_{\delta\theta_{k-1}}\overline{\boldsymbol{\Phi}}_{k-1,1}^{(3,5)} \tag{4-157}$$

上式中矩阵 $\overline{\boldsymbol{\Phi}}_{k,1}$ 和 $\overline{\boldsymbol{\Phi}}_{k-1,1}$ 的对应元素为

$$\begin{cases}\overline{\boldsymbol{\Phi}}_{k,1}^{(1,3)}=\left[\left({}^{L}\boldsymbol{r}_1+{}^{L}\boldsymbol{v}_1\Delta t_k+\dfrac{1}{2}\,{}^{L}\boldsymbol{g}\Delta t_k^2-{}^{L}\boldsymbol{r}_k\right)\times\right]\boldsymbol{C}_1^{\mathrm{T}}\\ \overline{\boldsymbol{\Phi}}_{k,1}^{(3,3)}=\boldsymbol{C}_k\boldsymbol{C}_1^{\mathrm{T}}\\ \overline{\boldsymbol{\Phi}}_{k,1}^{(1,4)}=-\displaystyle\int_{t_1}^{t_k}\int_{t_1}^{t}\boldsymbol{C}_\tau^{\mathrm{T}}\mathrm{d}\tau\,\mathrm{d}t\\ \overline{\boldsymbol{\Phi}}_{k,1}^{(1,5)}=\displaystyle\int_{t_1}^{t_k}\int_{t_1}^{t}\left[({}^{L}\boldsymbol{a}_s-{}^{L}\boldsymbol{g})\times\right]\int_{t_1}^{s}\boldsymbol{C}_\tau^{\mathrm{T}}\mathrm{d}\tau\,\mathrm{d}s\,\mathrm{d}t\\ \overline{\boldsymbol{\Phi}}_{k,1}^{(3,5)}=-\boldsymbol{C}_k\displaystyle\int_{t_1}^{t_k}\boldsymbol{C}_t^{\mathrm{T}}\mathrm{d}t\end{cases} \tag{4-158}$$

首先对导航系统位置可观测性进行分析。根据式（4－124），计算得到不同时刻位置对应的雅可比矩阵为

$$\boldsymbol{J}_{r_k}=\frac{\partial \boldsymbol{z}_k}{\partial^{L}\boldsymbol{r}_k}=\left(\boldsymbol{\Lambda}_1\boldsymbol{J}'_{r_k^x}\boldsymbol{\Lambda}_2\quad \boldsymbol{\Lambda}_1\boldsymbol{J}'_{r_k^y}\boldsymbol{\Lambda}_2\quad \boldsymbol{\Lambda}_1\boldsymbol{J}'_{r_k^z}\boldsymbol{\Lambda}_2\right) \tag{4-159}$$

$$\boldsymbol{J}_{r_{k-1}}=\frac{\partial \boldsymbol{z}_k}{\partial^{L}\boldsymbol{r}_{k-1}}=\left(\boldsymbol{\Lambda}_1\boldsymbol{J}'_{r_{k-1}^x}\boldsymbol{\Lambda}_2\quad \boldsymbol{\Lambda}_1\boldsymbol{J}'_{r_{k-1}^y}\boldsymbol{\Lambda}_2\quad \boldsymbol{\Lambda}_1\boldsymbol{J}'_{r_{k-1}^z}\boldsymbol{\Lambda}_2\right) \tag{4-160}$$

其中

$$\begin{cases}\boldsymbol{\Lambda}_1=\boldsymbol{H}(\boldsymbol{K}^{-1}\boldsymbol{C}_k\otimes\boldsymbol{K}^{-1}\boldsymbol{C}_k)\\ \boldsymbol{\Lambda}_2=(\boldsymbol{C}_{k-1}^{\mathrm{T}}\boldsymbol{K}\otimes\boldsymbol{C}_{k-1}^{\mathrm{T}}\boldsymbol{K})\mathrm{vec}(\boldsymbol{E}_{k-1})\end{cases} \tag{4-161}$$

$$\begin{cases}\boldsymbol{J}'_{r_k^x}=\left(\dfrac{\partial\boldsymbol{T}_{r_k}^{-\mathrm{T}}}{\partial^{L}\boldsymbol{r}_k^x}\otimes\boldsymbol{T}_{r_k}^{-\mathrm{T}}+\boldsymbol{T}_{r_k}^{-\mathrm{T}}\otimes\dfrac{\partial\boldsymbol{T}_{r_k}^{-\mathrm{T}}}{\partial^{L}\boldsymbol{r}_k^x}\right)(\boldsymbol{T}_{r_{k-1}}^{\mathrm{T}}\otimes\boldsymbol{T}_{r_{k-1}}^{\mathrm{T}})\\ \boldsymbol{J}'_{r_k^y}=\left(\dfrac{\partial\boldsymbol{T}_{r_k}^{-\mathrm{T}}}{\partial^{L}\boldsymbol{r}_k^y}\otimes\boldsymbol{T}_{r_k}^{-\mathrm{T}}+\boldsymbol{T}_{r_k}^{-\mathrm{T}}\otimes\dfrac{\partial\boldsymbol{T}_{r_k}^{-\mathrm{T}}}{\partial^{L}\boldsymbol{r}_k^y}\right)(\boldsymbol{T}_{r_{k-1}}^{\mathrm{T}}\otimes\boldsymbol{T}_{r_{k-1}}^{\mathrm{T}})\end{cases} \tag{4-162}$$

$$\begin{cases}\boldsymbol{J}'_{r_{k-1}^x}=(\boldsymbol{T}_{r_k}^{-\mathrm{T}}\otimes\boldsymbol{T}_{r_k}^{-\mathrm{T}})\left(\dfrac{\partial\boldsymbol{T}_{r_{k-1}}^{\mathrm{T}}}{\partial^{L}\boldsymbol{r}_{k-1}^x}\otimes\boldsymbol{T}_{r_{k-1}}^{\mathrm{T}}+\boldsymbol{T}_{r_{k-1}}^{\mathrm{T}}\otimes\dfrac{\partial\boldsymbol{T}_{r_{k-1}}^{\mathrm{T}}}{\partial^{L}\boldsymbol{r}_{k-1}^x}\right)\\ \boldsymbol{J}'_{r_{k-1}^y}=(\boldsymbol{T}_{r_k}^{-\mathrm{T}}\otimes\boldsymbol{T}_{r_k}^{-\mathrm{T}})\left(\dfrac{\partial\boldsymbol{T}_{r_{k-1}}^{-\mathrm{T}}}{\partial^{L}\boldsymbol{r}_{k-1}^y}\otimes\boldsymbol{T}_{r_{k-1}}^{\mathrm{T}}+\boldsymbol{T}_{r_{k-1}}^{\mathrm{T}}\otimes\dfrac{\partial\boldsymbol{T}_{r_{k-1}}^{-\mathrm{T}}}{\partial^{L}\boldsymbol{r}_{k-1}^y}\right)\end{cases} \tag{4-163}$$

线性系统的不可观方向由可观测性矩阵的右零空间构成。位置矢量对应的可观测性矩阵的右零空间为

$$\boldsymbol{L}=\begin{pmatrix}\boldsymbol{L}_p\\ \boldsymbol{0}_{12\times 2}\end{pmatrix} \tag{4-164}$$

其中

$$\boldsymbol{L}_{\mathrm{p}}=\begin{pmatrix}1&0\\0&1\\0&0\end{pmatrix} \tag{4-165}$$

满足

$$\boldsymbol{O}_k\boldsymbol{L}=\boldsymbol{0} \tag{4-166}$$

对于探测器姿态，探测器和特征点同时绕小行星表面法向量方向旋转相同角度不会改

变测量值，由此可知，基于特征点观测的光学导航系统绕小行星表面法向量方向的姿态不可观。假设点 $({}^{L}x \quad {}^{L}y \quad {}^{L}z)^{\mathrm{T}}$ 绕小行星表面法向量旋转一个小角度 $\delta\theta$ ，变换后的坐标可表示为

$$\begin{pmatrix} {}^{L}x' \\ {}^{L}y' \\ {}^{L}z' \end{pmatrix} = \boldsymbol{C}(\delta\theta)\begin{pmatrix} {}^{L}x \\ {}^{L}y \\ {}^{L}z \end{pmatrix} \approx \begin{pmatrix} 1 & \delta\theta & 0 \\ -\delta\theta & 1 & 0 \\ 0 & 0 & 1 \end{pmatrix}\begin{pmatrix} {}^{L}x \\ {}^{L}y \\ {}^{L}z \end{pmatrix} \tag{4-167}$$

类似地，旋转后的特征曲线为

$$\boldsymbol{\Theta}' = \begin{pmatrix} 1 & -\delta\theta & 0 \\ \delta\theta & 1 & 0 \\ 0 & 0 & 1+\delta\theta^2 \end{pmatrix}^{\mathrm{T}} \boldsymbol{\Theta} \begin{pmatrix} 1 & -\delta\theta & 0 \\ \delta\theta & 1 & 0 \\ 0 & 0 & 1+\delta\theta^2 \end{pmatrix} \tag{4-168}$$

容易证明变换后的特征曲线仍然为椭圆曲线，表明基于特征点观测的光学导航系统姿态方向可观测性分析同样适用于基于特征曲线测量的光学导航系统，即探测器绕小行星表面法向量方向姿态不可观。根据式（4-164）、式（4-165）、式（4-167）和式（4-168）可知，在未知形貌没有导航数据库的情况下，多源信息融合自主导航系统的不可观状态为探测器的水平位置和偏航角。

以下给出多源信息融合自主导航仿真算例。探测器在着陆点固连系下的初始状态见表 4-2，初始时刻各轴位置误差为 10 m，速度误差为 0.1 m/s，姿态误差为 1°。过程噪声协方差为

$$\boldsymbol{Q} = \mathrm{diag}(2.4 \times 10^{-13}\boldsymbol{I}_3 \quad 2.4 \times 10^{-13}\boldsymbol{I}_3 \quad 2.5 \times 10^{-7}\boldsymbol{I}_3 \quad 1.2 \times 10^{-7}\boldsymbol{I}_3 \quad 1 \times 10^{-8}\boldsymbol{I}_3) \tag{4-169}$$

表 4-2　探测器初始状态

参数	数值
$\boldsymbol{r}_0$ /m	$(150 \quad 107 \quad 540)^{\mathrm{T}}$
$\boldsymbol{v}_0$ /(m/s)	$(-1.6 \quad -1.6 \quad -3.17)^{\mathrm{T}}$
$\boldsymbol{q}_0$	$(0.994 \quad 0.061 \quad 0.069 \quad 0.061)^{\mathrm{T}}$
$\boldsymbol{b}_a$ /(m/s²)	$(3\times10^{-3} \quad 3\times10^{-3} \quad 3\times10^{-3})^{\mathrm{T}}$
$\boldsymbol{b}_\omega$ /(rad/s)	$(4.8\times10^{-6} \quad 4.8\times10^{-6} \quad 4.8\times10^{-6})^{\mathrm{T}}$

探测器三轴位置、速度、姿态估计误差曲线如图 4-14 至图 4-16 所示，其中实线表示状态估计误差，虚线表示估计误差的 3σ 标准差。

仿真结果表明，在仅利用两幅图像中一对成功匹配的特征曲线时，除水平位置和偏航角外，其余状态估计误差和对应的 3σ 标准差均随时间收敛。由此可知，通过融合光学相机获取的特征曲线观测信息和惯性测量信息，设计增广状态的无迹卡尔曼滤波器，能够实现小行星复杂不确知形貌环境中探测器状态的实时估计，从而为附着制导控制提供必要的状态信息。

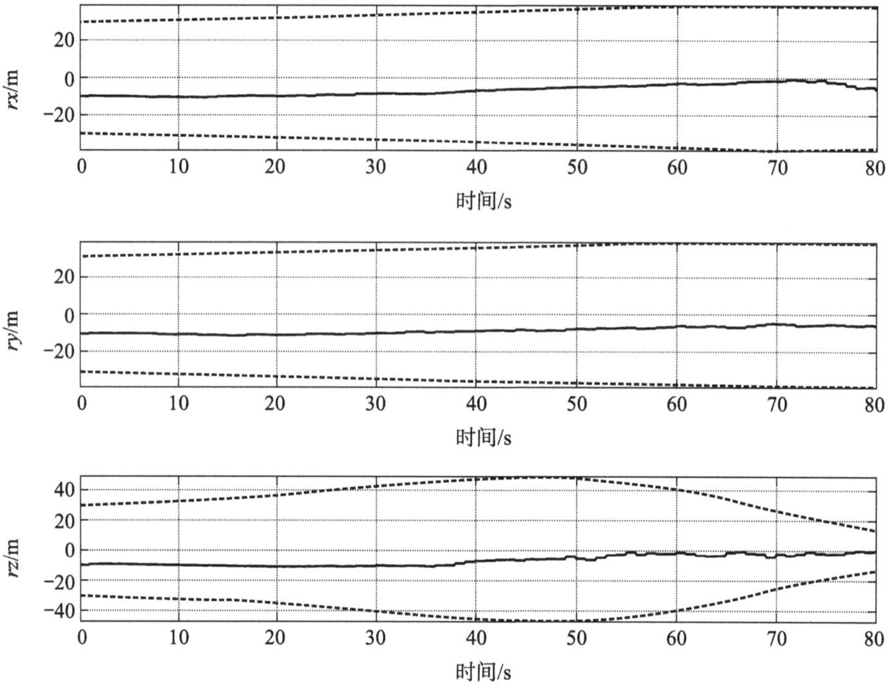

图 4-14　探测器位置估计误差

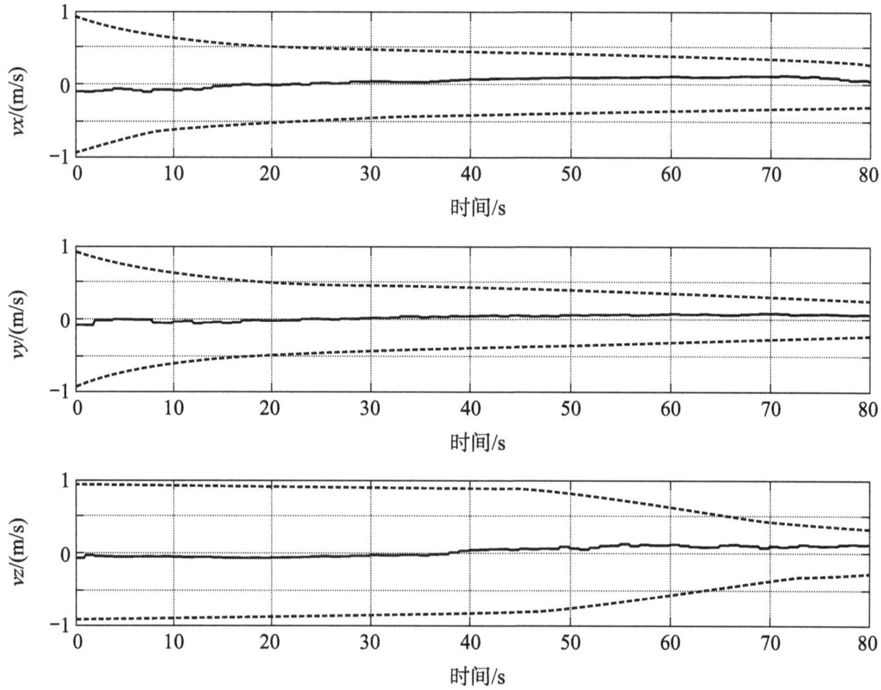

图 4-15　探测器速度估计误差

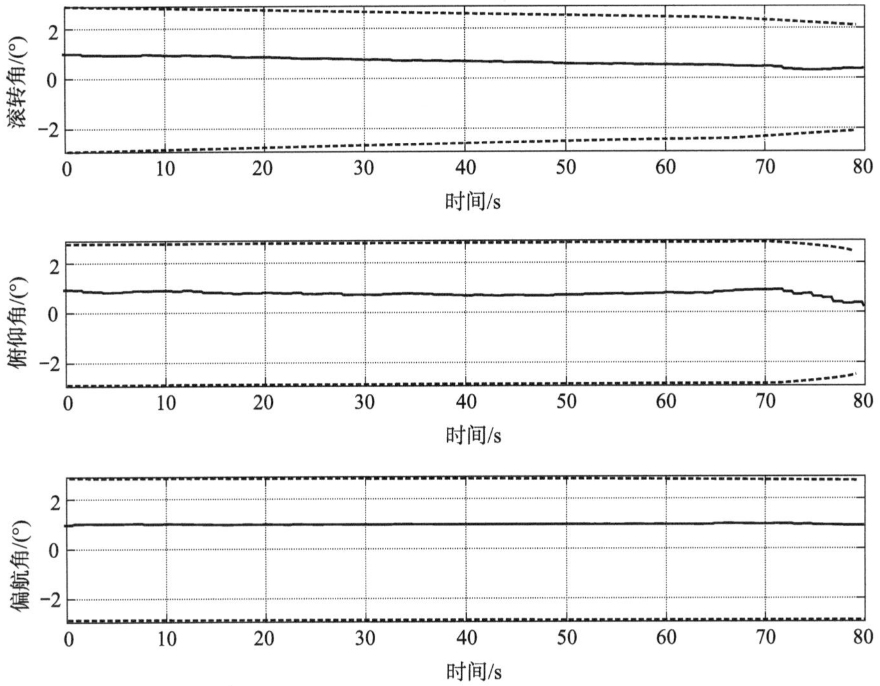

图 4-16　探测器姿态估计误差

参 考 文 献

[1] 崔平远，朱圣英，崔祜涛．小天体软着陆自主光学导航与制导方法研究 [J]. 宇航学报，2009，30 (6)：2159 - 2164.

[2] JIA H，ZHU S，CUI P. Observability - based navigation using optical and radiometric measurements for asteroid proximity [J]. IEEE Transactions on Aerospace and Electronic Systems，2020 (56)：2677 - 2688.

[3] CUI P，GAO X，ZHU S，et al. Visual navigation using edge curve matching for pinpoint planetary landing [J]. Acta Astronautica，2018 (146)：171 - 180.

[4] 高锡珍．行星着陆复杂形貌特征提取与自主导航方法研究 [D]. 北京：北京理工大学，2020.

[5] CHOJNACKI W，BROOKS M J，HENGEL A. V D. Revisiting Hartley's normalized eight - point algorithm [J]. IEEE. Transactions on Pattern Analysis and Machine Intelligence，2003，25 (9)：1172 - 1177.

[6] CUI P，GAO X，ZHU S，et al. Visual navigation based on curve matching for planetary landing in unknown environments [J]. Acta Astronautica，2020 (170)：261 - 274.

第 5 章　附着轨迹优化与制导

附着过程中，探测器面临燃料有限以及星表复杂形貌障碍的碰撞威胁。对附着轨迹和制导律进行优化设计，使探测器具备自主规避障碍能力，并在探测器难以实施小行星表面附着时主动调整附着策略，是提高附着任务安全性的关键。本章围绕上述问题，介绍小行星附着轨迹优化与制导方法。

5.1　附着轨迹优化设计

探测器携带燃料有限，在设计附着轨迹时，常将燃料消耗作为优化性能指标，通过构造并求解最优控制问题，获得燃耗最优附着轨迹，使探测器以最少燃耗到达着陆点。下面介绍两种燃耗最优附着轨迹设计方法。

5.1.1　燃耗最优附着轨迹设计

在轨迹优化问题中，当以燃料消耗为优化性能指标时，最优控制为 bang - bang 形式，这种不连续的控制形式给两点边值问题求解带来困难。考虑到能量最优与燃耗最优问题具有强关联性，且形式简单更易于求解，本节介绍一种基于同伦法的小行星燃耗最优附着轨迹设计方法。在建立小行星燃耗最优附着轨迹优化模型基础上，采用同伦法将燃耗最优控制问题逐步转化为能量最优控制问题，通过求解具有连续最优控制形式的能量最优控制问题，得到满足任务约束的燃耗最优附着轨迹。

令 $T_{\max}$ 为探测器的最大推力，$u(t) \in [0, 1]$ 为推力器当前时刻推力与最大推力的比值，$\boldsymbol{\alpha}$ 为当前时刻推力方向的单位矢量。探测器在附着过程中的燃耗可由下式计算得到

$$J = \frac{T_{\max}}{I_{sp} g_0} \int_{t_0}^{t_f} u(t) \mathrm{d}t \tag{5-1}$$

式中，I_{sp} 为推力器比冲；g_0 为地球引力加速度；t_0，t_f 分别为附着初始与末端时刻。燃耗最优轨迹优化问题的目标为找到最优控制序列使得上述指标取得最小值。为简化表达，以下采用 u 表示 $u(t)$ 。

在小行星固连坐标系下，探测器动力学方程可表示为

$$\begin{cases} \dot{\boldsymbol{r}} = \boldsymbol{v} \\ \dot{\boldsymbol{v}} = -2\boldsymbol{\omega} \times \boldsymbol{v} - \boldsymbol{\omega} \times (\boldsymbol{\omega} \times \boldsymbol{r}) + \boldsymbol{g}(\boldsymbol{r}) + \dfrac{T_{\max} u}{m} \boldsymbol{\alpha} \\ \dot{m} = -\dfrac{T_{\max} u}{I_{sp} g_0} \end{cases} \tag{5-2}$$

探测器初始时刻质量为 $m(t_0)=m_0$，附着过程中要求探测器在初始时刻和末端时刻满足状态约束

$$\begin{cases}\boldsymbol{x}(t_0)=(\boldsymbol{r}_0^{\mathrm{T}},\boldsymbol{v}_0^{\mathrm{T}})^{\mathrm{T}}\\ \boldsymbol{x}(t_f)=(\boldsymbol{r}_f^{\mathrm{T}},\boldsymbol{v}_f^{\mathrm{T}})^{\mathrm{T}}\end{cases} \tag{5-3}$$

小行星燃耗最优附着轨迹优化问题可描述为

$$\begin{aligned}\min\quad & J=\frac{T_{\max}}{I_{\mathrm{sp}}g_0}\int_{t_0}^{t_f}u\,\mathrm{d}t\\ \mathrm{s.t.}\quad & \dot{\boldsymbol{r}}=\boldsymbol{v}\\ & \dot{\boldsymbol{v}}=-2\boldsymbol{\omega}\times\boldsymbol{v}-\boldsymbol{\omega}\times(\boldsymbol{\omega}\times\boldsymbol{r})+\boldsymbol{g}(\boldsymbol{r})+\frac{T_{\max}u}{m}\boldsymbol{\alpha}\\ & \dot{m}=-\frac{T_{\max}u}{I_{\mathrm{sp}}g_0}\\ & \boldsymbol{x}(t_0)=(\boldsymbol{r}_0^{\mathrm{T}},\boldsymbol{v}_0^{\mathrm{T}})^{\mathrm{T}},\boldsymbol{x}(t_f)=(\boldsymbol{r}_f^{\mathrm{T}},\boldsymbol{v}_f^{\mathrm{T}})^{\mathrm{T}},m(t_0)=m_0,\\ & 0\leqslant u\leqslant 1,\|\boldsymbol{\alpha}\|=1\end{aligned} \tag{5-4}$$

对于上述优化问题，构造哈密顿函数

$$H=\frac{T_{\max}}{I_{\mathrm{sp}}g_0}u+\boldsymbol{\lambda}_r^{\mathrm{T}}\boldsymbol{v}+\boldsymbol{\lambda}_v^{\mathrm{T}}\left(-2\boldsymbol{\omega}\times\boldsymbol{v}-\boldsymbol{\omega}\times(\boldsymbol{\omega}\times\boldsymbol{r})+\boldsymbol{g}(\boldsymbol{r})+\frac{T_{\max}u}{m}\boldsymbol{\alpha}\right)+\lambda_m\left(-\frac{T_{\max}u}{I_{\mathrm{sp}}g_0}\right) \tag{5-5}$$

式中，$\boldsymbol{\lambda}_r$，$\boldsymbol{\lambda}_v$，λ_m 为协态变量。根据庞特里亚金极小值原理，最优控制应使哈密顿函数取得极小值。由此可知，推力方向矢量 $\boldsymbol{\alpha}$ 与 $\boldsymbol{\lambda}_v$ 方向相反，即

$$\boldsymbol{\alpha}=-\frac{\boldsymbol{\lambda}_v}{\|\boldsymbol{\lambda}_v\|} \tag{5-6}$$

将式（5-6）代入式（5-5）得

$$H=\boldsymbol{\lambda}_r^{\mathrm{T}}\boldsymbol{v}+\boldsymbol{\lambda}_v^{\mathrm{T}}(-2\boldsymbol{\omega}\times\boldsymbol{v}-\boldsymbol{\omega}\times(\boldsymbol{\omega}\times\boldsymbol{r})+\boldsymbol{g}(\boldsymbol{r}))+\frac{T_{\max}}{I_{\mathrm{sp}}g_0}\rho u \tag{5-7}$$

式中，ρ 为切换函数，表达式为

$$\rho=1-\frac{I_{\mathrm{sp}}g_0\|\boldsymbol{\lambda}_v\|}{m}-\lambda_m \tag{5-8}$$

使哈密顿函数取得最小值的最优控制量为

$$\begin{cases}u=0, & \rho>0\\ u=1, & \rho<0\\ u\in[0,1], & \rho=0\end{cases} \tag{5-9}$$

根据式（5-7），建立协态方程

$$\begin{cases}\dot{\boldsymbol{\lambda}}_r=-\dfrac{\partial H}{\partial \boldsymbol{r}}=\boldsymbol{\lambda}_v^{\mathrm{T}}\left(\dfrac{\partial}{\partial \boldsymbol{r}}(\boldsymbol{\omega}\times(\boldsymbol{\omega}\times\boldsymbol{r}))-\dfrac{\partial \boldsymbol{g}}{\partial \boldsymbol{r}}\right)\\ \dot{\boldsymbol{\lambda}}_v=-\dfrac{\partial H}{\partial \boldsymbol{v}}=-\boldsymbol{\lambda}_r+2(\boldsymbol{\omega}\times\boldsymbol{\lambda}_v)\\ \dot{\lambda}_m=-\dfrac{\partial H}{\partial m}=-\dfrac{T_{\max}u\|\boldsymbol{\lambda}_v\|}{m^2}\end{cases} \tag{5-10}$$

由于末端质量无约束，横截条件为

$$\lambda_m(t_f)=0 \tag{5-11}$$

由式（5－8）和式（5－9）可知，最优控制由协态变量确定，任意时刻的协态变量在已知初值 $\boldsymbol{\lambda}(t_0)=(\boldsymbol{\lambda}_r(t_0)^{\mathrm{T}},\ \boldsymbol{\lambda}_v(t_0)^{\mathrm{T}},\ \lambda_m(t_0))^{\mathrm{T}}$ 时可通过式（5－10）积分得到。给定常微分方程（5－2）和（5－10）、边值条件（5－3）和（5－11），协态变量初值的求解是一个两点边值问题。采用打靶法求解，打靶方程为

$$\boldsymbol{\Phi}(\boldsymbol{\lambda}(t_0))=(\boldsymbol{r}(t_f)-\boldsymbol{r}_f)^{\mathrm{T}}\quad(\boldsymbol{v}(t_f)-\boldsymbol{v}_f)^{\mathrm{T}}\quad\lambda_m(t_f))^{\mathrm{T}}=\boldsymbol{0} \tag{5-12}$$

由于最优控制量满足 bang－bang 形式，上述方程难以直接通过打靶法进行求解。下面利用同伦法将燃耗最优控制问题转化为能量最优控制问题。

能量最优附着轨迹优化问题的性能指标为

$$J=\frac{T_{\max}}{I_{\mathrm{sp}}g_0}\int_{t_0}^{t_f}u^2\mathrm{d}t \tag{5-13}$$

能量最优问题与燃耗最优问题指标形式接近，能量最优问题的解可认为是一种燃耗次优解。以下利用同伦参数，建立具有连续最优控制形式的能量最优问题和具有不连续最优控制形式的燃耗最优问题间的联系。

引入同伦参数 ε，将小行星附着轨迹优化问题的优化性能指标改写为

$$J=\frac{T_{\max}}{I_{\mathrm{sp}}g_0}\int_{t_0}^{t_f}(u-\varepsilon u(1-u))\mathrm{d}t \tag{5-14}$$

当 $\varepsilon=0$ 时，上式为燃耗最优附着轨迹优化性能指标；当 $\varepsilon=1$ 时，上式为能量最优附着轨迹优化性能指标。通过在［0，1］区间上改变参数 ε，可实现将燃耗最优问题逐步转化为能量最优问题。

利用同伦法求解小行星附着轨迹燃耗最优控制问题，步骤如下：

a）令 $\varepsilon=1$，求解能量最优控制问题，得到对应的协态变量初值；

b）使 ε 逐渐减小，对每个 ε 求解相应的最优控制问题，得到对应的协态变量初值；其中每次求解最优控制问题时，将上一次求解得到的协态变量初值作为本次求解协态变量时的打靶初值；

c）当 ε 趋近于 0 时，得到燃耗最优控制问题的解。

通过同伦法的转化，小行星附着燃耗最优附着轨迹可通过多次求解最优控制问题得到。为了求解能量最优控制问题，类似地，建立以下形式哈密顿函数

$$H_1=\frac{T_{\max}}{I_{\mathrm{sp}}g_0}u^2+\boldsymbol{\lambda}_{r1}^{\mathrm{T}}\boldsymbol{v}+\boldsymbol{\lambda}_{v1}^{\mathrm{T}}\left(-2\boldsymbol{\omega}\times\boldsymbol{v}-\boldsymbol{\omega}\times(\boldsymbol{\omega}\times\boldsymbol{r})+\boldsymbol{g}(\boldsymbol{r})+\frac{T_{\max}u}{m}\boldsymbol{\alpha}\right)+\lambda_{m1}\left(-\frac{T_{\max}u}{I_{\mathrm{sp}}g_0}\right) \tag{5-15}$$

式中，$\boldsymbol{\lambda}_{r1}$，$\boldsymbol{\lambda}_{v1}$，$\lambda_{m1}$ 为协态变量。根据庞特里亚金极小值原理，最优解使哈密顿函数取极小值。因此，最优推力方向矢量 $\boldsymbol{\alpha}_1$ 与 $\boldsymbol{\lambda}_{v1}$ 方向相反，即

$$\boldsymbol{\alpha}_1=-\frac{\boldsymbol{\lambda}_{v1}}{\|\boldsymbol{\lambda}_{v1}\|} \tag{5-16}$$

将式（5－16）代入式（5－15）得

$$H_1=\frac{T_{\max}}{I_{sp}g_0}u^2+\boldsymbol{\lambda}_{r1}^{\mathrm{T}}\boldsymbol{v}+\boldsymbol{\lambda}_{v1}^{\mathrm{T}}(-2\boldsymbol{\omega}\times\boldsymbol{v}-\boldsymbol{\omega}\times(\boldsymbol{\omega}\times\boldsymbol{r})+\boldsymbol{g}(\boldsymbol{r}))\frac{T_{\max}}{I_{sp}g_0}\rho_1 u \tag{5-17}$$

式中，ρ_1 为切换函数，其表达式为

$$\rho_1=1-\frac{I_{sp}g_0\|\boldsymbol{\lambda}_{v1}\|}{m}-\lambda_{m1} \tag{5-18}$$

使哈密顿函数最小的最优控制 u_1 的取值为

$$\begin{cases}u_1=0, & \rho_1>1\\ u_1=1, & \rho_1<-1\\ u_1=(1-\rho_1)/2, & |\rho_1|\leqslant 1\end{cases} \tag{5-19}$$

根据式（5-19），能量最优控制问题的最优解是连续的。因此，可以利用打靶法求解协态变量初值 $\boldsymbol{\lambda}(t_0)=(\boldsymbol{\lambda}_r(t_0)^{\mathrm{T}},\ \boldsymbol{\lambda}_v(t_0)^{\mathrm{T}},\ \lambda_m(t_0))^{\mathrm{T}}$，进而求解最优控制。相应的协态方程、边值条件和打靶方程分别如式（5-10）、式（5-3）和式（5-12）所示。

打靶方程的求解需要合适的初始猜测，以下介绍一种基于参考轨迹的协态变量初值近似方法来获得初始猜测。对能量最优控制问题及相应的两点边值问题进行近似，得到协态变量初值的解析解，并将其作为原问题中协态变量初值的近似。

将着陆动力学方程中的引力加速度近似为时间 t 的函数 $\boldsymbol{g}(t)$，探测器质量变化忽略不计，即 $\dot{m}=0$，并忽略控制约束。将做上述近似后的问题称为“近似问题”，结合式（5-2），近似问题的动力学方程可写为

$$\dot{\boldsymbol{x}}=\boldsymbol{A}\boldsymbol{x}+\boldsymbol{B}\boldsymbol{g}(t)+\frac{T_{\max}u}{m}B\boldsymbol{\alpha} \tag{5-20}$$

其中 $\boldsymbol{x}=(\boldsymbol{r}^{\mathrm{T}},\ \boldsymbol{v}^{\mathrm{T}})^{\mathrm{T}}$，$\boldsymbol{B}=\begin{pmatrix}\boldsymbol{0}_{3\times3}\\ \boldsymbol{I}_3\end{pmatrix}$，$\boldsymbol{A}$ 的表达式为

$$\boldsymbol{A}=\begin{pmatrix}0&0&0&1&0&0\\0&0&0&0&1&0\\0&0&0&0&0&1\\\omega^2&0&0&0&2\omega&0\\0&\omega^2&0&-2\omega&0&0\\0&0&0&0&0&0\end{pmatrix} \tag{5-21}$$

除上述近似导致的 $\boldsymbol{g}$，m，$\boldsymbol{\alpha}$，u 的变化外，其他约束和性能指标保持与原能量最优控制问题一致。近似后的引力加速度 $\boldsymbol{g}(t)$ 可由关于时间的小行星附着参考轨迹推导得出，参考轨迹可通过设计满足初始末端状态约束的多项式制导生成。

近似问题对应的哈密顿函数 H_2 为

$$H_2=\frac{T_{\max}}{I_{sp}g_0}u^2+\boldsymbol{\lambda}_2^{\mathrm{T}}\boldsymbol{A}\boldsymbol{x}+\boldsymbol{\lambda}_{v2}^{\mathrm{T}}\boldsymbol{g}+\frac{T_{\max}u}{m}\boldsymbol{\lambda}_{v2}^{\mathrm{T}}\boldsymbol{\alpha} \tag{5-22}$$

式中，$\boldsymbol{\lambda}_2=(\boldsymbol{\lambda}_{r2}^{\mathrm{T}},\ \boldsymbol{\lambda}_{v2}^{\mathrm{T}})^{\mathrm{T}}$ 为近似问题中的协态变量。根据庞特里亚金极小值原理，使哈密顿函数最小的最优控制为

$$(u_2\boldsymbol{\alpha}_2)^* = -\frac{I_{sp}g_0}{2m}\boldsymbol{\lambda}_{v2} \tag{5-23}$$

欧拉-拉格朗日方程为

$$\dot{\boldsymbol{\lambda}}_2 = -\frac{\partial H_2}{\partial \boldsymbol{x}} = -\boldsymbol{A}^{\mathrm{T}}\boldsymbol{\lambda}_2 \tag{5-24}$$

则近似问题被转化为相应的两点边值问题，常微分方程组为

$$\begin{pmatrix}\dot{\boldsymbol{x}}\\ \dot{\boldsymbol{\lambda}}_2\end{pmatrix} = \begin{bmatrix}\boldsymbol{A} & \begin{pmatrix}\boldsymbol{0}_{3\times3} & \boldsymbol{0}_{3\times3}\\ \boldsymbol{0}_{3\times3} & -\frac{I_{sp}g_0T_{\max}}{2m^2}\boldsymbol{I}_3\end{pmatrix}\\ \boldsymbol{0}_{6\times6} & -\boldsymbol{A}^{\mathrm{T}}\end{bmatrix}\begin{pmatrix}\boldsymbol{x}\\ \boldsymbol{\lambda}_2\end{pmatrix} + \begin{pmatrix}\boldsymbol{0}_{3\times3}\\ \boldsymbol{g}(t)\\ \boldsymbol{0}_{6\times6}\end{pmatrix} \tag{5-25}$$

上式可写为

$$\dot{\boldsymbol{y}} = \boldsymbol{F}\boldsymbol{y} + \boldsymbol{f}(t) \tag{5-26}$$

其中

$$\boldsymbol{y} = \begin{pmatrix}\boldsymbol{x}\\ \boldsymbol{\lambda}_2\end{pmatrix},\ \boldsymbol{F} = \begin{bmatrix}\boldsymbol{A} & \begin{pmatrix}\boldsymbol{0}_{3\times3} & \boldsymbol{0}_{3\times3}\\ \boldsymbol{0}_{3\times3} & -\frac{I_{sp}g_0T_{\max}}{2m^2}\boldsymbol{I}_3\end{pmatrix}\\ \boldsymbol{0}_{6\times6} & -\boldsymbol{A}^{\mathrm{T}}\end{bmatrix},\ \boldsymbol{f}(t) = \begin{pmatrix}\boldsymbol{0}_{3\times3}\\ \boldsymbol{g}(t)\\ \boldsymbol{0}_{6\times6}\end{pmatrix} \tag{5-27}$$

上述线性方程有解析解

$$\boldsymbol{y}(t) = \boldsymbol{\phi}(t,t_0)\boldsymbol{y}(t_0) + \int_{t_0}^{t}\boldsymbol{\phi}(t,\tau)\boldsymbol{f}(\tau)\mathrm{d}\tau \tag{5-28}$$

式中，$\boldsymbol{\phi}$ 为线性系统 $\dot{\boldsymbol{y}} = \boldsymbol{F}\boldsymbol{y}$ 的状态转移矩阵，满足

$$\dot{\boldsymbol{\phi}}(t,t_0) = \boldsymbol{F}\boldsymbol{\phi}(t,t_0),\quad \boldsymbol{\phi}(t_0,t_0) = \boldsymbol{I}_{12} \tag{5-29}$$

由于近似问题的协态变量初值 $\boldsymbol{\lambda}_{r2}(t_0)$，$\boldsymbol{\lambda}_{v2}(t_0)$ 能够直接求解，将 $\boldsymbol{\lambda}_{r2}(t_0)$，$\boldsymbol{\lambda}_{v2}(t_0)$ 作为原能量最优控制问题的协态变量初值 $\boldsymbol{\lambda}_{r1}(t_0)$，$\boldsymbol{\lambda}_{v1}(t_0)$ 的近似，并基于 $\boldsymbol{\lambda}_{r2}(t_0)$，$\boldsymbol{\lambda}_{v2}(t_0)$ 进一步求得 $\lambda_{m1}(t_0)$ 的近似值 $\lambda_{m2}(t_0)$。将求得的 $\boldsymbol{\lambda}_{r2}(t_0)$，$\boldsymbol{\lambda}_{v2}(t_0)$，$\lambda_{m2}(t_0)$ 作为初始猜测，可避免求解打靶方程时，由于初始猜测设置不当造成的两点边值问题难收敛的问题。

根据式（5-28），有

$$\boldsymbol{y}(t_f) = \boldsymbol{\phi}(t_f,t_0)\boldsymbol{y}(t_0) + \int_{t_0}^{t_f}\boldsymbol{\phi}(t_f,\tau)\boldsymbol{f}(\tau)\mathrm{d}\tau \tag{5-30}$$

令

$$\boldsymbol{\phi}(t_f,t_0) = \begin{pmatrix}\phi_{1,1} & \phi_{1,2}\\ \phi_{2,1} & \phi_{2,2}\end{pmatrix} \tag{5-31}$$

则有

$$\boldsymbol{x}(t_f) = \phi_{1,1}\boldsymbol{x}(t_0) + \phi_{1,2}\boldsymbol{\lambda}_2(t_0) + \boldsymbol{s}_1 \tag{5-32}$$

其中 $\boldsymbol{s}_1$ 满足

$$\begin{pmatrix} \boldsymbol{s}_1 \\ \boldsymbol{s}_2 \end{pmatrix} = \int_{t_0}^{t_f} \boldsymbol{\phi}(t_f, \tau) \boldsymbol{f}(\tau) \mathrm{d}\tau \tag{5-33}$$

则

$$\boldsymbol{\lambda}_2(t_0) = \begin{pmatrix} \boldsymbol{\lambda}_{r2}(t_0) \\ \boldsymbol{\lambda}_{v2}(t_0) \end{pmatrix} = \phi_{1,2}^{-1}(\boldsymbol{x}(t_f) - \phi_{1,1}\boldsymbol{x}(t_0) - \boldsymbol{s}_1) \tag{5-34}$$

$\boldsymbol{\lambda}_{r2}(t_0)$，$\boldsymbol{\lambda}_{v2}(t_0)$ 即为打靶方程（5-12）中协态变量初值 $\boldsymbol{\lambda}_{r1}(t_0)$，$\boldsymbol{\lambda}_{v1}(t_0)$ 的近似值。

根据式（5-23），有

$$\dot{\lambda}_{m1} = -\frac{I_{sp} g_0 T_{max}}{2m^3} \| \boldsymbol{\lambda}_{v2} \|^2 \tag{5-35}$$

在近似问题中，任意时刻的 $\boldsymbol{\lambda}_{v2}$ 可由打靶方程（5-34）求出。因此在探测器质量变化忽略不计，即 $m(t) = m(t_0) = m_0$ 的条件下，可用近似问题求解得到的 $\boldsymbol{\lambda}_{v2}$ 代入式（5-35），得到 $\lambda_{m1}(t_0)$ 的近似值 $\lambda_{m2}(t_0)$

$$\dot{\lambda}_{m1} \approx -\frac{I_{sp} g_0 T_{max}}{2m^3} \| \boldsymbol{\lambda}_{v2} \|^2 \tag{5-36}$$

$$\lambda_{m1}(t_0) \approx \lambda_{m2}(t_0) = \lambda_{m2}(t_f) - \int_{t_0}^{t_f} \dot{\lambda}_{m2} \mathrm{d}t = -\int_{t_0}^{t_f} \dot{\lambda}_{m2} \mathrm{d}t \tag{5-37}$$

将以上得到的协态变量初值近似值作为初始猜测，对能量最优控制问题的打靶方程（5-12）进行求解，得到协态变量初值和最优控制。进而迭代求解同伦问题，获得燃耗最优附着轨迹。

下面以 433 Eros 小行星为例，设计小行星燃耗最优附着轨迹。根据基于参考轨迹的协态变量初值近似方法，得到小行星附着能量最优控制问题的协态变量初值的近似值为

$$\begin{cases} \boldsymbol{\lambda}_{r2}(t_0) = (-3.80 \times 10^{-4}, 3.45 \times 10^{-4}, 2.90 \times 10^{-5})^{\mathrm{T}} \\ \boldsymbol{\lambda}_{v2}(t_0) = (-3.30 \times 10^{-1}, 1.48 \times 10^{-1}, 7.62 \times 10^{-2})^{\mathrm{T}} \\ \lambda_{m2}(t_0) = 1.23 \times 10^{-2} \end{cases} \tag{5-38}$$

将 $\boldsymbol{\lambda}_{r2}(t_0)$，$\boldsymbol{\lambda}_{v2}(t_0)$，$\lambda_{m2}(t_0)$ 作为初始猜测，代入打靶方程（5-12）进行解算，得到打靶方程的解，即能量最优附着轨迹和相应最优控制序列。探测器着陆过程三轴位置和速度变化曲线分别如图 5-1 和图 5-2 所示，相应的探测器推力方向 $\boldsymbol{\alpha}$ 及推力大小与最大推力的比值 u 如图 5-3 和图 5-4 所示。可以看到，探测器在预定的着陆时间到达目标位置，且末端速度为零，同时最优控制满足控制约束。

在能量最优控制问题解的基础上，结合同伦法得到小行星附着燃耗最优控制问题的解，即燃耗最优附着轨迹及相应的最优控制。探测器三轴位置、速度变化曲线分别如图 5-5 和图 5-6 所示，相应的探测器推力方向及推力大小与最大推力的比值如图 5-7 和图 5-8 所示，燃耗最优附着轨迹与参考轨迹的对比如图 5-9 所示。

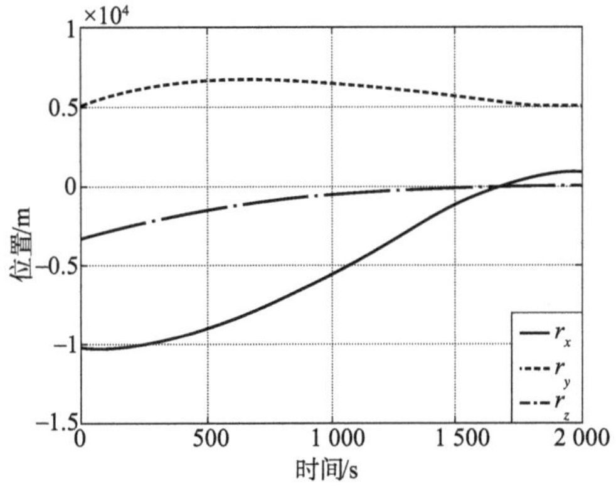

图 5－1　能量最优附着轨迹三轴位置曲线

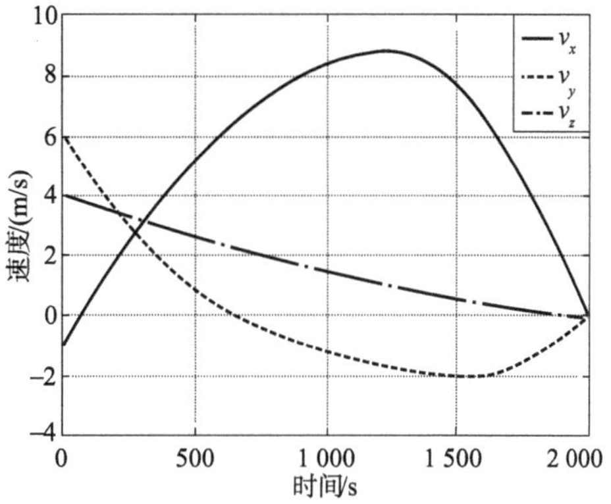

图 5－2　能量最优附着轨迹三轴速度曲线

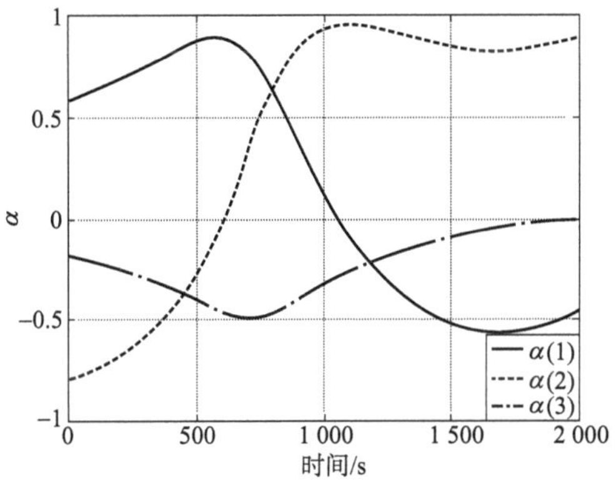

图 5－3　能量最优推力方向变化

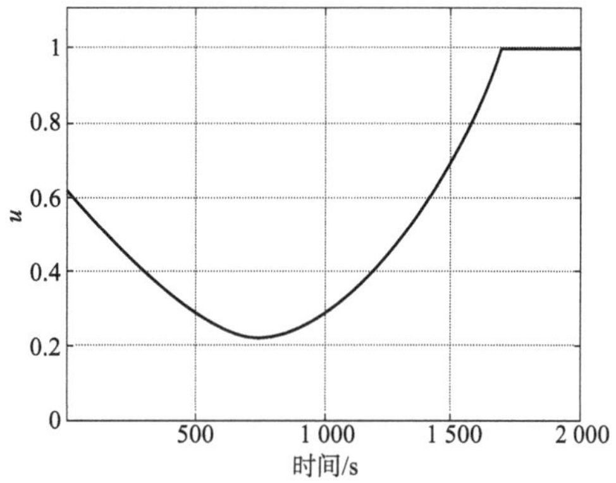

图 5－4　能量最优推力大小与最大推力比值变化

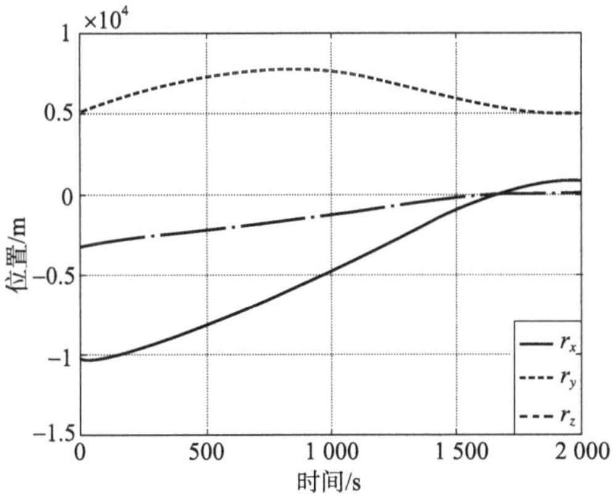

图 5－5　燃耗最优附着轨迹三轴位置曲线

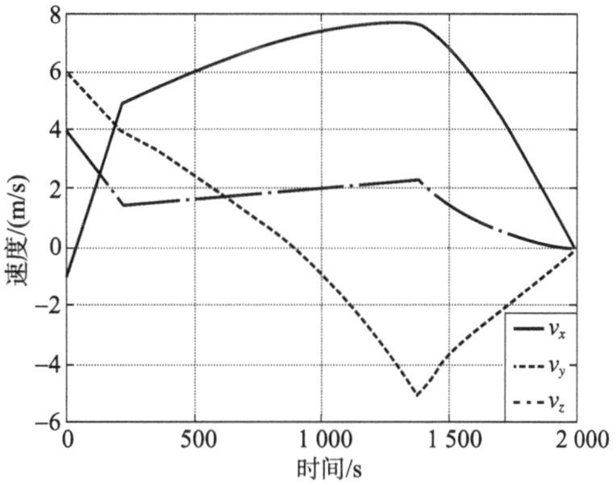

图 5－6 燃耗最优附着轨迹三轴速度曲线

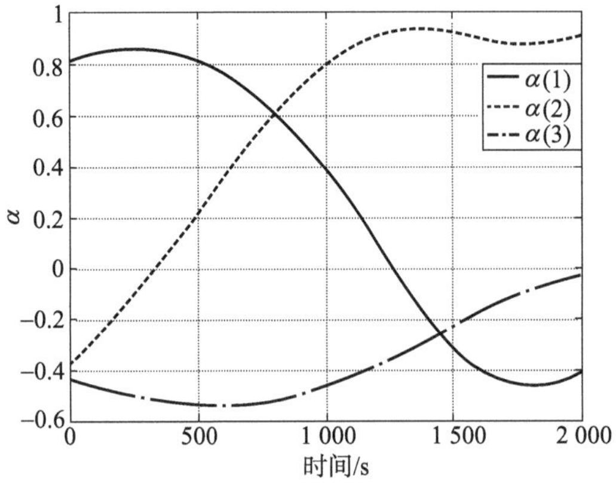

图 5-7　燃耗最优推力方向变化

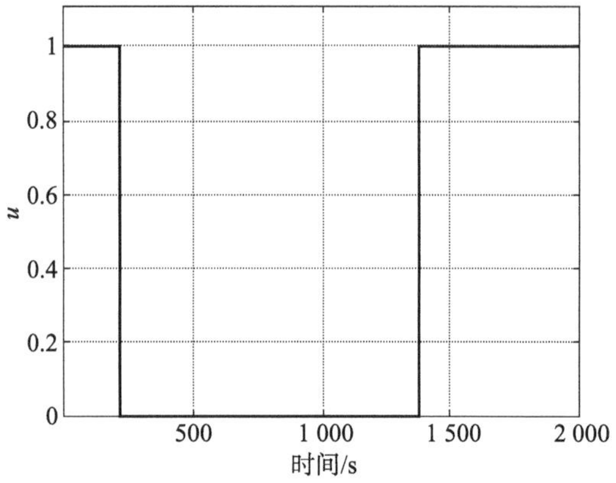

图 5-8　燃耗最优推力大小与最大推力比值变化

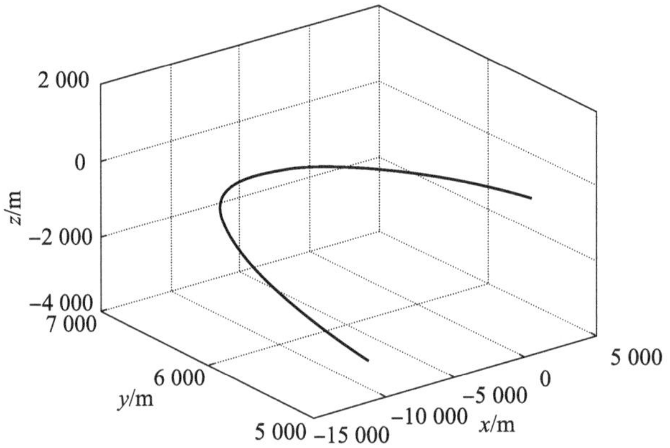

图 5-9　燃耗最优附着轨迹

可以看到，图 5-5 和图 5-6 中，探测器在预定的着陆时间到达目标位置，且末端速度为零，实现精确软着陆。图 5-7 和图 5-8 中的最优控制为 bang-bang 形式，满足控制约束。最终得到的燃耗最优附着轨迹如图 5-9 所示。

5.1.2　附着轨迹序列凸优化

附着轨迹优化问题可通过对控制变量和状态变量进行离散化，将连续优化问题转化为离散的参数优化问题。本节采用序列凸优化方法[4]，通过将小行星附着轨迹优化问题转化为二阶锥规划问题，利用内点法求解最优附着轨迹。

二阶锥规划问题的标准形式为

$$\begin{aligned} \min \quad & \boldsymbol{F}_s \boldsymbol{X}_s \\ \text{s.t.} \quad & \|\boldsymbol{A}_i \boldsymbol{X}_s + \boldsymbol{B}_i\| \leqslant \boldsymbol{C}_i \boldsymbol{X}_s + d_i, \quad i = 1, \cdots, l \\ & \boldsymbol{E}_s \boldsymbol{X}_s = \boldsymbol{H}_s \end{aligned} \tag{5-39}$$

式中，$\boldsymbol{X}_s \in \mathbb{R}^{n_x}$ 为优化变量；$\boldsymbol{A}_i \in \mathbb{R}^{n_i \times n_x}$，$\boldsymbol{C}_i \in \mathbb{R}^{n_x}$，$\boldsymbol{E} \in \mathbb{R}^{n_E \times n_x}$ 为系数矩阵；$\boldsymbol{B}_i \in$

$\mathbb{R}^{n_i}$；$\boldsymbol{H}_s \in \mathbb{R}^{n_E}$；$d_i$ 表示常数项。

对于小行星附着轨迹优化问题，可将控制变量设计为推力矢量的三轴分量 T_x，T_y，T_z。同时，将推力矢量的模 $\|\boldsymbol{T}\|$ 作为增广的控制变量，控制变量的分量之间满足如下等式约束

$$\sqrt{T_x^2+T_y^2+T_z^2}=\|\boldsymbol{T}\| \tag{5-40}$$

对照式（5-39）可知，式（5-40）并不是一个标准的二阶锥约束。在 T_x，T_y，T_z 和 $\|\boldsymbol{T}\|$ 组成的四维空间内，满足式（5-40）等式约束的变量位于一个二阶锥的表面，对于这种非凸约束，无法使用内点法找到全局最优解。为此引入松弛变量 Γ 代替 $\|\boldsymbol{T}\|$，将约束（5-40）转化成二阶锥约束，得到松弛后的约束条件为

$$\sqrt{T_x^2+T_y^2+T_z^2}\leqslant\Gamma \tag{5-41}$$

该约束满足式（5-39）的二阶锥约束形式。

将探测器受到的小行星引力加速度用引力势的梯度表示为 $\nabla\boldsymbol{U}$，则松弛后的附着轨迹优化问题可描述为

$$\begin{aligned}
&\min_{T,\Gamma}\quad J=\int_0^{t_f}\Gamma\,\mathrm{d}\tau\\
&\text{s.t.}\quad \dot{\boldsymbol{r}}=\boldsymbol{v}\\
&\qquad \dot{\boldsymbol{v}}=-2\boldsymbol{\omega}\times\boldsymbol{v}-\boldsymbol{\omega}\times(\boldsymbol{\omega}\times\boldsymbol{r})+\nabla\boldsymbol{U}+\frac{\boldsymbol{T}}{m}\\
&\qquad \dot{m}=-\frac{\Gamma}{I_{\mathrm{sp}}g_0}\\
&\qquad \boldsymbol{r}(0)=\boldsymbol{r}_0,\boldsymbol{v}(0)=\boldsymbol{v}_0,\boldsymbol{r}(t_f)=\boldsymbol{r}_f,\boldsymbol{v}(t_f)=\boldsymbol{0},m(0)=m_0\\
&\qquad \sqrt{T_x^2+T_y^2+T_z^2}\leqslant\Gamma,0\leqslant\Gamma\leqslant T_{\max}
\end{aligned} \tag{5-42}$$

接下来证明对于上述优化问题的最优解，等式关系 $\sqrt{T_x^2+T_y^2+T_z^2}=\Gamma$ 成立。对松弛后的优化问题，引入协态变量，构造以下形式的哈密顿函数

$$\boldsymbol{H}=\boldsymbol{\lambda}_{rs}^{\mathrm{T}}\boldsymbol{v}+\boldsymbol{\lambda}_{vs}^{\mathrm{T}}\left[-2\boldsymbol{\omega}\times\boldsymbol{v}-\boldsymbol{\omega}\times(\boldsymbol{\omega}\times r)+\nabla\boldsymbol{U}+\frac{\boldsymbol{T}}{m}\right]+\left(1-\lambda_{ms}\frac{1}{I_{\mathrm{sp}}g_0}\right)\Gamma \tag{5-43}$$

其中控制变量 $\boldsymbol{T}=(T_x,T_y,T_z)$ 和 Γ 满足如下关系

$$\begin{cases}\|\boldsymbol{T}\|\leqslant\Gamma\\0\leqslant\Gamma\leqslant T_{\max}\end{cases} \tag{5-44}$$

由最优控制理论，推导得到协态方程

$$\begin{cases}\dot{\boldsymbol{\lambda}}_{rs}=\boldsymbol{\omega}\times(\boldsymbol{\omega}\times\boldsymbol{\lambda}_{vs})+\nabla^2\boldsymbol{U}\\ \dot{\boldsymbol{\lambda}}_{vs}=-\boldsymbol{\lambda}_{rs}-2\boldsymbol{\omega}\times\boldsymbol{\lambda}_{vs}\\ \dot{\lambda}_{ms}=-\boldsymbol{\lambda}_{vs}^{\mathrm{T}}\dfrac{\boldsymbol{T}}{m^2}\end{cases} \tag{5-45}$$

由庞特里亚金极小值原理可知，性能指标取最优的必要条件是找到满足约束条件（5-44）的控制变量，使得哈密顿函数取极小值。由式（5-43）可知，哈密顿函数与控制变量为

线性关系，即哈密顿函数将在控制变量的边界值处取得极小值。将式（5－43）中与控制变量无关的项移除后，结合约束（5－44），整理得到以下优化问题

$$\begin{aligned} \min \quad & H=\boldsymbol{\lambda}_{vs}^{\mathrm{T}}\frac{\boldsymbol{T}}{m}+\left(1-\lambda_{ms}\frac{1}{I_{sp}g_0}\right)\Gamma \\ \mathrm{s.t.} \quad & \|\boldsymbol{T}\|\leqslant\Gamma, 0\leqslant\Gamma\leqslant T_{\max} \end{aligned} \tag{5-46}$$

对应的拉格朗日函数为

$$L=\boldsymbol{\lambda}_{vs}^{\mathrm{T}}\frac{\boldsymbol{T}}{m}+\left(1-\lambda_{ms}\frac{1}{I_{sp}g_0}\right)\Gamma+\lambda_1(\|\boldsymbol{T}\|-\Gamma)-\lambda_2\Gamma+\lambda_3(\Gamma-T_{\max}) \tag{5-47}$$

式中，λ_1、λ_2、λ_3 为对应不等式约束引入的拉格朗日乘子。由 Karush－Kuhn－Tucker 条件，得到

$$\frac{\partial L}{\partial \boldsymbol{T}}=\frac{\boldsymbol{\lambda}_{vs}}{m}+\lambda_1\frac{\boldsymbol{T}}{\|\boldsymbol{T}\|}=\boldsymbol{0} \tag{5-48}$$

$$\frac{\partial L}{\partial \Gamma}=-\left(1-\lambda_{ms}\frac{1}{I_{sp}g_0}\right)-\lambda_1-\lambda_2+\lambda_3=0 \tag{5-49}$$

$$\lambda_1(\|\boldsymbol{T}\|-\Gamma)=0 \tag{5-50}$$

假设 $\boldsymbol{\lambda}_{vs}\neq\boldsymbol{0}$ 在区间$[0,\ t_f]$上恒成立，由式（5－48）可知，当 $\boldsymbol{T}\neq 0$ 时，λ_1 也不为零，否则与假设 $\boldsymbol{\lambda}_{vs}\neq\boldsymbol{0}$ 矛盾；当 $\boldsymbol{T}=0$ 时，$\dfrac{\boldsymbol{T}}{\|\boldsymbol{T}\|}$ 中各个元素趋向无穷，此时 $\lambda_1\neq 0$ 也成立。由式（5－50）可知，当 $\lambda_1\neq 0$ 时，$\|\boldsymbol{T}\|=\Gamma$ 必然成立，此时，优化问题（5－42）的解与松弛前优化问题等价。

假设 $\boldsymbol{\lambda}_{vs}=\boldsymbol{0}$ 在一段时间内成立，则该时间段内其导数 $\dot{\boldsymbol{\lambda}}_{vs}$ 也为零，将 $\dot{\boldsymbol{\lambda}}_{vs}=\boldsymbol{0}$ 代入微分方程组第一个方程可以得到 $\dot{\boldsymbol{\lambda}}_{rs}=\nabla^2\boldsymbol{U}$ 。由协态方程（5－45）第二个方程可知，当 $\boldsymbol{\lambda}_{vs}=\boldsymbol{0}$ 时，$\boldsymbol{\lambda}_{rs}$ 在这段时间内同样为零，相应的，其导数 $\dot{\boldsymbol{\lambda}}_{rs}=\boldsymbol{0}$。这与 $\dot{\boldsymbol{\lambda}}_{rs}=\nabla^2\boldsymbol{U}$ 相矛盾，因此可以推断，$\boldsymbol{\lambda}_{vs}$ 至多只能在几个有限的时刻处取零。

综上所述，当优化问题（5－42）满足最优解时，$\|\boldsymbol{T}\|=\Gamma$ 必然成立，因此松弛后的优化问题的解就是原问题的解，即优化问题（5－42）与原始优化问题是等价的。

由于二阶锥规划问题中等式约束为线性约束，以下对优化问题（5－42）中的动力学方程进行线性化，定义新变量

$$\sigma\triangleq\frac{\Gamma}{m},\quad \boldsymbol{u}\triangleq\frac{\boldsymbol{T}}{m},\quad p\triangleq\ln m \tag{5-51}$$

则优化问题（5－42）中动力学方程可改写为

$$\begin{cases} \dot{\boldsymbol{r}}=\boldsymbol{v} \\ \dot{\boldsymbol{v}}=-2\boldsymbol{\omega}\times\boldsymbol{v}-\boldsymbol{\omega}\times(\boldsymbol{\omega}\times\boldsymbol{r})+\nabla\boldsymbol{U}+\boldsymbol{u} \\ \dot{p}=-\dfrac{\sigma}{I_{sp}g_0} \end{cases} \tag{5-52}$$

优化问题（5－42）的边界约束条件为

$$\begin{cases}\boldsymbol{r}(0)=\boldsymbol{r}_0, \quad \boldsymbol{v}(0)=\boldsymbol{v}_0, \quad \boldsymbol{r}(t_f)=\boldsymbol{r}_f, \quad \boldsymbol{v}(t_f)=\boldsymbol{v}_c \\ p(0)=\ln m_0\end{cases} \tag{5-53}$$

不等式约束可表示为

$$\begin{cases}\|\boldsymbol{u}\|\leqslant\sigma \\ 0\leqslant\sigma\leqslant T_{\max}\mathrm{e}^{-p_0}\left[1-(p-p_0)\right]\end{cases} \tag{5-54}$$

式中，$p_0(t)=\ln(m_0-T_{\max}t/I_{\mathrm{sp}}g_0)$ 。优化性能指标可写为

$$\min_{u,\sigma} J=\int_0^{t_f}\sigma\,\mathrm{d}t \tag{5-55}$$

通过将优化变量从 $[\boldsymbol{T}, \boldsymbol{\Gamma}]$ 转换为 $[\boldsymbol{u}, \sigma]$ ，消除了优化问题（5-42）中动力学方程变量 m 位于分母带来的非线性问题。

接下来对动力学方程（5-52）进行离散化。将时间区间 $[0, t_f]$ 均分成 N 份，记

$$t_k=k\Delta t, \quad k=0,1,\cdots,N \tag{5-56}$$

式中，$\Delta t=t_f/N$ 。经过上述处理，动力学方程（5-52）可以写成 $\dot{\boldsymbol{X}}=\boldsymbol{A}_c\boldsymbol{X}+\boldsymbol{B}_c\boldsymbol{U}$ 的形式，其中 $\boldsymbol{X}=(\boldsymbol{r}^{\mathrm{T}}, \boldsymbol{v}^{\mathrm{T}}, p)^{\mathrm{T}}$，$\boldsymbol{U}=[\nabla\boldsymbol{U}^{\mathrm{T}}+\boldsymbol{u}^{\mathrm{T}}, \sigma]^{\mathrm{T}}$，矩阵表达式为

$$\boldsymbol{A}_c=\begin{pmatrix}0&0&0&1&0&0&0\\0&0&0&0&1&0&0\\0&0&0&0&0&1&0\\\omega^2&0&0&0&2\omega&0&0\\0&\omega^2&0&-2\omega&0&0&0\\0&0&0&0&0&0&0\\0&0&0&0&0&0&0\end{pmatrix}, \quad \boldsymbol{B}_c=\begin{pmatrix}0&0&0&0\\0&0&0&0\\0&0&0&0\\1&0&0&0\\0&1&0&0\\0&0&1&0\\0&0&0&-\dfrac{1}{I_{\mathrm{sp}}g_0}\end{pmatrix} \tag{5-57}$$

在此基础上，利用状态转移矩阵对探测器状态进行递推，离散动力学方程的矩阵可表示为

$$\begin{cases}\boldsymbol{A}=\mathrm{e}^{\boldsymbol{A}_c\Delta t} \\ \boldsymbol{B}=\displaystyle\int_0^{\Delta t}\mathrm{e}^{\boldsymbol{A}_c(\Delta t-s)}\boldsymbol{B}_c\,\mathrm{d}s\end{cases} \tag{5-58}$$

给定状态初值 $\boldsymbol{X}_0$，任意时刻 t_k 处的状态通过下式递推得到

$$\boldsymbol{X}_k=\boldsymbol{\Phi}_k\boldsymbol{X}_0+\boldsymbol{\Psi}_k(\boldsymbol{\eta}+\boldsymbol{g}) \tag{5-59}$$

其中

$$\begin{cases}\eta=(\boldsymbol{u}_0^{\mathrm{T}},\sigma_0,\boldsymbol{u}_1^{\mathrm{T}},\sigma_1,\cdots,\boldsymbol{u}_N^{\mathrm{T}},\sigma_N)^{\mathrm{T}}_{4\times(N+1)} \\ \boldsymbol{g}=[\nabla\boldsymbol{U}_0^{\mathrm{T}},0,\nabla\boldsymbol{U}_1^{\mathrm{T}},0,\cdots,\nabla\boldsymbol{U}_N^{\mathrm{T}},0]^{\mathrm{T}}_{4\times(N+1)} \\ \boldsymbol{\Phi}_k=\boldsymbol{A}^k,k=0,\cdots,N \\ \boldsymbol{\Psi}_k=\boldsymbol{B}+\boldsymbol{AB}+\cdots+\boldsymbol{A}^{k-2}\boldsymbol{B}+\boldsymbol{A}^{k-1}\boldsymbol{B},k=0,\cdots,N\end{cases} \tag{5-60}$$

$\boldsymbol{u}_k$ 和 σ_k 分别表示离散化后的控制变量 $\boldsymbol{u}$ 、σ 在时刻 t_k 处的取值，$\nabla\boldsymbol{U}_k$ 表示 t_k 时刻探测器处的引力加速度。

经过离散化，优化性能指标可近似为

$$\int_{0}^{t_f} \sigma \mathrm{d}t \approx \sum_{i}^{N} \sigma_i \tag{5-61}$$

控制变量不等式约束（5－54）转化为每个时刻控制变量的不等式约束

$$\begin{cases} \|\boldsymbol{u}_k\| \leqslant \sigma_k \\ 0 \leqslant \sigma_k \leqslant T_{\max} \mathrm{e}^{-p_0(t_k)} [1-(p_k - p_0(t_k))] \end{cases} \tag{5-62}$$

式中，$k=0, \cdots, N$。通过递推方程（5－59），得到探测器在终端时刻的状态 $\boldsymbol{X}_N$，结合优化指标（5－61）和不等式约束（5－62），建立以下优化问题

$$\begin{aligned} \min \quad & \sum_{i}^{N} \sigma_i \\ \text{s. t.} \quad & \boldsymbol{X}_N = \boldsymbol{\Phi}_N \boldsymbol{X}_0 + \boldsymbol{\Psi}_N (\boldsymbol{\eta} + \boldsymbol{g}), \\ & \|\boldsymbol{u}_k\| \leqslant \sigma_k, \\ & 0 \leqslant \sigma_k \leqslant T_{\max} \mathrm{e}^{-p_0(t_k)} [1-(p_k - p_0(t_k))] \end{aligned} \tag{5-63}$$

上式将小行星附着轨迹优化问题转化为一个有限维的参数优化问题。在优化问题（5－63）中，优化变量仅为离散后的控制输入，不包含探测器的位置和速度，有效降低了优化变量的维数。探测器的位置和速度可在求解得到最优控制后，根据状态初值由状态递推方程（5－59）计算得到。

除了基于状态转移矩阵进行状态递推，还可采用龙格库塔（Runge－Kutta）方法，提高探测器状态的递推精度。基于四阶龙格库塔法的状态递推公式为

$$\begin{cases} \boldsymbol{X}_{k+1} = \boldsymbol{X}_k + \dfrac{\Delta t}{6}(\boldsymbol{k}_1 + 2\boldsymbol{k}_2 + 2\boldsymbol{k}_3 + \boldsymbol{k}_4) \\ \boldsymbol{k}_1 = \boldsymbol{A}_c \boldsymbol{X}_k + \boldsymbol{B}_c (\boldsymbol{U}_k + \nabla \overline{\boldsymbol{V}}_k) \\ \boldsymbol{k}_2 = \boldsymbol{A}_c (\boldsymbol{X}_k + \dfrac{1}{2}\Delta t \boldsymbol{k}_1) + \dfrac{1}{2}\boldsymbol{B}_c (\boldsymbol{U}_k + \boldsymbol{U}_{k+1} + \nabla \overline{\boldsymbol{V}}_k + \nabla \overline{\boldsymbol{V}}_{k+1}) \\ \boldsymbol{k}_3 = \boldsymbol{A}_c (\boldsymbol{X}_k + \dfrac{1}{2}\Delta t \boldsymbol{k}_2) + \dfrac{1}{2}\boldsymbol{B}_c (\boldsymbol{U}_k + \boldsymbol{U}_{k+1} + \nabla \overline{\boldsymbol{V}}_k + \nabla \overline{\boldsymbol{V}}_{k+1}) \\ \boldsymbol{k}_4 = \boldsymbol{A}_c (\boldsymbol{X}_j + \Delta t \boldsymbol{k}_3) + \boldsymbol{B}_c (\boldsymbol{U}_{k+1} + \nabla \overline{\boldsymbol{V}}_{k+1}) \end{cases} \tag{5-64}$$

式中，矩阵 $\boldsymbol{A}_c$ 和 $\boldsymbol{B}_c$ 由式（5－57）给出，$\boldsymbol{U}_k = (\boldsymbol{u}_k^{\mathrm{T}}, \sigma_k)^{\mathrm{T}}$ 表示 t_k 时刻的控制输入，$\nabla \overline{\boldsymbol{V}}_k = (\nabla \boldsymbol{V}_k^{\mathrm{T}}, 0)^{\mathrm{T}}$ 为 t_k 时刻引力加速度的增广矩阵。考虑初始和末端时刻状态约束，可将小行星附着轨迹优化问题描述为

$$\begin{aligned} \min_{u_k, \sigma_k} \quad & J = \sum_{k=0}^{N} \sigma_k \\ \text{s. t.} \quad & \boldsymbol{X}_0 = (\boldsymbol{r}_0^{\mathrm{T}}, \boldsymbol{v}_0^{\mathrm{T}}, p_0)^{\mathrm{T}}, \\ & \boldsymbol{M}\boldsymbol{X}_N = (\boldsymbol{r}_f^{\mathrm{T}}, \boldsymbol{0}_{1\times 3})^{\mathrm{T}}, \\ & \|\boldsymbol{u}_k\| \leqslant \sigma_k, \\ & 0 \leqslant \sigma_k \leqslant T_{\max} \mathrm{e}^{-p_0(t_k)} [1-(p_k - p_0(t_k))] \end{aligned} \tag{5-65}$$

式中，$\boldsymbol{M} = (\boldsymbol{I}_6, \boldsymbol{0}_{6\times 1})$。

优化问题（5－65）在进行终端状态 $\boldsymbol{X}_N$ 递推时，需要求解每个时刻的引力加速度。一

般情况下，引力加速度是关于探测器位置变量 $\boldsymbol{r}$ 的非线性函数，这使得离散化后的优化问题不是一个标准的二阶锥规划问题，不能直接采用内点法进行求解。为此采用迭代的方式对优化问题进行解算，首先假设引力加速度为一个常量，此时优化问题（5-65）是一个标准的二阶锥规划问题，采用内点法求解得到此时的最优轨迹；将得到的轨迹作为参考轨迹，计算该轨迹上每个时刻的引力加速度值，再代入优化问题（5-65），采用内点法进行求解，生成新的轨迹，将得到的新轨迹作为下一次迭代的参考轨迹；如此反复迭代，直到轨迹收敛，最终得到小行星附着燃耗最优轨迹。以上每次迭代时都需要求解一次二阶锥规划问题，因此将上述过程称为序列凸优化。

以小行星 216 Kleopatra 为目标进行附着轨迹优化设计。仿真参数见表 5-1。轨迹优化结果如图 5-10 所示。由图可知，经过四次迭代后轨迹收敛，且满足状态约束。优化得到的末端时刻探测器的质量为 484.9 kg，即附着过程消耗燃料 15.1 kg。

表 5-1　轨迹优化仿真参数

参数	数值	参数	数值
I_{sp}/s	300	t_f/s	1 000
T_{max}/N	100	$\boldsymbol{r}_0$/m	$(-150\ 108, 6\ 010, -1\ 034)^T$
m_0/kg	500	$\boldsymbol{r}_f$/m	$(-112\ 600, 6\ 340, -12\ 520)^T$
ω/(rad/s)	$3.241\ 1\times10^{-4}$	N	500

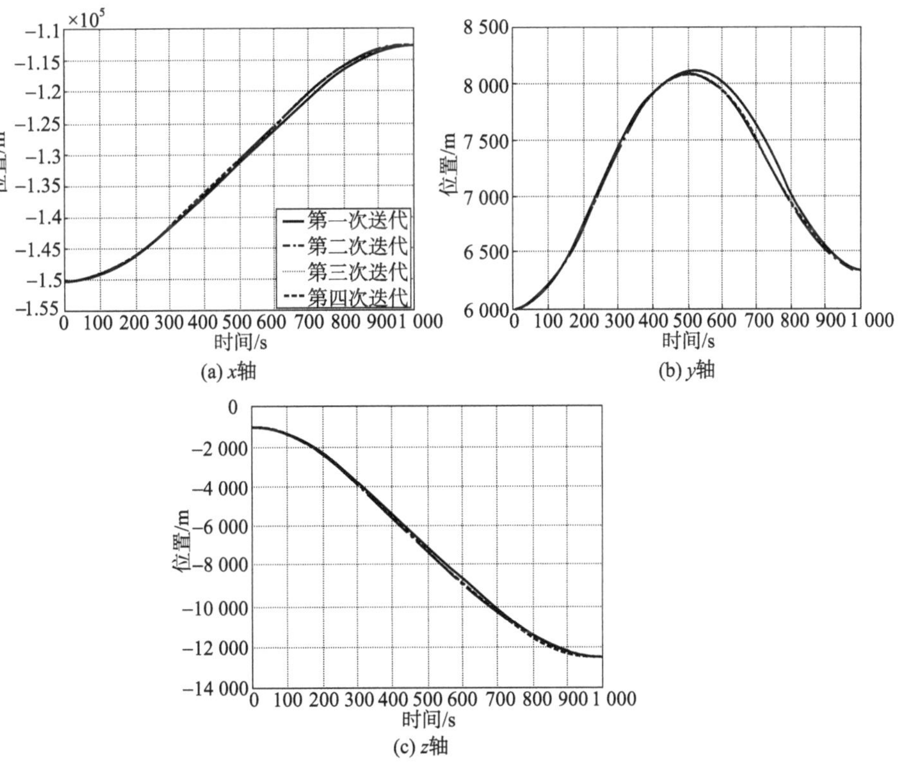

图 5-10　序列凸优化轨迹（见彩插）

探测器推力矢量大小随时间变化曲线如图 5－11 所示。可以看到，推力大小满足 bang－bang 控制形式，在发动机工作期间，总推力的大小保持在 100 N，推力方向不断变化。

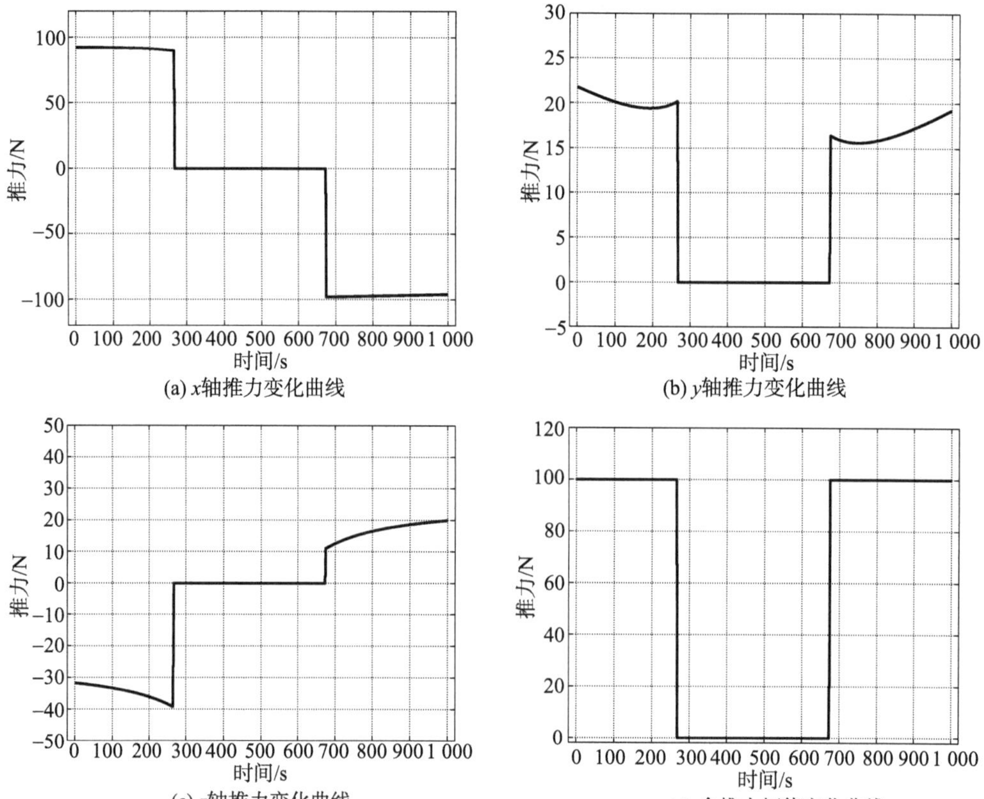

(a) x轴推力变化曲线　(b) y轴推力变化曲线

(c) z轴推力变化曲线　(d) 合推力幅值变化曲线

图 5－11　序列凸优化最优推力曲线

5.2　障碍规避轨迹优化与制导

附着轨迹设计过程中，在复杂形貌小行星表面的着陆安全性是需要考虑的重要指标。下面介绍复杂形貌小行星附着障碍规避轨迹优化与制导方法。

5.2.1　复杂形貌附着凸轨迹优化

小行星表面崎岖不平的形貌对探测器的安全构成威胁。为提高附着安全性，一方面，附着轨迹需尽可能远离小行星表面障碍；另一方面，在附着过程中，应提高目标着陆区的能见高度，以便及早发现障碍威胁。几何凸轨迹能够同时满足上述两点要求。如图 5－12 所示，沿几何凸轨迹运动时能够增大探测器的高度角，从而提升探测器相对小行星的高度，有利于避开星表障碍。同时，目标着陆区能够更早进入探测器的视场范围内。本节从二维平面运动入手，建立凸轨迹约束并将其拓展至三维空间，通过约束探测器的速度与位置，优化设计复杂形貌安全附着轨迹[6-7]。

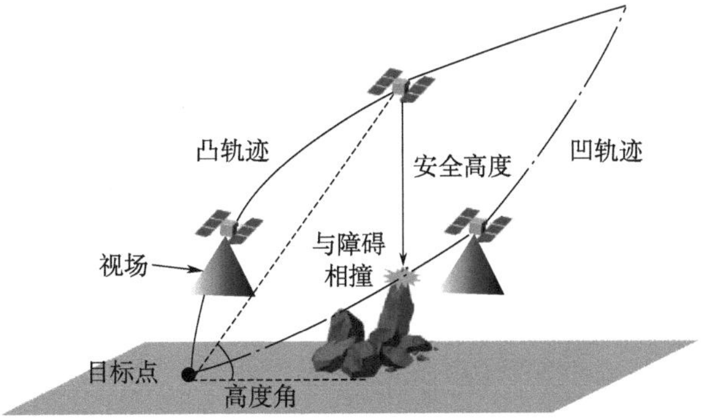

图 5－12　凸轨迹附着的避障和观测优势

从凸轨迹的一阶条件入手，分析探测器状态与轨迹形状之间的联系。在二维平面上，几何凸轨迹满足

$$z(x_1) \leqslant z(x_2) + \dot{z}(x_2)(x_1 - x_2) \tag{5-66}$$

即

$$\dot{z}(x_2) \geqslant \frac{z(x_1) - z(x_2)}{x_1 - x_2} \tag{5-67}$$

上述方程的几何意义为：点 $(x_2, z(x_2))$ 处的切线斜率 $\dot{z}(x_2)$ 大于点 $(x_1, z(x_1))$ 和点 $(x_2, z(x_2))$ 组成的割线斜率。对于二维轨迹，式（5－67）表明：若二维轨迹为凸，则轨迹的切线方向（速度矢量方向）始终位于轨迹或其相应的割线之上，如图 5－13（a）所示。将凸轨迹的这一特性推广至三维空间中，定义如图 5－13（b）所示的由割线生成的圆锥，其母线为探测器当前位置与目标着陆点的连线，转轴为着陆点固连系 Z_L 轴。则当探测器沿具有凸形状的三维轨迹附着时，速度指向圆锥内部。因此，三维凸轨迹约束可表示为

$$\frac{(\boldsymbol{r} + \boldsymbol{v}\Delta t_{\text{cvx}} - \boldsymbol{r}_f)^{\mathrm{T}} \boldsymbol{n}_L}{\| \boldsymbol{r} + \boldsymbol{v}\Delta t_{\text{cvx}} - \boldsymbol{r}_f \|} \geqslant \frac{(\boldsymbol{r} - \boldsymbol{r}_f)^{\mathrm{T}} \boldsymbol{n}_L}{\| \boldsymbol{r} - \boldsymbol{r}_f \|} \tag{5-68}$$

式中，Δt_{cvx} 为时间间隔；$\boldsymbol{n}_L$ 是沿 $\boldsymbol{Z}_L$ 轴的单位法向量；$\boldsymbol{r}_f$ 为目标着陆点。

由图 5－13 可知，当探测器沿凸轨迹附着时，轨迹高度角逐渐递增，使得探测器能够在避开障碍的同时具有对目标着陆点的观测优势。下面给出探测器沿满足约束（5－68）的轨迹附着时，其轨迹高度角递增的证明：

记单位法向量为 $\boldsymbol{n}_L = (0, 0, 1)^{\mathrm{T}}$，目标着陆点为 $\boldsymbol{r}_f = (0, 0, 0)^{\mathrm{T}}$。约束（5－68）可表示为

$$\frac{z_L + v_{z,L}\Delta t_{\text{cvx}}}{\sqrt{(x_L + v_{x,L}\Delta t_{\text{cvx}})^2 + (y_L + v_{y,L}\Delta t_{\text{cvx}})^2 + (z_L + v_{z,L}\Delta t_{\text{cvx}})^2}} \geqslant \frac{z_L}{\sqrt{x_L^2 + y_L^2 + z_L^2}} \tag{5-69}$$

式中，x_L，y_L 和 z_L 为探测器在着陆点固连系中的位置分量；$v_{x,L}$，$v_{y,L}$ 和 $v_{z,L}$ 为速度分量。在附着过程中，沿 Z_L 轴的位置分量 $z_L + v_{z,L}\Delta t_{\text{cvx}}$ 和 z_L 将始终大于或等于零。基于此，将不等式（5－69）两边平方，得到

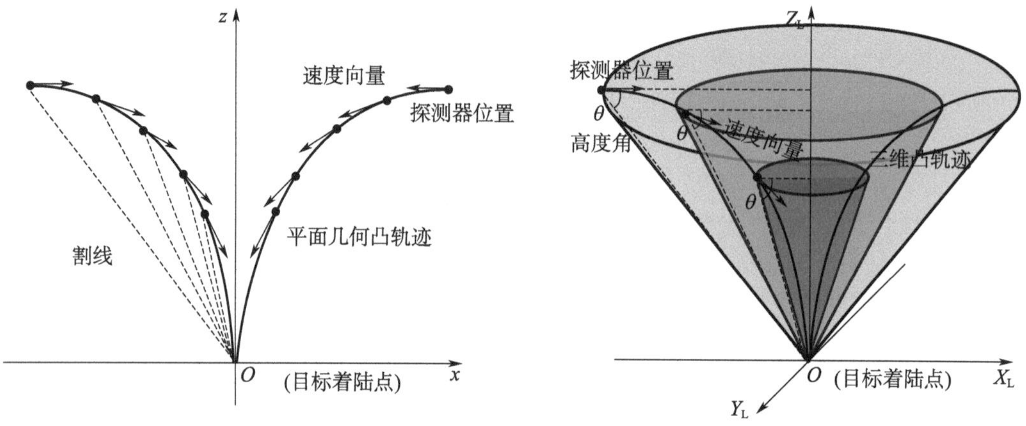

(a) 二维凸轨迹几何关系　　(b) 三维凸轨迹几何关系

图 5-13　凸轨迹的几何关系

$$\frac{(z_L + v_{z,L}\Delta t_{\mathrm{cvx}})^2}{(x_L + v_{x,L}\Delta t_{\mathrm{cvx}})^2 + (y_L + v_{y,L}\Delta t_{\mathrm{cvx}})^2 + (z_L + v_{z,L}\Delta t_{\mathrm{cvx}})^2} \geqslant \frac{z_L^2}{x_L^2 + y_L^2 + z_L^2} \tag{5-70}$$

由于 Δt_{cvx} 是一个小量，忽略 Δt_{cvx} 的二阶量 $(\Delta t_{\mathrm{cvx}})^2$，并在不等式（5-70）两边同时除以 Δt_{cvx}，得到

$$2x_L^2 v_{z,L} + 2y_L^2 v_{z,L} \geqslant 2z_L x_L v_{x,L} + 2z_L y_L v_{y,L} \tag{5-71}$$

分别用 $\frac{\mathrm{d}x_L}{\mathrm{d}t}$ 和 $\frac{\mathrm{d}y_L}{\mathrm{d}t}$ 表示 $v_{x,L}$ 和 $v_{y,L}$，得到

$$2(x_L^2 + y_L^2)v_{z,L} \geqslant z_L \frac{\mathrm{d}(x_L^2 + y_L^2)}{\mathrm{d}t} \tag{5-72}$$

为方便推导，定义如下变量

$$x_D^2 = x_L^2 + y_L^2, v_D = \frac{\mathrm{d}x_D^2}{\mathrm{d}t}, 2v_D x_D = \frac{\mathrm{d}x_D^2}{\mathrm{d}t} \tag{5-73}$$

如图 5-14 所示，上式定义了一个平面坐标系 $O_D X_D Z_D$，其原点位于目标着陆点，Z_D 轴与 Z_L 轴方向一致，X_D 轴与矢量 $(x, y, 0)^{\mathrm{T}}$ 方向重合。由于该坐标系所在平面垂直于目标着陆平面且动态变化，称该坐标系为垂直动态平面坐标系。下标 D 代表该量在垂直动态平面坐标系内。

将式（5-73）代入式（5-72）得

$$2x_D^2 v_{z,L} \geqslant z_L \frac{\mathrm{d}x_D^2}{\mathrm{d}t} = 2z_L x_D v_D \tag{5-74}$$

两边同时除以 x_D 得到

$$\begin{cases} x_D v_{z,L} \leqslant z_L v_D, 当\ x_D < 0 \\ x_D v_{z,L} \geqslant z_L v_D, 当\ x_D > 0 \end{cases} \tag{5-75}$$

不失一般性，下面给出 $x_D < 0$ 情况下的推导。由式（5-75）可知，当 $x_D < 0$ 时，有

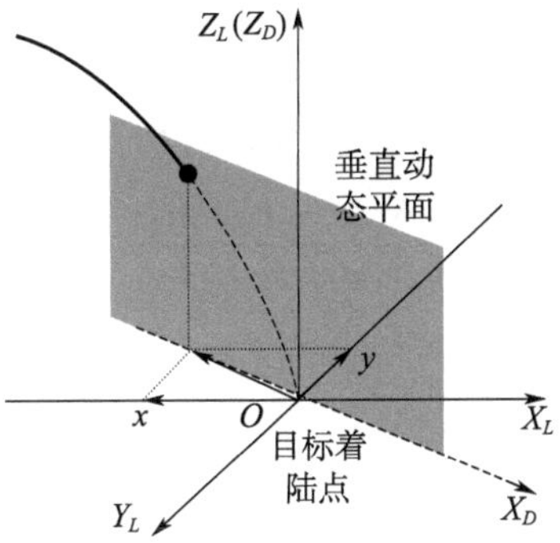

图 5 - 14　垂直动态平面坐标系

$$(z_f - z_L)v_D \leqslant (x_{f,D} - x_D)v_{z,L} \tag{5-76}$$

式中，着陆点满足 $x_{f,D}=0$ 和 $z_f=z_{f,D}=0$。如图 5 - 14 所示，当探测器接近着陆点时，速度 v_D 为正。整理式（5 - 76）得

$$z_f \leqslant z_L + \nabla z_L(x_D)(x_{f,D} - x_D) \tag{5-77}$$

式中，$\nabla z_L(x_D)=\dfrac{v_{z,L}}{v_D}$。上式表明，在垂直动态平面坐标系中，一阶条件（5 - 66）在着陆点周围成立。因此，满足约束（5 - 68）的三维轨迹具有凸形状。

根据高度角的定义，三维空间中探测器的高度角变化率满足

$$\frac{\mathrm{d}(\arctan(z_L/|x_D|))}{\mathrm{d}t} = \frac{1}{1+(z_L/|x_D|)^2}\frac{(z_L - z_{f,D})v_D - (x_D - x_{f,D})v_{z,L}}{(x_{f,D} - x_D)^2} \geqslant 0 \tag{5-78}$$

因此，沿着满足约束（5 - 68）的轨迹附着时，探测器的高度角是递增的。

基于所得到的三维凸轨迹约束，建立复杂形貌小行星安全附着轨迹优化问题。在附着过程中，探测器需满足如下推力约束

$$\|\boldsymbol{T}\| \leqslant T_{\max}, \forall t \in [t_0, t_f] \tag{5-79}$$

式中，$T_{\max}$ 为推力器所能提供的推力幅值上限；t_0 为初始时间；t_f 为附着末端时间。此外，附着轨迹还需满足初始和末端状态约束

$$\boldsymbol{r}(t_0)=\boldsymbol{r}_0, \boldsymbol{v}(t_0)=\boldsymbol{v}_0, m(t_0)=m_0 \tag{5-80}$$

$$\boldsymbol{r}(t_f)=\boldsymbol{r}_f, \boldsymbol{v}(t_f)=\boldsymbol{0} \tag{5-81}$$

式中，$\boldsymbol{r}_0$ 为探测器初始位置；$\boldsymbol{v}_0$ 为初始速度；m_0 为初始质量。

在建立优化问题时，三维凸轨迹约束只能将轨迹约束为凸，无法调整轨迹凸的程度。为了实现轨迹凸度和燃耗的自主调节，构建轨迹凸度与燃耗的加权性能指标

$$J = -m(t_f) + c\int_{t_0}^{t_f}\left[\frac{(\boldsymbol{r}-\boldsymbol{r}_f)^{\mathrm{T}}\boldsymbol{n}_L}{\|\boldsymbol{r}-\boldsymbol{r}_f\|} - \frac{(\boldsymbol{r}+\boldsymbol{v}\Delta t_{\mathrm{cvx}}-\boldsymbol{r}_f)^{\mathrm{T}}\boldsymbol{n}_L}{\|\boldsymbol{r}+\boldsymbol{v}\Delta t_{\mathrm{cvx}}-\boldsymbol{r}_f\|}\right]\mathrm{d}t \tag{5-82}$$

综合上述约束和优化性能指标，三维凸轨迹优化问题可描述为

$$
\begin{aligned}
&\min_{\boldsymbol{X},\boldsymbol{T}} \quad J \\
&\text{s. t.} \quad \dot{\boldsymbol{X}}(t)=\boldsymbol{f}(t,\boldsymbol{X}(t),\boldsymbol{T}(t)) \\
&\qquad \frac{(\boldsymbol{r}+\boldsymbol{v}\Delta t_{\mathrm{cvx}}-\boldsymbol{r}_f)^{\mathrm{T}}\boldsymbol{n}_L}{\|\boldsymbol{r}+\boldsymbol{v}\Delta t_{\mathrm{cvx}}-\boldsymbol{r}_f\|} \geqslant \frac{(\boldsymbol{r}-\boldsymbol{r}_f)^{\mathrm{T}}\boldsymbol{n}_L}{\|\boldsymbol{r}-\boldsymbol{r}_f\|} \\
&\qquad \|\boldsymbol{T}\| \leqslant T_{\max},\forall t \in [t_0,t_f] \\
&\qquad \boldsymbol{r}(t_0)=\boldsymbol{r}_0,\boldsymbol{v}(t_0)=\boldsymbol{v}_0,m(t_0)=m_0 \\
&\qquad \boldsymbol{r}(t_f)=\boldsymbol{r}_f,\boldsymbol{v}(t_f)=\boldsymbol{0}
\end{aligned}
\tag{5-83}
$$

求解上述优化问题，即可得到探测器最优附着轨迹和相应最优推力。

以小行星 433 Eros 附着为例设计三维凸轨迹。图 5－15 给出了小行星固连系下的三维凸轨迹与燃耗最优轨迹，以及目标点附近平面的法向量。其中，点画线为三维凸轨迹，虚线为燃耗最优轨迹。可以看到，相比于三维凸轨迹，燃耗最优轨迹是一条凹轨迹。

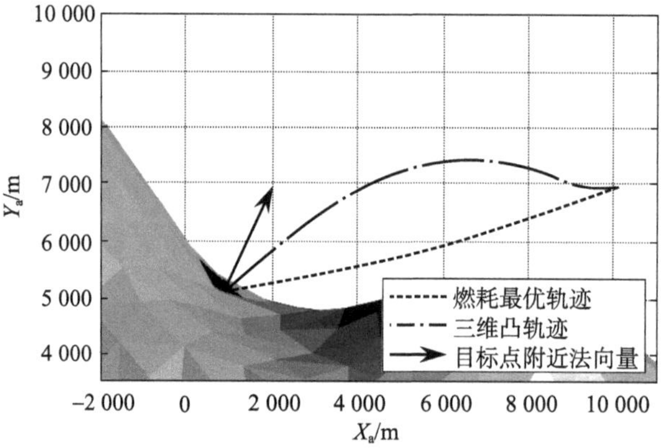

图 5－15　小行星附着轨迹

图 5－16 为沿两条轨迹附着时高度角随时间的变化曲线。燃耗最优轨迹的高度角小于 35°，且随时间减小；三维凸轨迹的高度角随时间递增，470 s 后大于 55°。由于高度角和导航相机视场正相关，沿三维凸轨迹附着可提高对着陆点的能见高度。图 5－17 分别为两条附着轨迹对应的推力幅值曲线。由于需要产生推力改变轨迹形状，三维凸轨迹的推力维

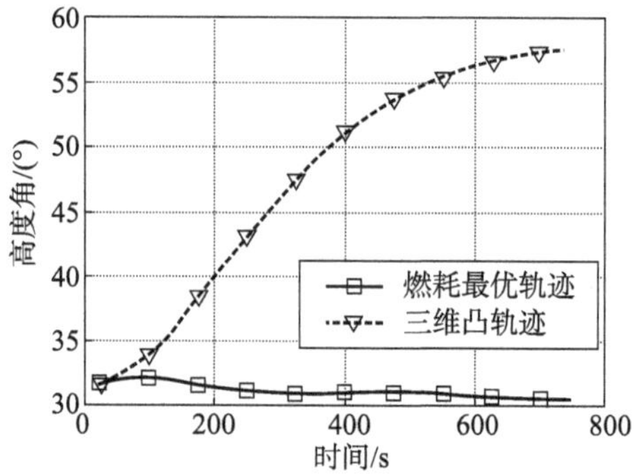

图 5－16　高度角曲线

持在推力幅值上界。表 5－2 比较了两种轨迹对应的燃耗，可以看到，为了使轨迹形状保持为凸，三维凸轨迹的燃耗大于燃耗最优轨迹。

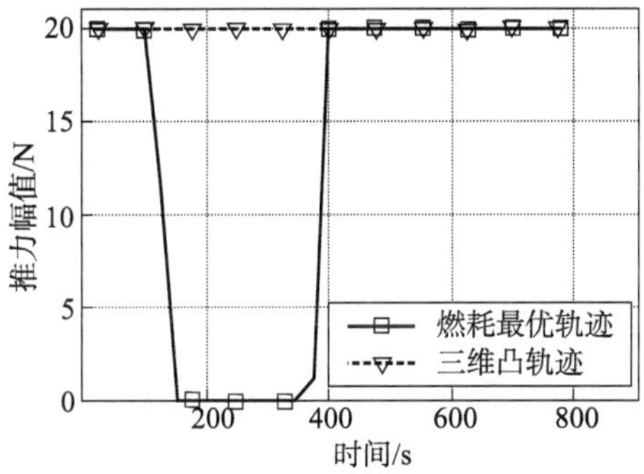

图 5－17　推力幅值曲线

表 5－2　燃耗最优轨迹与三维凸轨迹的燃耗与最终高度角结果对比

分类	权重系数	燃耗/kg	最终高度角/(°)
燃耗最优轨迹	—	4.453 7	30.555 1
三维凸轨迹	$c=0$	4.532 7	44.618 0
	$c=1$	4.558 6	46.127 9
	$c=5$	4.713 7	51.531 1
	$c=10$	5.067 3	58.435 0
	$c=20$	6.118 8	59.138 7
	$c=100$	6.659 5	61.823 5

进一步分析轨迹凸度权重系数 c 对轨迹形状、高度角及燃耗的影响。表 5－2 给出了不同权重系数下三维凸轨迹的燃耗与最终高度角。可以看到权重系数越大，最终高度角越大，相应地消耗的燃料更多。图 5－18（a）为不同权重系数下的附着轨迹，其轨迹形状均为凸。图 5－18（b）表明，所有权重系数下的高度角都是随时间递增的，包括 $c=0$。$c=0$ 对应的高度角曲线也随时间递增，说明单独使用三维凸轨迹约束的有效性。图 5－18（c）给出了不同权重下的推力幅值曲线，随着权重系数增大，轨迹越凸，使用最大推力的时间也更长。

5.2.2　基于碰撞概率的避障制导

附着过程中，由于小行星动力学环境复杂多扰动，探测器状态参数存在较强不确定性。当探测器状态存在较大估计误差时，即使探测器的名义位置位于障碍区以外或与障碍区保持一定距离，探测器仍可能与障碍距离过近或与障碍发生碰撞，如图 5－19 所示。因此，需要在障碍规避制导律设计中考虑探测器状态不确定性的影响[8]，提高附着任务安全性。

假设探测器状态估计误差服从高斯分布，根据探测器位置估计的均值及误差协方差，

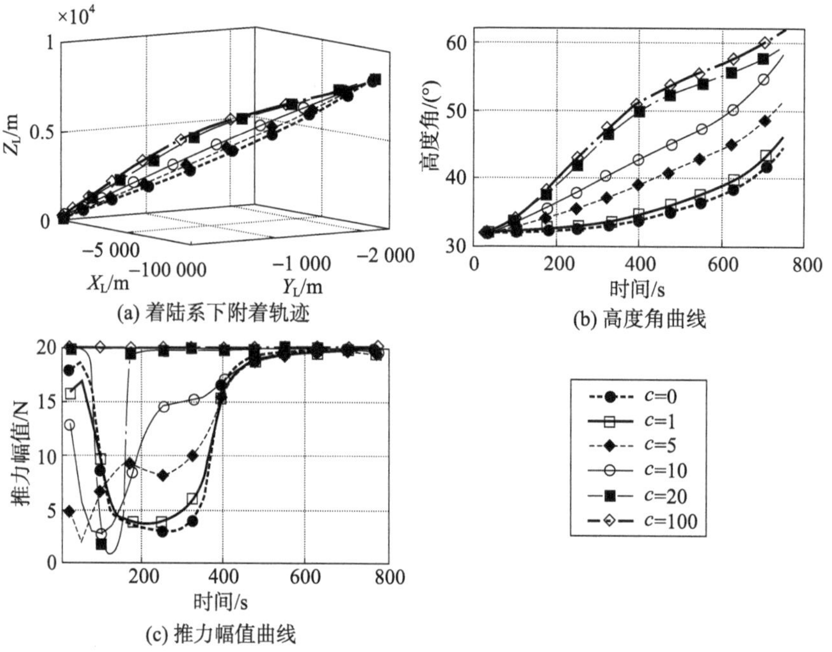

(a) 着陆系下附着轨迹　(b) 高度角曲线　(c) 推力幅值曲线

图 5-18　不同权重系数下的仿真结果

能够确定描述探测器位置不确定性的 3σ 误差椭球。从概率性描述的角度，探测器相对障碍的安全性不仅与探测器的名义位置有关，还与位置不确定性的大小有关。当不确定性较小时，探测器的安全性与从确定性角度评价描述的结果相近，但当不确定性较大时，不能仅以名义位置判断探测器的安全性。

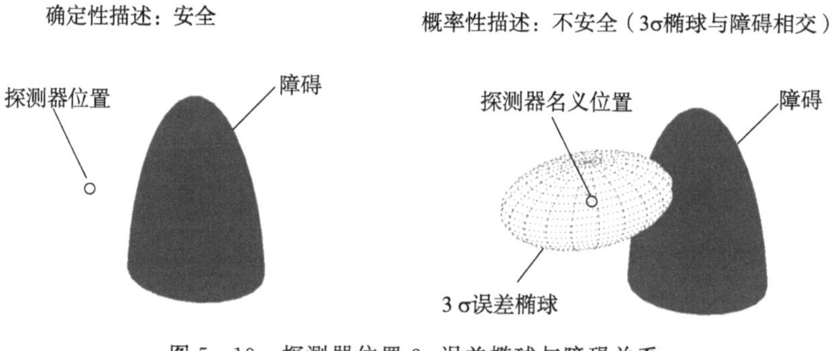

图 5-19　探测器位置 3σ 误差椭球与障碍关系

考虑小行星表面障碍的位置、大小及障碍特征不确定性，将每个障碍区建模为半球形，如图 5-20 所示，以着陆点固连系下障碍中心即半球球心坐标 $\boldsymbol{r}_c$ 和障碍区参考半径 R_{ref} 即半球半径描述障碍的位置和大小。障碍规避的目标即为避免探测器在附着过程中进入障碍区。

基于上述障碍区模型，状态不确定条件下探测器与障碍区的碰撞概率为

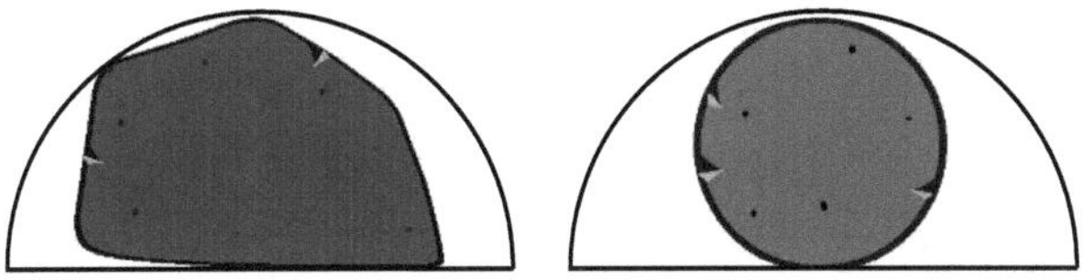

图 5-20　障碍区模型示意图

$$p_c = V\frac{1}{\sqrt{(2\pi)^3|\boldsymbol{C}|}}\mathrm{e}^{-\frac{1}{2}(\boldsymbol{r}_c-\bar{\boldsymbol{r}})^{\mathrm{T}}\boldsymbol{C}^{-1}(\boldsymbol{r}_c-\bar{\boldsymbol{r}})} \tag{5-84}$$

式中，$\boldsymbol{r}_c$ 为障碍区中心位置；$V=\dfrac{2\pi R_{\mathrm{ref}}^3}{3}$ 为障碍区的体积，R_{ref} 为障碍区的参考半径。探测器位置的不确定性通过位置估计误差协方差矩阵 $\boldsymbol{C}$ 表示。

以下在小行星着陆点固连系下，根据李雅普诺夫稳定性理论，推导基于碰撞概率的障碍规避制导律，使得探测器在碰撞概率快速增大时，能够沿降低碰撞概率的方向移动，避免与障碍发生碰撞。

设计包含当前状态与目标状态的标量函数

$$\phi_q(\boldsymbol{x})=(\boldsymbol{x}-\boldsymbol{x}_t)^{\mathrm{T}}\boldsymbol{Q}(\boldsymbol{x}-\boldsymbol{x}_t) \tag{5-85}$$

式中，$\boldsymbol{x}=(x, y, z, v_x, v_y, v_z)^{\mathrm{T}}$ 为探测器的状态变量；$\boldsymbol{x}_t$ 为目标状态；$\boldsymbol{Q}$ 为以 $q_i>0$，$i=1, \cdots, 6$ 为对角线元素的对角矩阵。由于着陆点固连系下目标着陆点为坐标系原点，上式可写为

$$\phi_q(\boldsymbol{x})=\boldsymbol{x}^{\mathrm{T}}\boldsymbol{Q}\boldsymbol{x} \tag{5-86}$$

进一步设计包含探测器与小行星表面障碍碰撞概率的标量函数

$$\phi_p(\boldsymbol{x})=\sum_{i=1}^{n}k_i p_{ci}=\sum_{i=1}^{n}k_i V_i\frac{1}{\sqrt{(2\pi)^3|\boldsymbol{C}|}}\mathrm{e}^{-\frac{1}{2}(\boldsymbol{r}_{ci}-\bar{\boldsymbol{r}})^{\mathrm{T}}\boldsymbol{C}^{-1}(\boldsymbol{r}_{ci}-\bar{\boldsymbol{r}})} \tag{5-87}$$

式中，p_{ci} 为探测器与第 i 个障碍的碰撞概率；$k_i>0$ 为权重系数；n 为障碍数量。

定义李雅普诺夫函数

$$\begin{aligned}\phi(\boldsymbol{x})&=\phi_q(\boldsymbol{x})+\phi_p(\boldsymbol{x})\\&=\boldsymbol{x}^{\mathrm{T}}\boldsymbol{Q}\boldsymbol{x}+\sum_{i=1}^{n}k_i V_i\frac{1}{\sqrt{(2\pi)^3|\boldsymbol{C}|}}\mathrm{e}^{-\frac{1}{2}(\boldsymbol{r}_{ci}-\bar{\boldsymbol{r}})^{\mathrm{T}}\boldsymbol{C}^{-1}(\boldsymbol{r}_{ci}-\bar{\boldsymbol{r}})}\end{aligned} \tag{5-88}$$

与传统势函数方法通过人工势场模拟障碍地形不同，上式同时利用了探测器的名义状态及其误差协方差信息，基于对障碍威胁的概率性描述建立人工势场，能够更准确地描述探测器状态不确定性对附着安全的影响。

上式中矩阵 $\boldsymbol{Q}$ 为正定矩阵，有

$$\begin{cases}\phi_q(\boldsymbol{x})>0, & \boldsymbol{x}\neq\boldsymbol{0}\\ \phi_q(\boldsymbol{x})=0, & \boldsymbol{x}=\boldsymbol{0}\end{cases} \tag{5-89}$$

由于

$$\phi_p(\boldsymbol{x})\geqslant 0 \tag{5-90}$$

李雅普诺夫函数满足

$$\phi(\boldsymbol{x})>0,\quad \boldsymbol{x}\neq\boldsymbol{0} \tag{5-91}$$

且

$$\phi(\boldsymbol{x})\rightarrow\infty,\quad \|\boldsymbol{x}\|\rightarrow\infty \tag{5-92}$$

根据李雅普诺夫稳定性理论，系统是全局稳定的，当

$$\dot{\phi}(\boldsymbol{x})<0,\quad \boldsymbol{x}\neq\boldsymbol{0} \tag{5-93}$$

因为 $\phi(\boldsymbol{x})$ 不显含时间，且协方差矩阵 $\boldsymbol{C}$ 在一个制导周期内可视为常值，则式（5-93）可写为

$$\begin{aligned}\dot{\phi}(\boldsymbol{x})&=(\nabla_x\phi(\boldsymbol{x}))^{\mathrm{T}}\dot{\boldsymbol{x}}\\&=(\nabla_x\phi_q(\boldsymbol{x})+\nabla_x\phi_p(x))^{\mathrm{T}}\dot{\boldsymbol{x}}<0,\boldsymbol{x}\neq\boldsymbol{0}\end{aligned} \tag{5-94}$$

$\phi_q(\boldsymbol{x})$ 可扩展为

$$\phi_q(\boldsymbol{x})=q_1x^2+q_2y^2+q_3z^2+q_4v_x^2+q_5v_y^2+q_6v_z^2 \tag{5-95}$$

且

$$\nabla_x\phi_q(\boldsymbol{x})=2(q_1x,q_2y,q_3z,q_4v_x,q_5v_y,q_6v_z)^{\mathrm{T}} \tag{5-96}$$

对 $\phi_p(\boldsymbol{x})$，有

$$\nabla_x\phi_p(\boldsymbol{x})=\begin{bmatrix}\dfrac{\partial\phi_p}{\partial\boldsymbol{r}}\\[2mm]\dfrac{\partial\phi_p}{\partial\boldsymbol{v}}\end{bmatrix} \tag{5-97}$$

且

$$\begin{aligned}\frac{\partial\phi_p}{\partial\boldsymbol{r}}&=\frac{\partial}{\partial\boldsymbol{r}}\sum_{i=1}^{n}k_ip_{ci}\\&=\sum_{i=1}^{n}k_iV_i\frac{1}{2\sqrt{(2\pi)^3|\boldsymbol{C}|}}\mathrm{e}^{-\frac{1}{2}(\boldsymbol{r}_{ci}-\bar{\boldsymbol{r}})^{\mathrm{T}}\boldsymbol{C}^{-1}(\boldsymbol{r}_{ci}-\bar{\boldsymbol{r}})}(\boldsymbol{C}^{-1}(\boldsymbol{r}_{ci}-\bar{\boldsymbol{r}})+\boldsymbol{C}^{-T}(\boldsymbol{r}_{ci}-\bar{\boldsymbol{r}}))\end{aligned} \tag{5-98}$$

$$\frac{\partial\phi_p}{\partial\boldsymbol{v}}=\boldsymbol{0} \tag{5-99}$$

基于上式，为使 $\dot{\phi}(\boldsymbol{x})$ 负定，即闭环系统全局稳定，选取 $\dot{\phi}(\boldsymbol{x})$ 的形式为

$$\dot{\phi}(\boldsymbol{x})=-2\kappa(v_x^2+v_y^2+v_z^2) \tag{5-100}$$

式中，κ 为正实数。基于碰撞概率的障碍规避制导律生成的控制加速度指令 $\boldsymbol{a}_c$ 为

$$\boldsymbol{a}_c=\boldsymbol{a}_q+\boldsymbol{a}_p \tag{5-101}$$

$$\boldsymbol{a}_q=-\kappa\boldsymbol{Q}_v{}^{-1}\boldsymbol{v}-\boldsymbol{Q}_r\boldsymbol{Q}_v{}^{-1}\boldsymbol{r}-\boldsymbol{\xi} \tag{5-102}$$

$$\boldsymbol{a}_p=-\boldsymbol{Q}_v^{-1}\sum_{i=1}^{n}\frac{k_iV_i}{4\sqrt{(2\pi)^3|\boldsymbol{C}|}}\mathrm{e}^{-\frac{1}{2}(\boldsymbol{r}_{ci}-\bar{\boldsymbol{r}})^{\mathrm{T}}\boldsymbol{C}^{-1}(\boldsymbol{r}_{ci}-\bar{\boldsymbol{r}})}(\boldsymbol{C}^{-1}(\boldsymbol{r}_{ci}-\bar{\boldsymbol{r}})+\boldsymbol{C}^{-T}(\boldsymbol{r}_{ci}-\bar{\boldsymbol{r}})) \tag{5-103}$$

式中，$\boldsymbol{Q}_r$ 为 $\boldsymbol{Q}$ 的左上角部分，是以 q_1、q_2、q_3 为对角线元素的对角矩阵；$\boldsymbol{Q}_v$ 为 $\boldsymbol{Q}$ 的右下角部分，是以 q_4、q_5、q_6 为对角线元素的对角矩阵；$\boldsymbol{\xi}$ 定义见式（2-45）。此时，李雅普诺

夫函数 $\phi(\boldsymbol{x})$ 的变化率满足

$$\dot{\phi}(\boldsymbol{x}) = -2\boldsymbol{\kappa}(v_x^2 + v_y^2 + v_z^2) < 0, \quad \boldsymbol{x} \neq \boldsymbol{0} \tag{5-104}$$

即被控系统全局稳定，表明该制导律可使探测器从状态空间的任一点移动到原点，实现安全附着。此外，由于在控制指令的设计过程中考虑了探测器状态的不确定性，制导律对探测器状态误差具有良好的鲁棒性。

以 433 Eros 小行星为例，给出基于碰撞概率的附着避障制导的仿真算例。仿真参数见表 5 - 3，各轴最大控制加速度为 0.05 m/s^2，控制周期为 1 s。

表 5 - 3　仿真参数

参数	数值	参数	数值
初始位置/m	$(130,-140,20)^{\mathrm{T}}$	初始速度/(m/s)	$(-0.1,0,0)^{\mathrm{T}}$
κ	0.1	k_i	70
目标着陆位置/m	$(0,0,0)^{\mathrm{T}}$	目标着陆速度/(m/s)	$(0,0,0)^{\mathrm{T}}$
q_1	2×10^{-4}	q_2	2×10^{-4}
q_3	2.5×10^{-4}	q_4	1
q_5	1	q_6	1

对基于碰撞概率的附着避障制导方法（概率方法）的障碍规避性能进行分析，并与势函数避障制导方法（确定性方法）在较小状态不确定性和较大状态不确定性下的仿真结果进行比较，两种情况分别假设探测器各轴位置估计误差标准差为 2 m 和 5 m，结果如图 5 - 21、图 5 - 22 所示。

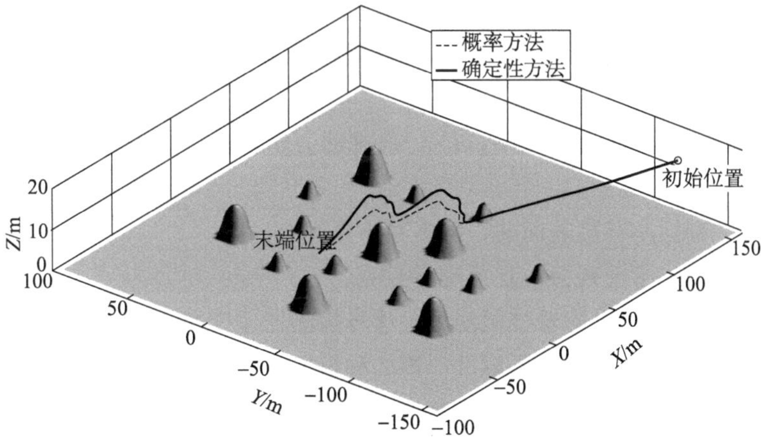

图 5 - 21　较小状态不确定性下附着轨迹

由仿真结果可知，在较小状态不确定性下，两种障碍规避制导方法均能成功规避障碍（图 5 - 21）；在较大状态不确定性下，碰撞概率方法仍能对障碍进行成功规避，确定性方法则与障碍发生碰撞（图 5 - 22）。可见，基于碰撞概率的附着避障制导方法能够提高探测器状态不确知条件下的附着安全性。

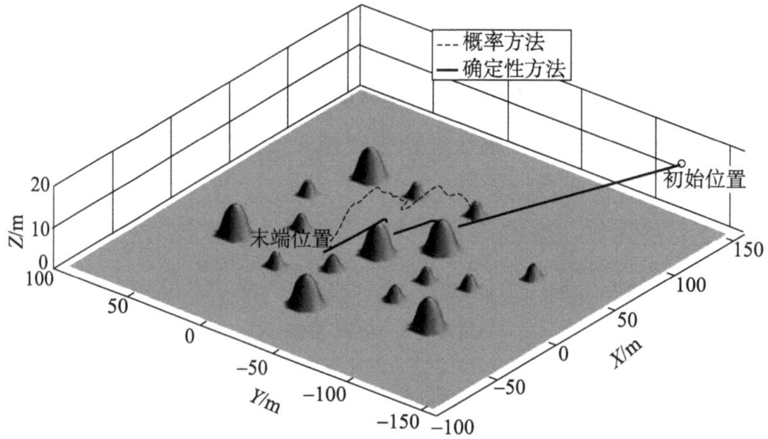

图 5-22　较大状态不确定性下附着轨迹

5.3　不确知环境主动附着策略

复杂小行星形貌和不确知深空环境将影响小行星附着任务的顺利开展。本节介绍小行星不确知环境主动附着策略[10]，通过主动附着多模式设计以及应急转移轨迹优化与制导，实现对附着风险的主动防范，提高附着任务成功率。

5.3.1　主动附着多模式设计

考虑小行星不确知环境附着风险，从附着控制能力和着陆点安全性两方面建立附着风险评估模型。附着控制能力大小通过附着速度进行量化，着陆点安全性则由着陆点安全半径大小决定。设计以下预警函数：

假设探测器在 t 时刻的速度为 $\boldsymbol{v}_R(t)$，通过动力学积分估计附着速度大小。积分过程在遇到以下任一情况时终止：

1）探测器在到达小行星表面前，速度减小到 0；

2）探测器到达小行星表面，且速度不为 0。

第一种情况，认为星上附着控制能力足够将探测器速度减小到要求的范围内，因此可按照原计划继续下降，预警信号不触发。第二种情况，认为星上附着控制能力不足，有撞击或在小行星表面反弹的风险，为了提高探测器安全性，需要进行应急转移。将目标附着速度设为零，星上附着控制能力的预警函数可设计为如下形式

$$\text{Alarm}_v = \begin{cases} 0, & \boldsymbol{v}_R(t) = \boldsymbol{0} \\ 1, & \boldsymbol{v}_R(t) \neq \boldsymbol{0} \end{cases} \tag{5-105}$$

同时，探测器利用光学相机或激光雷达等敏感器测量小行星表面形貌，通过对着陆点附近形貌进行局部平面拟合，可计算各点的坡度 ϕ 与表面粗糙度 d。考虑探测器所能容忍的坡度和表面粗糙度上限，将小行星表面超出阈值约束，即满足 $\phi > \phi_{\text{safe}}$ 或 $d > d_{\text{safe}}$ 二

者其一的区域视为障碍，计算着陆点的安全半径

$$R = \min_{(x_\Omega, y_\Omega, z_\Omega)} \sqrt{(x_\Omega - x_f)^2 + (y_\Omega - y_f)^2 + (z_\Omega - z_f)^2} \tag{5-106}$$

式中，$(x_\Omega, y_\Omega, z_\Omega)$ 为障碍区域内任一点坐标，(x_f, y_f, z_f) 为着陆点坐标。着陆点对应的安全半径应足够大，使得探测器在存在导航制导误差情况下仍能安全附着在小行星表面。给定允许的安全半径下限 $R_{\min}$，着陆点安全性预警函数可定义为如下形式

$$\mathrm{Alarm}_R = \begin{cases} 0, & R > R_{\min} \\ 1, & R \leqslant R_{\min} \end{cases} \tag{5-107}$$

下降过程中，探测器不断评估其当前附着控制能力是否足够转移至着陆点附近，同时根据实时形貌检测结果判断着陆点是否满足附着要求。当无预警信号，即 $\mathrm{Alarm}_v = \mathrm{Alarm}_R = 0$ 时，探测器按照标称情况下的附着轨迹运动。一旦预测到附着速度或着陆点安全半径超出给定阈值，系统将发出预警信号并进入应急模式。

下面给出小行星主动附着策略，设计环轨、转移与悬停三种应急模式，提高探测器在星上附着控制能力不足及着陆点附近形貌复杂情况下的安全性。如图 5-23 所示，三种应急模式的控制目标分别为：

环轨模式：控制序列在燃耗允许范围内将探测器从当前状态转移至指定停泊轨道，且在转移过程中，探测器不与小行星表面发生碰撞。此后，探测器环绕小行星运动并等待下一次适宜附着的时机。

转移模式：控制序列对探测器的附着轨迹进行调整，并将探测器转移至小行星表面重新选取的新着陆点附近。在线选取的新着陆点要求远离小行星表面障碍，且满足探测器可达性要求和工程约束。

悬停模式：控制序列将探测器从当前状态转移至悬停点附近，该悬停点位于星表上方，且通过保持在悬停点附近，对星表形貌进行重新评估，并择机准备二次附着。

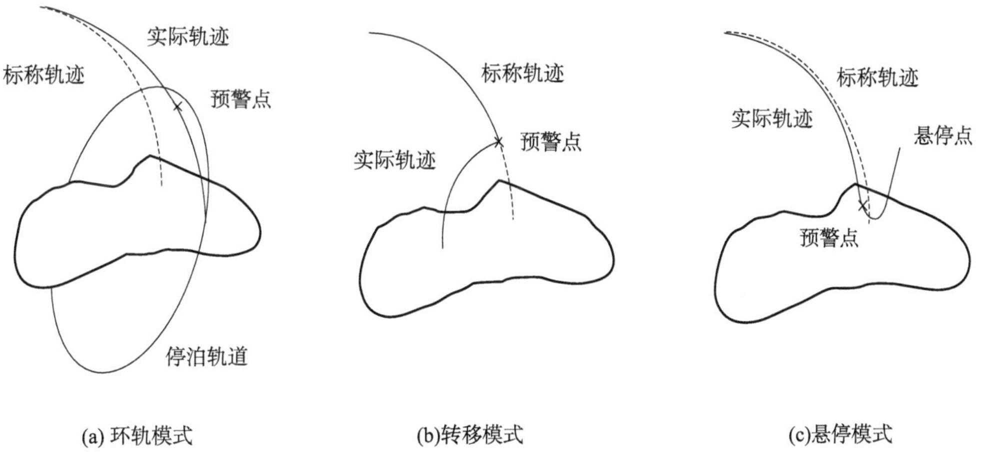

图 5-23　小行星主动附着策略应急模式示意图

在选择应急模式时，由于探测器的当前高度决定了其能否实现入轨转移以及是否有足

够时间进行星上数据处理与计算，因此除了两个预警函数，还需考虑探测器的当前位置。探测器在 t 时刻的位置 $(x(t),\ y(t),\ z(t))^{\mathrm{T}}$ 由安全椭球系数 $k(t)$ 进行刻画，定义为

$$k(t)=\sqrt{\frac{x^2(t)}{a_e^2}+\frac{y^2(t)}{b_e^2}+\frac{z^2(t)}{c_e^2}}\geqslant 1 \tag{5-108}$$

式中，a_e，b_e，c_e 分别为小行星最小外接椭球对应的三个半长轴大小。为了提高探测器在环轨转移过程中的安全性，在最小外接椭球的基础上设定一定冗余量，即给定安全椭球系数最小值 $k_{\min}$，仅当探测器实际位置满足 $k(t)>k_{\min}$ 时，才允许进入环轨模式。

对于所有可能预测到的附着风险，设计三种模式的切换逻辑，见表 5-4。需要说明的是，根据探测器的真实状态，表 5-4 中列举的有些工况能够通过不止一种模式解决，而有些工况则可能三种模式都无法解决。对于前一种情况，给定三种应急模式的选取优先级：标称模式 > 转移模式 > 悬停模式 > 环轨模式；对于后一种情况，则将最有可能提高探测器生存概率作为应急模式选取的准则。

表 5-4　应急模式切换逻辑

工况	Alarm_v	Alarm_R	$k(t)>k_{\min}$	工况说明	应急模式
1/2	0	0	0/1	无预警信号	标称模式
3	0	1	1	在较高高度发现危险着陆点	转移模式
4	0	1	0	在较低高度发现危险着陆点	悬停模式
5	1	0	1	在较高高度发现附着控制能力不足	环轨模式
6	1	0	0	在较低高度发现附着控制能力不足	转移模式
7	1	1	1	在较高高度发现危险着陆点、附着控制能力不足	转移模式
8	1	1	0	在较低高度发现危险着陆点、附着控制能力不足	转移模式

5.3.2　应急转移轨迹优化与制导

本小节介绍适用于上述三种模式的应急转移轨迹优化与制导方法。在进入应急模式后，探测器通过计算控制指令，以较少的燃耗转移至不同模式下的安全目标状态。根据不同应急模式的控制目标，建立相应的最优控制问题。假设探测器在标称情况下采用能量最优制导，则探测器进入各模式后的应急转移方法如下：

(1) 环轨模式

环轨模式的控制目标是充分利用星上有限资源，将探测器从当前状态安全、高效地转移至附近的停泊轨道。将转移时间与能量消耗相结合，设计以下优化性能指标

$$J=\Gamma_1(t_f^o-t_0^o)+\Gamma_2\int_{t_0^o}^{t_f^o}\sqrt{T_x^2+T_y^2+T_z^2}\,\mathrm{d}t \tag{5-109}$$

其中 t_0^o 为环轨模式触发时刻，t_f^o 为转移段的末端时刻，$\boldsymbol{T}=(T_x,\ T_y,\ T_z)^{\mathrm{T}}$ 为控制输入，Γ_1，Γ_2 为权重系数。优化问题中，初始状态为探测器的当前状态，末端状态要求满足给定停泊轨道的轨道六根数。其中停泊轨道半径 a_{orb} 需大于式（5-108）定义的安全椭球系数，同时假设停泊轨道的轨道倾角 i_{orb}、升交点赤经 Ω_{orb} 与触发时刻的附着轨迹一致，轨

道的真近点角 f_{orb} 作为优化变量，末端状态约束可写为

$$(\boldsymbol{r}(t_f^o)^{\mathrm{T}},\boldsymbol{v}(t_f^o))^{\mathrm{T}})^{\mathrm{T}} \in \boldsymbol{\Phi}_{\mathrm{orbit}}(a_{\mathrm{orb}},i_{\mathrm{orb}},\Omega_{\mathrm{orb}},f_{\mathrm{orb}}) \tag{5-110}$$

此外，为了避免探测器在入轨转移过程中与小行星表面凸起发生碰撞，设计如下障碍轨迹约束

$$\frac{x^2}{a_e^2}+\frac{y^2}{b_e^2}+\frac{z^2}{c_e^2}>1 \tag{5-111}$$

上述约束为非凸约束，可通过定义小行星外接椭球在探测器位置处的切平面为超平面，并限制探测器位置始终位于超平面同一侧，如图 5-24 所示，将该约束转换为线性约束

$$\boldsymbol{\eta}^{\mathrm{T}}(\boldsymbol{r}-\tilde{\boldsymbol{r}}_c)>0 \tag{5-112}$$

令探测器位置矢量与小行星外接椭球交点为 $\tilde{p}$ ，上式中 $\boldsymbol{\eta}$ 为超平面点 $\tilde{p}$ 处指向椭球外部的法向量，$\tilde{\boldsymbol{r}}_c$ 为小行星质心指向点 $\tilde{p}$ 的矢量。

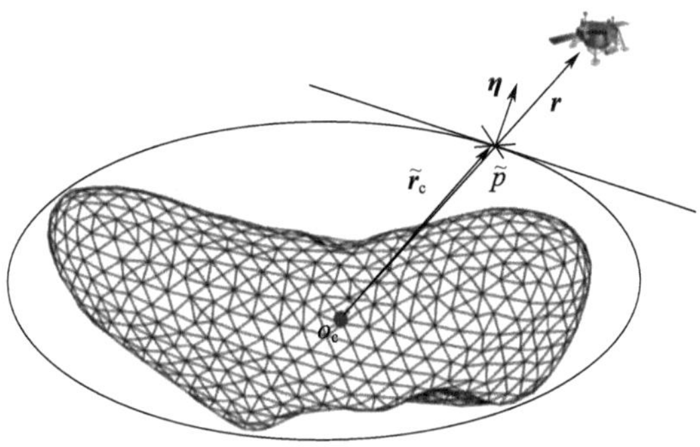

图 5-24　障碍规避超平面约束示意图

综上，环轨模式下的应急转移轨迹可通过求解以下优化问题得到

$$\begin{aligned}
\min_{\boldsymbol{T}}\quad & \Gamma_1(t_f^o-t_0^o)+\Gamma_2\int_{t_0^o}^{t_f^o}\sqrt{T_x^2+T_y^2+T_z^2}\,\mathrm{d}t \\
\text{s. t.}\quad & \dot{\boldsymbol{r}}=\boldsymbol{v},\dot{\boldsymbol{v}}=-2\boldsymbol{\omega}\times\boldsymbol{v}-\boldsymbol{\omega}\times(\boldsymbol{\omega}\times\boldsymbol{r})+\boldsymbol{g}(\boldsymbol{r})+\frac{\boldsymbol{T}}{m}+\boldsymbol{a}_p \\
& \boldsymbol{r}(t_0^o)=\boldsymbol{r}_0,\boldsymbol{v}(t_0^o)=\boldsymbol{v}_0 \\
& (\boldsymbol{r}(t_f^o)^{\mathrm{T}},\boldsymbol{v}(t_f^o)^{\mathrm{T}})^{\mathrm{T}}\in\boldsymbol{\Phi}_{\mathrm{orbit}}(a_{\mathrm{orb}},i_{\mathrm{orb}},\Omega_{\mathrm{orb}},f_{\mathrm{orb}}) \\
& \boldsymbol{\eta}^{\mathrm{T}}(\boldsymbol{r}-\tilde{\boldsymbol{r}}_c)>0,\|\boldsymbol{T}\|\leqslant\tilde{T}_{\max}
\end{aligned} \tag{5-113}$$

由于停泊轨道一般是在惯性系中给出，在求解优化问题时，首先在质心惯性系中将小行星引力简化到质心，根据同伦法得到最优末端状态以及转移轨迹初值。随后，在小行星固连坐标系中对优化问题进行求解，同时考虑小行星不规则形状带来的摄动以及转移过程中的障碍规避约束，通过凸优化算法得到最优控制序列，完成向停泊轨道的转移。

（2）转移模式

探测器进入转移模式后，需要重新评估小行星表面形貌，选取新的着陆点，并依此调整下降附着轨迹。安全着陆点可通过对各像素点对应的形貌安全性、燃料消耗以及着陆性能进行综合评估确定。设计如下指标函数用于评估适宜转移的备选着陆点

$$H(x_i,y_i,z_i)=\tau_1\left(1-\frac{R(x_i,y_i,z_i)-R_{\min}}{R_{\max}-R_{\min}}\right)+\tau_2\frac{1}{1+\mathrm{e}^{c_f(1-\mathrm{PMF}(x_i,y_i,z_i)/\overline{\mathrm{PMF}})}}+$$
$$\tau_3\frac{1}{1+\mathrm{e}^{c_p(1-\|v'(x_i,y_i,z_i)\|/\bar{v}_f)}})\tag{5-114}$$

式中，$\boldsymbol{v}'(x_i,\ y_i,\ z_i)$ 为根据能量最优制导律预测的到达点 $(x_i,\ y_i,\ z_i)^{\mathrm{T}}$ 处的附着速度；$\bar{v}_f$ 为附着速度上限；$\mathrm{PMF}(x_i,\ y_i,\ z_i)$ 为转移至点 $(x_i,\ y_i,\ z_i)^{\mathrm{T}}$ 对应的燃料质量比，其上限阈值为 $\overline{\mathrm{PMF}}$；τ_1，τ_2，τ_3 为各项对应的权重系数。根据构建的着陆点评估选取函数，最佳着陆点位于 $H(x_i,\ y_i,\ z_i)$ 取值最小处，即 $(x^*,\ y^*,\ z^*)=\mathrm{argmin}H$ 。在确定新着陆点后，探测器根据能量最优制导生成从当前状态到达新目标状态的转移轨迹，完成向新着陆点的转移。

(3) 悬停模式

当探测器下降到较低高度发现原着陆点不适宜附着时，将进入悬停模式以获取足够的时间进行形貌评估与着陆点重选取。首先，探测器将从当前状态转移至小行星表面上方的悬停点。悬停点应与探测器在水平方向上有一定距离，使得探测器能够进行转移，最终以零速度到达并保持在悬停点附近。同时，悬停点高度应满足

$$r_z\geqslant h_{\min}\tag{5-115}$$

考虑探测器在转移至悬停点过程中的安全性，引入以下状态约束

$$\boldsymbol{r}^{\mathrm{T}}\boldsymbol{n}_0\geqslant\|\boldsymbol{r}\|\cos\phi\tag{5-116}$$

其中 $\boldsymbol{n}_0$ 为着陆点附近局部拟合平面的法向量，通过将转移轨迹限制在以着陆点为顶点的安全圆锥中，能够有效避免探测器在接近悬停点过程中与小行星表面较大凸起发生碰撞。

将转移能量消耗作为性能指标，悬停模式应急转移轨迹可通过求解以下优化问题得到

$$\begin{aligned}&\min_{r_h,\boldsymbol{T}}\frac{1}{2}\int_{t_0^h}^{t_f^h}\sqrt{T_x^2+T_y^2+T_z^2}\,\mathrm{d}t\\ \text{s.t.}\quad&\dot{\boldsymbol{r}}=\boldsymbol{v},\dot{\boldsymbol{v}}=-2\boldsymbol{\omega}\times\boldsymbol{v}-\boldsymbol{\omega}\times(\boldsymbol{\omega}\times\boldsymbol{r})+\boldsymbol{g}(\boldsymbol{r})+\boldsymbol{T}/m+\boldsymbol{a}_p\\&\boldsymbol{r}(t_0^h)=\boldsymbol{r}_0,\boldsymbol{v}(t_0^h)=\boldsymbol{v}_0\\&\boldsymbol{r}(t_f^h)=\boldsymbol{r}_h,\boldsymbol{v}(t_f^h)=\boldsymbol{v}_h=\boldsymbol{0}\\&r_z\geqslant h_{\min},\boldsymbol{r}^{\mathrm{T}}\boldsymbol{n}_0\geqslant\|\boldsymbol{r}\|\cos\phi\\&\|\boldsymbol{T}\|\leqslant T_{\max}\end{aligned}\tag{5-117}$$

式中，t_0^h 为悬停模式触发时刻；t_f^h 为探测器到达悬停点 $\boldsymbol{r}_h$ 的时刻。随后探测器在悬停点附近与小行星保持相对静止，并在视野范围内采用与转移模式相同的方法搜索新的着陆点。接着采用能量最优制导律继续下降，到达小行星表面。

以小行星 433 Eros 附着任务为例，设计三种模式下的小行星附着场景。场景 1 对应环轨模式。探测器在距离小行星表面较远处发现附着控制能力不足，假设当前速度远远大于标称速度，预警函数 $\mathrm{Alarm}_v=1$，$\mathrm{Alarm}_R=0$，$k>k_{\min}$ 。按照表 5－4 的逻辑，探测器进入环轨模式（工况 5）。仿真中采用一个 17 km 的圆轨道作为目标停泊轨道，生成的应急

转移轨迹如图 5-25 所示。可以看出，探测器在预警点后通过应急转移进入预定停泊轨道，并在转移过程中避免了与小行星表面发生碰撞。

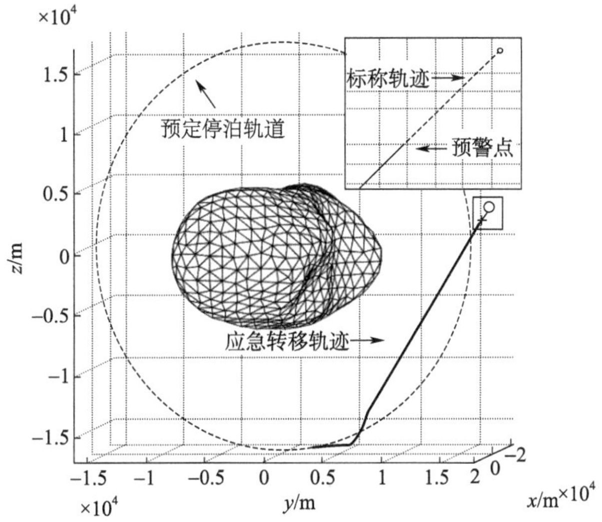

图 5-25　环轨模式应急转移轨迹

场景 2 对应转移模式。由于标称着陆点安全半径为零，预警信号触发，预警函数 $\mathrm{Alarm}_R=1$，$\mathrm{Alarm}_v=0$，$k>k_{\min}$。按照表 5-3 的参数设置，探测器进入转移模式（工况 3），对着陆点附近 100 m × 100 m 范围内的形貌进行评估，新着陆点位于评估函数取最小值处，探测器根据能量最优制导生成从当前位置转移至新着陆点的应急转移轨迹，如图 5-26 所示。

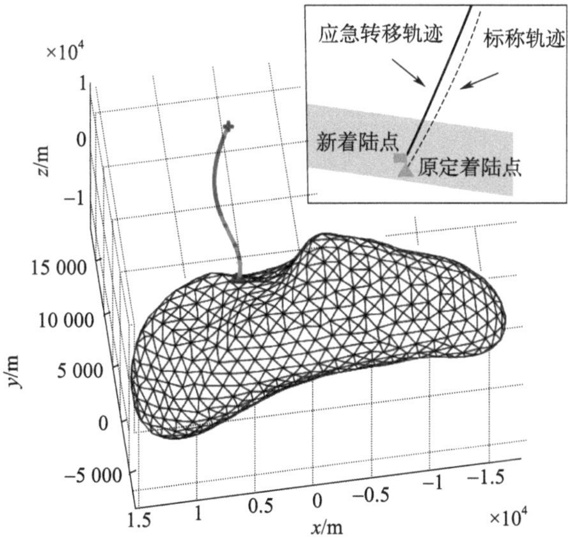

图 5-26　转移模式应急转移轨迹

场景 3 对应悬停模式。探测器在较低高度发现着陆点不适宜附着，此时预警函数

$Alarm_R = 1$，$Alarm_v = 0$，$k < k_{min}$。由表 5－4，探测器进入悬停模式（工况 4）。采用内点法求解优化问题（5－117）确定转移能耗最小的悬停点，并生成应急转移轨迹。在到达悬停点后，探测器对其下方 100 m×100 m 范围内的形貌进行重新评估并选取新着陆点，采用的方法与场景 2 相同。此后，探测器通过能量最优制导下降至新着陆点，整个下降—悬停—再下降过程及状态变化如图 5－27 所示。

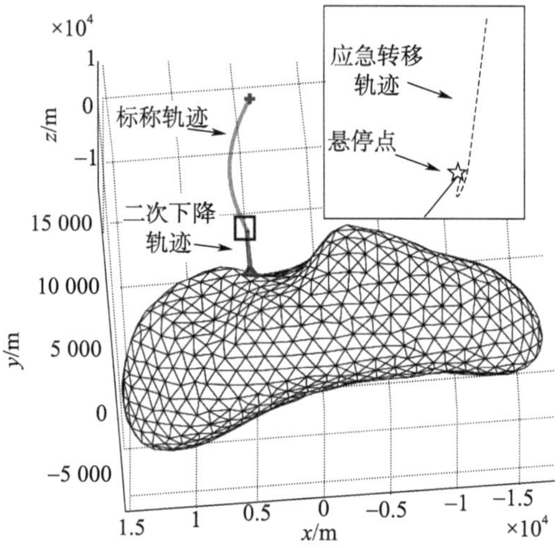

图 5－27　悬停模式应急转移轨迹

由仿真结果可知，小行星主动附着策略通过自主检测风险、生成预警信号并求解应急转移轨迹，能够增强星上系统的自主决策能力以及应对突发状况的能力，提高小行星附着任务的稳健性。

参考文献

[1] JIANG F, BAOYIN H, LI J. Practical techniques for low — thrust trajectory optimization with homotopic approach [J]. Journal of Guidance, Control, and Dynamics, 2012, 35 (1): 245-258.

[2] 袁旭．小行星着陆轨迹优化与控制方法研究 [D]. 北京：北京理工大学，2018.

[3] TOPCU U, CASOLIVA J, MEASE K D. Minimum - fuel powered descent for Mars pinpoint landing [J]. Journal of Spacecraft and Rockets, 2007, 44 (2): 324-331.

[4] 刘延杰，朱圣英，崔平远．序列凸优化的小行星附着轨迹优化 [J]. 宇航学报，2018，39 (2): 177-183.

[5] CUI P, QIN T, ZHU S, et al. Trajectory curvature guidance for Mars landings in hazardous terrains [J]. Automatica, 2018 (93): 161-171.

[6] CUI P, ZHAO D, ZHU S. Obstacle avoidance guidance for planetary landing using convex trajectory and adaptive curvature regulation [J]. Acta Astronautica, 2022 (199): 313-326.

[7] CUI P, ZHANG C, LIANG Z. Closed - loop guidance for asteroid landing using stability - related control and three - dimensional convex curvature constraints [J]. IEEE Transactions on Aerospace and Electronic Systems, 2023, 59 (3): 2807-2822.

[8] YUAN X, YU Z, CUI P, et al. Probability - based hazard avoidance guidance for planetary landing [J]. Acta Astronautica, 2018 (144): 12-22.

[9] CUI P, LIU Y, YU Z, et al. Intelligent landing strategy for the small bodies: from passive bounce to active trajectory control [J]. Acta Astronautica, 2017 (137): 232-242.

[10] CUI P, GE D, JIA H, et al. Prudent small celestial body landing strategy with risk precautions [J]. Acta Astronautica, 2019 (165): 259-267.

[11] CUI P, GE D, GAO A. Optimal landing site selection based on safety index during planetary descent [J]. Acta Astronautica, 2017 (132): 326-336.

第6章　柔性附着协同感知与导航

柔性着陆器在附着小行星过程中，通过节点上安装的导航相机等光学敏感器，对小行星环境进行协同感知，并利用实时观测信息实现自主导航。相较于刚性着陆器附着，柔性着陆器形态多样、状态高维复杂，传统刚性结构的位姿定义方式难以准确刻画柔性附着状态。同时，小行星附着导航信息有限、测量误差特性复杂，且柔性着陆器节点间相对位姿动态变化，为附着过程协同感知导航带来困难。本章针对小行星柔性附着，介绍协同感知与导航方法。

6.1　柔性附着多视角协同感知

柔性着陆器在下降过程中，各节点的导航相机相互配合，通过融合多视角之间的冗余或互补信息，增强对小行星复杂环境的感知能力。下面介绍柔性附着多视角协同感知方法，利用多视角协同，实现小行星表面陨石坑形貌的准确识别。

6.1.1　多视角投影模型构建

柔性着陆器各节点的导航相机在观测同一目标时，成像模型如图6-1所示。图中，$O_wX_wY_wZ_w$ 为世界坐标系，其中（x_w，y_w，z_w）为世界坐标中一点，（u_a，v_a）与（u_b，v_b）为该点在相机 A 与 B 上的成像点坐标。

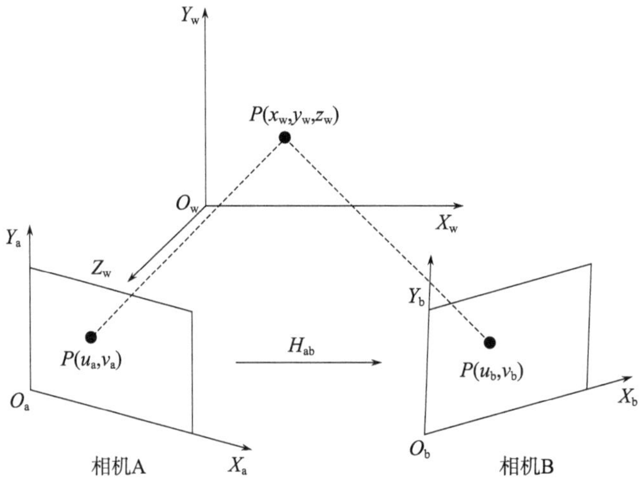

图6-1　多视角成像示意图

根据成像原理建立如下观测方程

$$\begin{pmatrix} u^a \\ v^a \\ 1 \end{pmatrix} = \boldsymbol{K}_{3\times3}(\boldsymbol{R}^a_{3\times3} \quad \boldsymbol{T}^a_{3\times1})\begin{pmatrix} x_w \\ y_w \\ z_w \\ 1 \end{pmatrix} \tag{6-1}$$

$$\begin{pmatrix} u^b \\ v^b \\ 1 \end{pmatrix} = \boldsymbol{K}_{3\times3}(\boldsymbol{R}^b_{3\times3} \quad \boldsymbol{T}^b_{3\times1})\begin{pmatrix} x_w \\ y_w \\ z_w \\ 1 \end{pmatrix} \tag{6-2}$$

式中，$\boldsymbol{K}_{3\times3}$ 为相机内参矩阵；$\boldsymbol{R}^a_{3\times3}$ 与 $\boldsymbol{R}^b_{3\times3}$ 为旋转矩阵；$\boldsymbol{T}^a_{3\times1}$ 与 $\boldsymbol{T}^b_{3\times1}$ 为平移矩阵。由点（x_w，y_w，z_w）为平面 $X_wO_wY_w$ 上一点，可得 $z_w=0$，上式可变形为

$$\begin{pmatrix} u^a \\ v^a \\ 1 \end{pmatrix} = \boldsymbol{K}_{3\times3}(\boldsymbol{r}^a_1 \quad \boldsymbol{r}^a_2 \quad \boldsymbol{T}^a_{3\times1})\begin{pmatrix} x_w \\ y_w \\ 1 \end{pmatrix} = \boldsymbol{H}^a_{3\times3}\begin{pmatrix} x_w \\ y_w \\ 1 \end{pmatrix} \tag{6-3}$$

$$\begin{pmatrix} u^b \\ v^b \\ 1 \end{pmatrix} = \boldsymbol{K}_{3\times3}(\boldsymbol{r}^b_1 \quad \boldsymbol{r}^b_2 \quad \boldsymbol{T}^b_{3\times1})\begin{pmatrix} x_w \\ y_w \\ 1 \end{pmatrix} = \boldsymbol{H}^b_{3\times3}\begin{pmatrix} x_w \\ y_w \\ 1 \end{pmatrix} \tag{6-4}$$

式中，$\boldsymbol{r}^a_1$ 与 $\boldsymbol{r}^a_2$ 分别为矩阵 $\boldsymbol{R}^a_{3\times3}$ 的前两列；$\boldsymbol{r}^b_1$ 与 $\boldsymbol{r}^b_2$ 分别为矩阵 $\boldsymbol{R}^b_{3\times3}$ 的前两列；$\boldsymbol{H}^a_{3\times3}$ 与 $\boldsymbol{H}^b_{3\times3}$ 为视角变换矩阵，描述了世界坐标系与相机坐标系的投影关系。

联立式（6－3）与式（6－4）可得

$$\begin{pmatrix} u^b \\ v^b \\ 1 \end{pmatrix} = \boldsymbol{H}^a_{3\times3}(\boldsymbol{H}^b_{3\times3})^{-1}\begin{pmatrix} u^a \\ v^a \\ 1 \end{pmatrix} = \boldsymbol{H}^{ab}_{3\times3}\begin{pmatrix} u^a \\ v^a \\ 1 \end{pmatrix} \tag{6-5}$$

式中，$\boldsymbol{H}^{ab}_{3\times3}$ 为描述相机 A 到 B 成像的变换矩阵，为

$$\boldsymbol{H}^{ab}_{3\times3} = \begin{pmatrix} h_{11} & h_{12} & h_{13} \\ h_{21} & h_{22} & h_{23} \\ h_{31} & h_{32} & 1 \end{pmatrix} \tag{6-6}$$

使用投影模型对图像进行变换时，各像素点投影计算后结果通常为浮点数，进行取整操作会引入误差。如图 6－2 所示，将原图 I_t 上整形像素点 p_s 作坐标投影到另一个视角 I_s 后为浮点型坐标 p_s，将其取为整数时会产生误差。

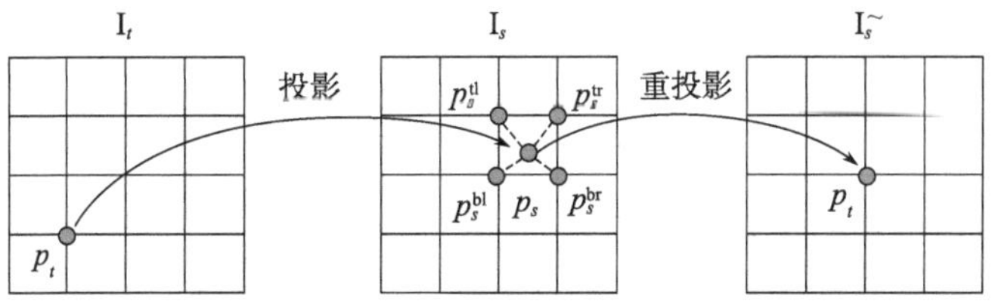

图 6－2　视角间信息重投影示意图

为降低不同视角间投影计算时产生的误差，引入权重因子作为衡量标准进行重投影。对于浮点型坐标 p_s ，其周围 4 顶点坐标 p_s^{tl}，p_s^{tr}，p_s^{bl}，p_s^{br} 权重因子定义为

$$\begin{cases} w_s^{\mathrm{tl}} = \dfrac{1}{d_s^{\mathrm{tl}}} \\ w_s^{\mathrm{tr}} = \dfrac{1}{d_s^{\mathrm{tr}}} \\ w_s^{\mathrm{bl}} = \dfrac{1}{d_s^{\mathrm{bl}}} \\ w_s^{\mathrm{br}} = \dfrac{1}{d_s^{\mathrm{br}}} \end{cases} \tag{6-7}$$

式中，d_s^{tl}，d_s^{tr}，d_s^{bl}，d_s^{br} 分别为点 p_s 到周围顶点的距离。根据权重因子进行重投影时，存在以下三种情况：

对于仅有 1 个像素点映射到坐标的情况，即像素点与坐标为一一对应关系。此时直接将像素值放入该坐标，如图 6－3 所示。

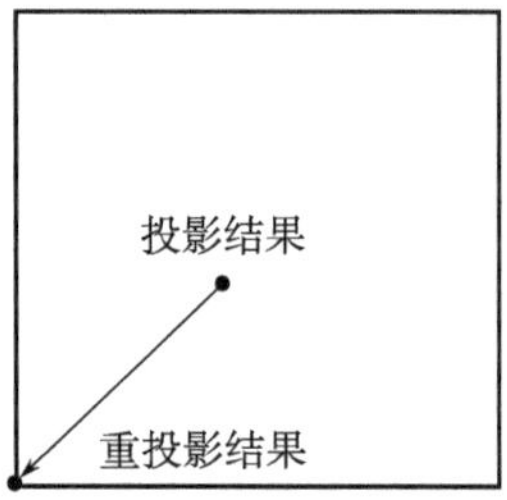

图 6－3　仅有一像素点映射到坐标

对于 2 个及以上像素点映射到同一坐标的情况，为保留原图细节特征，选择由多个像素点信息共同决定该坐标像素值。对于如图 6－4 所示情况，4 个点最大权重因子为同一坐标，此时该坐标映射值可表示为

$$\begin{aligned} p_f &= \frac{w_{\max}^1}{w_{\mathrm{all}}} p_1 + \frac{w_{\max}^2}{w_{\mathrm{all}}} p_2 + \frac{w_{\max}^3}{w_{\mathrm{all}}} p_3 + \frac{w_{\max}^4}{w_{\mathrm{all}}} p_4 \\ &= \sum_{i=1}^{4} \frac{w_{\max}^i}{w_{\mathrm{all}}} p_i \end{aligned} \tag{6-8}$$

式中，p_i 与 $w_{\max}^i$ 分别为点 i 对应像素值与权值因子，w_{all} 为全部权值因子之和。

对于没有像素点映射到坐标的情况，如图 6－5 所示，则由其邻域像素点共同确定，可表示为

$$p_f = \frac{1}{8}(p_{\mathrm{tl}} + p_{\mathrm{tm}} + p_{\mathrm{tr}} + p_{\mathrm{ml}} + p_{\mathrm{mr}} + p_{\mathrm{bl}} + p_{\mathrm{bm}} + p_{\mathrm{br}}) \tag{6-9}$$

在对多视角图像变换时通过一次投影后，根据像素点与坐标的不同对应情况进行重投影，能够降低变换操作对图像局部特征引入的误差。

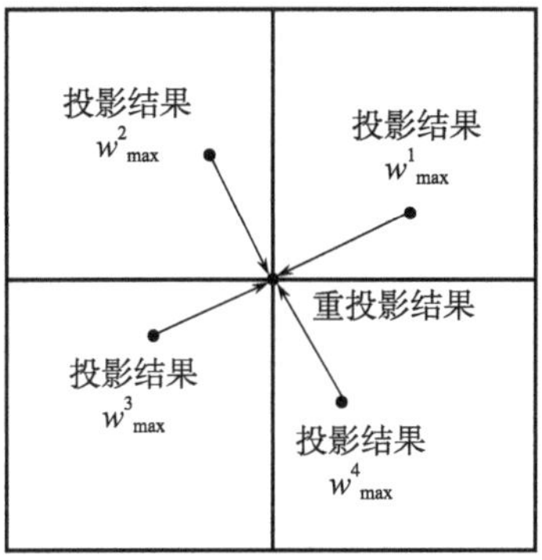

图 6－4　多个像素点映射到坐标

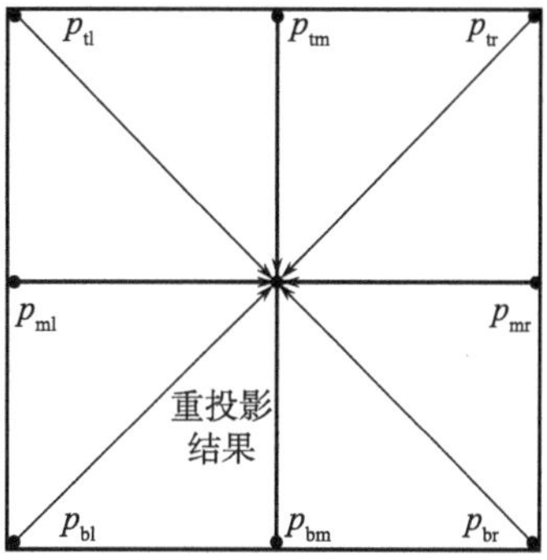

图 6－5　无像素点映射到坐标

6.1.2　多视角感知信息融合

各节点独立完成环境感知后，在多视角中选定主视角，其他视角作为协同视角，通过将环境感知信息转换至主视角，充分利用多视角信息间的冗余或互补关系，强化柔性着陆器环境感知能力。

建立环境感知网络，网络输出采用预测框的形式，利用多视角的共同感知区域 IoU（Intersection over Union）判断感知信息间的关系。IoU 为两预测框交集与并集的比值，通过计算两预测框的 IoU 值，判断感知结果是否为同一目标。

记 Y_c 为感知结果置信度阈值，V_m 为主视角全部感知结果，V_c 为协同视角感知结果中置信度大于 Y_c 部分。在主视角全部感知结果 V_m 中，根据各元素置信度与 Y_c 的关系，按以下方式进行处理：

1）将 V_m 中置信度大于 Y_c 的部分 V_{h}，直接加入主视角最终感知结果 V_f 中；

2）对于 V_m 中小于 Y_c 的部分 V_l，主视角感知到目标存在，但置信度较低，利用协同视角进行进一步确定，判断是否存在感知结果为同一目标的情况。具体来说，将 V_l 中元素 V_l^i 与 V_c 中所有元素进行组合，依次计算 IoU，若判断感知结果为同一目标，则将相应元素从 V_c 中移除，避免后期重复计算。所有元素计算完成后，若至少存在一个元素与 V_l^i 感知结果相同，则将元素 V_l^i 加入最终感知结果 V_f 中；

3）对于 V_c 中剩余元素，该部分为 V_m 中不存在的感知结果，对此将 V_c 中元素相互组合计算 IoU，补充主视角中未感知到的信息，若判断感知结果为同一目标，则保留其中置信度较高者，其他元素从 V_c 中移除，避免重复计算。

下面给出多视角协同感知算法的仿真算例，柔性着陆器多视角几何关系如图 6－6 所示，任意选定节点 2 对应的区域 b 为主视角，节点 1 和节点 3 对应的区域 a、c 为辅助视角。三视角共同进行陨石坑环境感知，基于视角变换模型将感知信息投影至主视角 b 中，并进行感知信息融合。

图 6－7 至图 6－9 展示了 2 个时刻单视角感知结果，图 6－10 为多视角感知信息融合

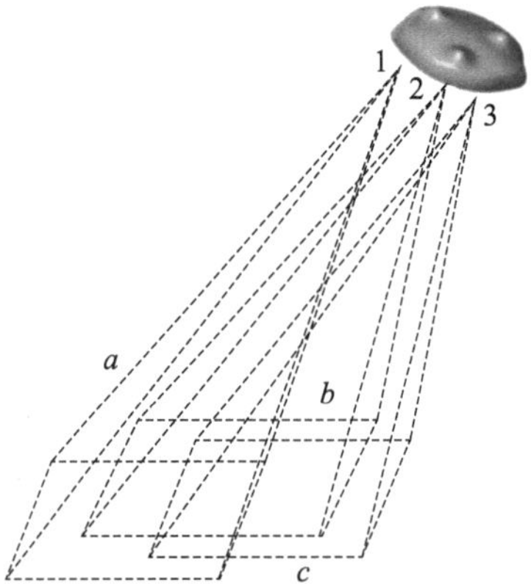

图 6-6　柔性着陆器多视角感知

结果。单视角与多视角感知陨石坑数量见表 6-1，其中单视角仅统计置信度大于 Y_c 的陨石坑。可以看到，与单视角感知相比，多视角融合感知的陨石坑数量更多，可见利用多视角的协同观测优势，能够有效提升对小行星复杂环境的感知能力。

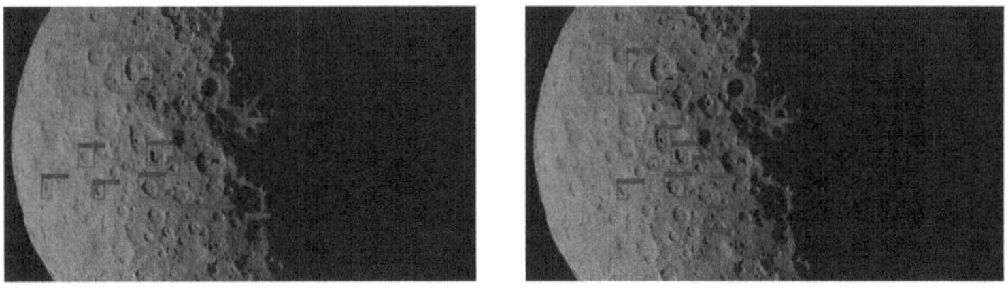

(a) 时刻1　　(b) 时刻2

图 6-7　节点 1 感知结果（见彩插）

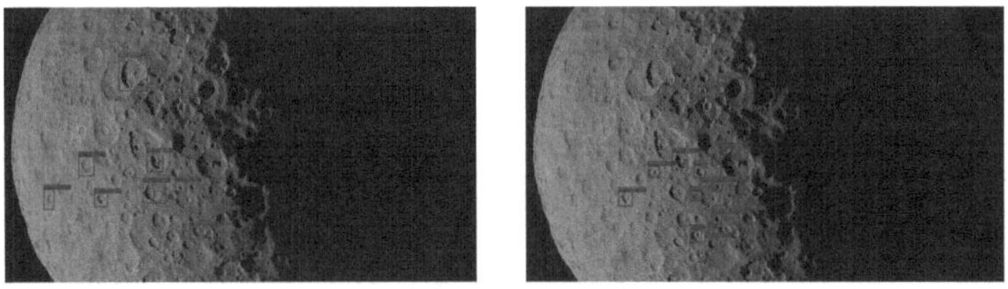

(a) 时刻1　　(b) 时刻2

图 6-8　节点 2 感知结果（见彩插）

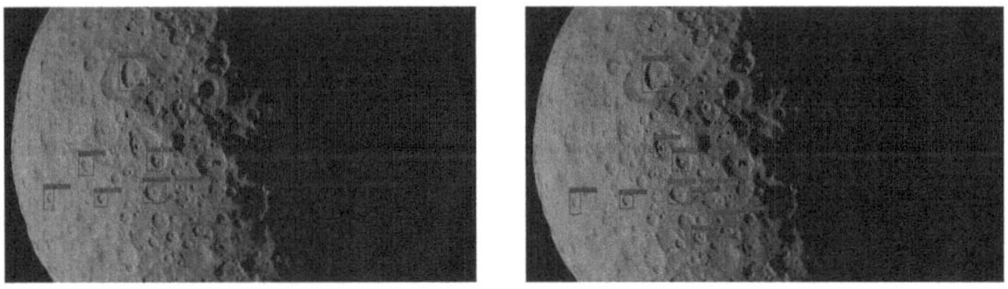

(a) 时刻1　　(b) 时刻2

图 6-9　节点 3 感知结果（见彩插）

(a) 时刻1

(b) 时刻2

图 6-10　多视角感知信息融合结果（见彩插）

表 6-1　单视角与多视角感知结果

时刻	单视角感知陨石坑数	多视角感知陨石坑数
1	13	53
2	16	54

6.2　柔性着陆器位姿表征与协同估计

利用多个节点的状态对柔性着陆器整体位置和姿态进行表征，可近似描述柔性着陆器在下降过程中的状态变化，由此提出柔性附着状态的协同估计方法[3]，通过节点状态独立估计和关联修正，实现柔性着陆器位姿的协同估计。

6.2.1　柔性着陆器位姿表征

柔性着陆器节点之间通过柔性材料连接，在柔性连接约束下，节点之间相对形变保持在一定范围内。三节点模型是等效模拟柔性着陆器运动的最简配置，定义三个节点所在平面为柔性着陆器的等效面，如图 6-11 所示。等效面方程为

$$e_1(r_x - r_{ox}) + e_2(r_y - r_{oy}) + e_3(r_z - r_{oz}) = 0 \tag{6-10}$$

式中，$\boldsymbol{r} = (r_x, r_y, r_z)^{\mathrm{T}}$ 为等效面上任一点的位置；$\boldsymbol{r}_o = (r_{ox}, r_{oy}, r_{oz})^{\mathrm{T}}$ 为小行星着陆点固连坐标系下等效面中心位置，$\boldsymbol{n}_{\mathrm{S}} = (e_1, e_2, e_3)^{\mathrm{T}}$ 为等效面法向量。

附着过程中，利用等效面的中心位置和速度近似表示柔性着陆器的位置和速度，同时定义柔性着陆器等效面与小行星着陆点固连系的 XY 平面的夹角为等效面倾角 θ，用等效面倾角近似表征柔性着陆器的姿态。等效面的中心位置和速度可分别通过三个节点构成三角形的形心位置和速度确定；等效面倾角反映了柔性着陆器相对着陆平面的水平程度，由柔性着陆器等效面法向量 $\boldsymbol{n}_{\mathrm{S}}$ 与着陆平面法向量 $\boldsymbol{n}_L$ 间的夹角确定。

k 时刻等效面状态 $\tilde{\boldsymbol{x}}_{o,k}$ 可表示为

$$\tilde{\boldsymbol{x}}_{o,k} = \begin{pmatrix} \boldsymbol{r}_{o,k} \\ \boldsymbol{v}_{o,k} \\ \theta_{o,k} \end{pmatrix} \tag{6-11}$$

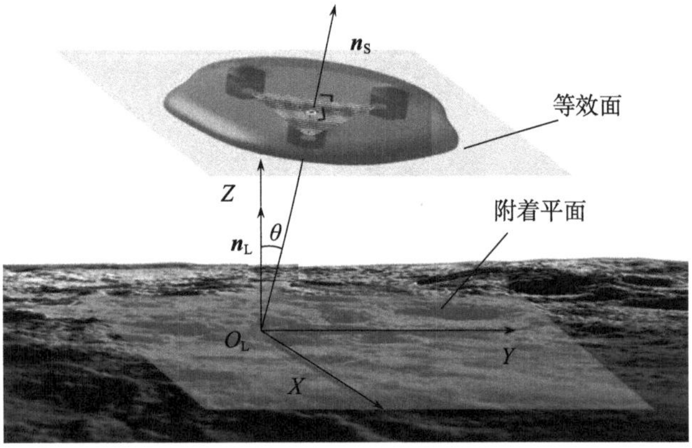

图 6-11 等效面示意图（见彩插）

式中，$\boldsymbol{r}_{o,k}$ 为k 时刻等效面中心位置；$\boldsymbol{v}_{o,k}$ 为k 时刻等效面中心速度；$\theta_{o,k}$ 为k 时刻等效面倾角。等效面中心位置和速度与节点状态的关系为

$$\boldsymbol{r}_{o,k}=\frac{\boldsymbol{r}_{1,k}+\boldsymbol{r}_{2,k}+\boldsymbol{r}_{3,k}}{3} \tag{6-12}$$

$$\boldsymbol{v}_{o,k}=\frac{\boldsymbol{v}_{1,k}+\boldsymbol{v}_{2,k}+\boldsymbol{v}_{3,k}}{3} \tag{6-13}$$

式中，$\boldsymbol{r}_{i,k}$ 为k 时刻节点i 的位置；$\boldsymbol{v}_{i,k}$ 为k 时刻节点i 的速度。等效面倾角与节点状态的关系为

$$\theta_{o,k}=\arccos(\boldsymbol{n}_{S,k}^{T}\boldsymbol{n}_{L}) \tag{6-14}$$

式中，k 时刻等效面法向量为

$$\boldsymbol{n}_{S,k}=\frac{(\boldsymbol{r}_{2,k}-\boldsymbol{r}_{1,k})\times(\boldsymbol{r}_{3,k}-\boldsymbol{r}_{1,k})}{\|(\boldsymbol{r}_{2,k}-\boldsymbol{r}_{1,k})\times(\boldsymbol{r}_{3,k}-\boldsymbol{r}_{1,k})\|} \tag{6-15}$$

以上通过等效面中心位置和等效面倾角表征柔性着陆器的位姿，将柔性着陆器的状态估计问题转化成对节点状态的估计问题。

6.2.2 柔性附着状态协同估计

与刚性附着相比，柔性附着状态估计问题具有 2 个特点：1）柔性着陆器在附着过程中存在柔性形变、节点间运动状态强耦合，导致节点状态精确估计困难；2）受着陆器尺寸限制，节点间距离较短，导致利用节点位置计算柔性着陆器姿态时，等效面倾角对节点位置估计误差敏感。以下给出一种适用于柔性附着的状态协同估计方法，利用柔性附着状态约束和节点间关联观测信息，提高节点状态估计精度，实现柔性着陆器的位置、速度和姿态估计。

在着陆点固连系下，柔性着陆器节点动力学方程为

$$\begin{cases}\dot{\boldsymbol{r}}_i=\boldsymbol{v}_i\\ \dot{\boldsymbol{v}}_i=-2\boldsymbol{\omega}\times\boldsymbol{v}_i-\boldsymbol{\omega}\times(\boldsymbol{\omega}\times\boldsymbol{r}_i)+\boldsymbol{g}(\boldsymbol{r}_i)+\dfrac{\boldsymbol{T}_i}{m_i}+\dfrac{\boldsymbol{F}_{if}}{m_i}\end{cases} \tag{6-16}$$

令 $\boldsymbol{a}_c^i=\dfrac{\boldsymbol{T}_i}{m_i}$ 为节点推力加速度，$\boldsymbol{a}_f^i=\dfrac{\boldsymbol{F}_{if}}{m_i}$ 为柔性力加速度，大小由节点间柔性形变决定。节点动力学方程（6－16）可改写为

$$\dot{\boldsymbol{x}}_k^i=\begin{pmatrix}\dot{\boldsymbol{r}}_k^i\\ \dot{\boldsymbol{v}}_k^i\end{pmatrix}=\begin{pmatrix}\boldsymbol{v}_k^i\\ -2\boldsymbol{\omega}\times\boldsymbol{v}_k^i-\boldsymbol{\omega}\times(\boldsymbol{\omega}\times\boldsymbol{r}_k^i)+\boldsymbol{g}_k^i+\boldsymbol{a}_{c,k}^i+\boldsymbol{a}_{f,k}^i\end{pmatrix}+\boldsymbol{w}_k^i \tag{6-17}$$

式中，$\boldsymbol{x}_k^i$ 为 k 时刻节点状态；$\boldsymbol{w}_k^i$ 为环境扰动。

柔性着陆器基于敏感器测量信息进行节点状态估计，柔性着陆器各节点安装惯性测量单元、激光测距仪和光学导航相机。假设敏感器坐标系与节点本体坐标系重合，记节点本体坐标系为 $O_iX_iY_iZ_i(i=1,2,3)$，小行星着陆点固连坐标系为 O_LXYZ 。

首先，利用惯性测量单元、激光测距仪和光学导航相机获取节点导航信息，对节点状态进行独立估计。附着过程中，依靠惯性测量单元进行节点状态递推。利用激光测距仪测量节点相对小行星表面距离 h_k^i ，观测方程为

$$h_k^i=(\boldsymbol{e}_{\mathrm{LRF}}^i)^{\mathrm{T}}\boldsymbol{R}_{L,k}^i\boldsymbol{r}_k^i+w_{\mathrm{LRF},k}^i \tag{6-18}$$

式中，$\boldsymbol{e}_{\mathrm{LRF}}^i$ 为激光测距仪在节点 i 本体系下的方向矢量；$\boldsymbol{R}_{L,k}^i$ 为着陆点固连系到节点 i 本体系旋转矩阵；$\boldsymbol{r}_k^i=(r_{x,k}^i,\ r_{y,k}^i,\ r_{z,k}^i)^{\mathrm{T}}$ 为节点 i 在着陆点固连系下的位置；$w_{\mathrm{LRF},k}^i$ 为激光测距仪观测噪声。

同时，利用光学导航相机获取图像信息，提取导航特征 L 的坐标 $(p_L^i,\ l_L^i)^{\mathrm{T}}$ 为观测量，建立观测方程

$$\begin{pmatrix}p_L^i\\ l_L^i\end{pmatrix}=\begin{pmatrix}f\dfrac{c_{11}(r_{x,L}-r_{x,k}^i)+c_{12}(r_{y,L}-r_{y,k}^i)+c_{13}(r_{z,L}-r_{z,k}^i)}{c_{31}(r_{x,L}-r_{x,k}^i)+c_{32}(r_{y,L}-r_{y,k}^i)+c_{33}(r_{z,L}-r_{z,k}^i)}\\ f\dfrac{c_{21}(r_{x,L}-r_{x,k}^i)+c_{22}(r_{y,L}-r_{y,k}^i)+c_{23}(r_{z,L}-r_{z,k}^i)}{c_{31}(r_{x,L}-r_{x,k}^i)+c_{32}(r_{y,L}-r_{y,k}^i)+c_{33}(r_{z,L}-r_{z,k}^i)}\end{pmatrix}+\boldsymbol{w}_{c,k}^i \tag{6-19}$$

式中，$\boldsymbol{r}_L=(r_{x,L},\ r_{y,L},\ r_{z,L})^{\mathrm{T}}$ 为导航特征在着陆点固连系下的位置；c_{11}，…，c_{33} 为旋转矩阵 $\boldsymbol{R}_{L,k}^i$ 中相应元素；f 为相机焦距；$\boldsymbol{w}_{c,k}^i$ 为节点 i 光学导航相机观测噪声。

由式（6－17）～式（6－19），建立节点 i 状态方程和观测方程

$$\begin{cases}\boldsymbol{x}_k^i=\boldsymbol{f}(\boldsymbol{x}_{k-1}^i)+\boldsymbol{w}_{a,k}^i\\ \boldsymbol{y}_k^i=(h_k^i,p_1^i,l_1^i,\cdots,p_N^i,l_N^i)^{\mathrm{T}}=\boldsymbol{h}(\boldsymbol{x}_k^i)+\boldsymbol{w}_{m,k}^i\end{cases} \tag{6-20}$$

式中，$\boldsymbol{x}_{k-1}^i$ 为 $k-1$ 时刻节点 i 在着陆点固连系下的状态；$\boldsymbol{y}_k^i$ 为 k 时刻观测量；N 为 k 时刻节点 i 观测到的导航特征数量；$\boldsymbol{w}_{a,k}^i$ 为过程噪声；$\boldsymbol{w}_{m,k}^i$ 为观测噪声。假设过程噪声和观测噪声为零均值高斯白噪声，$\boldsymbol{Q}_k^i$ 为过程噪声协方差阵，$\boldsymbol{R}_k^i$ 为观测噪声协方差阵。

采用无迹卡尔曼滤波对节点状态进行估计。节点状态一步预测为

$$\begin{cases}\bar{\boldsymbol{x}}_{k\mid k-1}^i=\displaystyle\sum_{\iota=0}^{2n}W_\iota^{(m)}\boldsymbol{\chi}_{k\mid k-1}^{i,\iota}=\sum_{\iota=0}^{2n}W_\iota^{(m)}\boldsymbol{f}(\boldsymbol{\chi}_{k-1}^{i,\iota})\\ \boldsymbol{P}_{k\mid k-1}^i=\displaystyle\sum_{\iota=0}^{2n}W_\iota^{(c)}(\boldsymbol{\chi}_{k\mid k-1}^{i,\iota}-\bar{\boldsymbol{x}}_{k\mid k-1}^i)(\boldsymbol{\chi}_{k\mid k-1}^{i,\iota}-\bar{\boldsymbol{x}}_{k\mid k-1}^i)^{\mathrm{T}}+\boldsymbol{Q}_k^i\end{cases} \tag{6-21}$$

式中，$\boldsymbol{\chi}_{k-1}^{i,\iota}$ 为 $k-1$ 时刻节点 i 状态的 sigma 采样点；$W_{\iota}^{(m)}$、$W_{\iota}^{(c)}$ 为权重矩阵。根据观测方程进行测量更新：

$$\begin{cases}\bar{\boldsymbol{y}}_{k|k-1}^{i}=\sum_{\iota=0}^{2n}W_{\iota}^{(m)}\boldsymbol{y}_{k|k-1}^{i,\iota}=\sum_{\iota=0}^{2n}W_{\iota}^{(m)}\boldsymbol{h}(\boldsymbol{\chi}_{k|k-1}^{i,\iota})\\ \boldsymbol{P}_{k|k-1}^{i,yy}=\sum_{\iota=0}^{2n}W_{\iota}^{(c)}(\boldsymbol{y}_{k}^{i,\iota}-\bar{\boldsymbol{y}}_{k|k-1}^{i})(\boldsymbol{y}_{k}^{i,\iota}-\bar{\boldsymbol{y}}_{k|k-1}^{i})^{\mathrm{T}}+\boldsymbol{R}_{k}^{i}\\ \boldsymbol{P}_{k|k-1}^{i,xy}=\sum_{\iota=0}^{2n}W_{\iota}^{(c)}(\boldsymbol{\chi}_{k|k-1}^{i,\iota}-\bar{\boldsymbol{x}}_{k|k-1}^{i})(\boldsymbol{y}_{k}^{i,\iota}-\bar{\boldsymbol{y}}_{k|k-1}^{i})^{\mathrm{T}}\\ \boldsymbol{K}=\boldsymbol{P}_{k|k-1}^{i,xy}(\boldsymbol{P}_{k|k-1}^{i,yy})^{-1}\\ \tilde{\boldsymbol{x}}_{k}^{i}=\bar{\boldsymbol{x}}_{k|k-1}^{i}+\boldsymbol{K}(\boldsymbol{y}_{k}^{i}-\bar{\boldsymbol{y}}_{k|k-1}^{i})\\ \boldsymbol{P}_{k}^{i}=\boldsymbol{P}_{k|k-1}^{i}-\boldsymbol{K}\boldsymbol{P}_{k|k-1}^{i,yy}\boldsymbol{K}^{\mathrm{T}}\end{cases}\tag{6-22}$$

得到 k 时刻节点状态估计 $\tilde{\boldsymbol{x}}_{k}^{i}$ 和估计误差协方差 $\boldsymbol{P}_{k}^{i}$ 。

柔性着陆器特有的柔性结构会导致节点间既产生柔性形变又受到柔性体约束，且附着过程中要求导航敏感器指向小行星表面。以下在节点状态估计中引入相应的柔性附着状态约束，修正状态估计误差，避免产生与柔性体约束冲突的估计结果。此外，当附着过程中不同节点存在关联观测信息时，可利用此关联观测信息估计节点间相对位置，对节点状态进行协同修正，进一步提高节点状态的估计精度。

附着过程中柔性着陆器发生柔性形变，节点间相对距离变化范围满足

$$l^{ij}-\Delta l^{ij}\leqslant\|\boldsymbol{r}^{ij}\|\leqslant l^{ij}+\Delta l^{ij}\tag{6-23}$$

式中，l^{ij} 为节点间标称相对距离；Δl^{ij} 为柔性体节点间的最大形变量。

此外，由于光学导航相机始终指向小行星表面，等效面法向量的 Z 轴分量始终为正，有

$$(\boldsymbol{r}^{12}\times\boldsymbol{r}^{13})^{\mathrm{T}}\boldsymbol{n}_{L}>0\tag{6-24}$$

式中，$\boldsymbol{r}^{12}=\boldsymbol{r}^{2}-\boldsymbol{r}^{1}$，$\boldsymbol{r}^{13}=\boldsymbol{r}^{3}-\boldsymbol{r}^{1}$ 为节点间相对位置矢量；$\boldsymbol{n}_{L}=(0,\ 0,\ 1)^{\mathrm{T}}$ 为着陆平面法向量。

在节点状态独立估计 $\tilde{\boldsymbol{x}}_{k}^{i}$ 的基础上，加入上述柔性附着状态约束，形成节点状态的约束最小二乘估计问题：

$$\begin{aligned}&\min_{x_k^1,x_k^2,x_k^3}J=\sum_{i=1}^{3}(\boldsymbol{x}_{k}^{i}-\tilde{\boldsymbol{x}}_{k}^{i})^{\mathrm{T}}(\boldsymbol{P}_{k}^{i})^{-1}(\boldsymbol{x}_{k}^{i}-\tilde{\boldsymbol{x}}_{k}^{i})\\ &\text{s.t.}\quad l^{ij}-\Delta l^{ij}\leqslant\|\boldsymbol{r}^{ij}\|\leqslant l^{ij}+\Delta l^{ij}\\ &\qquad(\boldsymbol{r}^{12}\times\boldsymbol{r}^{13})^{\mathrm{T}}\boldsymbol{n}_{L}>0\end{aligned}\tag{6-25}$$

式中，$\boldsymbol{P}_{k}^{i}$ 为节点 i 状态独立估计误差协方差阵。通过求解上述问题，得到满足柔性附着状态约束的节点状态估计。

当多个节点的相机存在共同观测区域时，还可基于重叠观测区域的特征匹配结果，获得节点间的关联观测信息，建立节点间对极约束方程

$$\left(\frac{1}{r_{z,P}^{j}}\begin{pmatrix}r_{x,P}^{j}\\r_{y,P}^{j}\\r_{z,P}^{j}\end{pmatrix}\right)^{\mathrm{T}}\boldsymbol{E}_{ij}\left(\frac{1}{r_{z,P}^{i}}\begin{pmatrix}r_{x,P}^{i}\\r_{y,P}^{i}\\r_{z,P}^{i}\end{pmatrix}\right)=0 \tag{6-26}$$

其中 $(r_{x,P}^{j},\ r_{y,P}^{j},\ r_{z,P}^{j})^{\mathrm{T}}$ 和 $(r_{x,P}^{i},\ r_{y,P}^{i},\ r_{z,P}^{i})^{\mathrm{T}}$ 为特征 P 在节点 j 和节点 i 本体系下的坐标，本质矩阵 $\boldsymbol{E}_{ij}$ 由节点间的相对状态决定。联立多组特征的对极约束方程求解本质矩阵，得到节点 i 到节点 j 的单位相对位置矢量 $\tilde{\boldsymbol{n}}_{k}^{ij}$ 。将节点间单位相对位置矢量引入最小二乘估计问题，实现节点状态的协同修正。问题（6-25）中指标增广为

$$J'=J+\sum_{i,j}\sigma_{n,k}^{ij}\left(\frac{\boldsymbol{H}_{r}(\boldsymbol{x}_{k}^{j}-\boldsymbol{x}_{k}^{i})}{\|\boldsymbol{H}_{r}(\boldsymbol{x}_{k}^{j}-\boldsymbol{x}_{k}^{i})\|}-\tilde{\boldsymbol{n}}_{k}^{ij}\right)^{\mathrm{T}}\left(\frac{\boldsymbol{H}_{r}(\boldsymbol{x}_{k}^{j}-\boldsymbol{x}_{k}^{i})}{\|\boldsymbol{H}_{r}(\boldsymbol{x}_{k}^{j}-\boldsymbol{x}_{k}^{i})\|}-\tilde{\boldsymbol{n}}_{k}^{ij}\right) \tag{6-27}$$

式中，$\boldsymbol{H}_{r}=(\boldsymbol{I}_{3},\ \boldsymbol{0}_{3\times3})$ ；$\sigma_{n,k}^{ij}$ 为权重。

当节点相机重叠观测区域内存在绝对位置已知的导航特征 L 时，可根据获得的节点 i 到节点 j 的相对位置矢量 $\tilde{\boldsymbol{r}}_{k}^{ij}$ ，将问题（6-25）中指标增广为

$$J''=J+\sum_{i,j}\sigma_{r,k}^{ij}(\boldsymbol{H}_{r}(\boldsymbol{x}_{k}^{j}-\boldsymbol{x}_{k}^{i})-\tilde{\boldsymbol{r}}_{k}^{ij})^{\mathrm{T}}(\boldsymbol{H}_{r}(\boldsymbol{x}_{k}^{j}-\boldsymbol{x}_{k}^{i})-\tilde{\boldsymbol{r}}_{k}^{ij}) \tag{6-28}$$

式中，$\sigma_{r,k}^{ij}$ 为权重。

用增广指标（6-27）或（6-28）替换最小二乘问题（6-25）的指标 J，即可进行柔性附着状态约束和关联观测信息修正的节点状态协同估计，得到的节点状态估计为 $\tilde{\boldsymbol{x}}_{k}^{i*}=(\tilde{\boldsymbol{r}}_{k}^{i*\mathrm{T}},\ \tilde{\boldsymbol{v}}_{k}^{i*\mathrm{T}})^{\mathrm{T}}$ 。

基于 6.2.1 节的定义，k 时刻等效面的中心位置 $\boldsymbol{r}_{k}^{o}$ 和速度 $\boldsymbol{v}_{k}^{o}$ 可通过计算由三个节点构成的三角形形心的位置和速度得到，等效面倾角 θ_{k} 由柔性着陆器等效面法向量与着陆平面法向量 $\boldsymbol{n}_{L}$ 间的夹角确定。其中基于节点位置计算得到的等效面法向量为

$$\bar{\boldsymbol{n}}_{\mathrm{S},k}=\frac{(\tilde{\boldsymbol{r}}_{k}^{2*}-\tilde{\boldsymbol{r}}_{k}^{1*})\times(\tilde{\boldsymbol{r}}_{k}^{3*}-\tilde{\boldsymbol{r}}_{k}^{1*})}{\|(\tilde{\boldsymbol{r}}_{k}^{2*}-\tilde{\boldsymbol{r}}_{k}^{1*})\times(\tilde{\boldsymbol{r}}_{k}^{3*}-\tilde{\boldsymbol{r}}_{k}^{1*})\|} \tag{6-29}$$

因节点间距离较短，由上式得到的等效面法向量对节点位置误差比较敏感。为此，当节点间存在关联观测信息时，可根据式（6-26）得到的节点间单位相对位置矢量 $\tilde{\boldsymbol{n}}_{k}^{ij}$ ，建立等效面法向量的等式约束

$$\begin{cases}\boldsymbol{n}_{\mathrm{S},k}=\dfrac{\tilde{\boldsymbol{n}}_{k}^{12}\times\tilde{\boldsymbol{n}}_{k}^{13}}{\|\tilde{\boldsymbol{n}}_{k}^{12}\times\tilde{\boldsymbol{n}}_{k}^{13}\|}\\(\tilde{\boldsymbol{n}}_{k}^{23})^{\mathrm{T}}\boldsymbol{n}_{\mathrm{S},k}=0\end{cases} \tag{6-30}$$

基于式（6-29）和式（6-30），估计等效面的法向量

$$\tilde{\boldsymbol{n}}_{\mathrm{S},k}=(\boldsymbol{H}_{n}^{\mathrm{T}}\boldsymbol{W}_{n,k}\boldsymbol{H}_{n})^{-1}\boldsymbol{H}_{n}^{\mathrm{T}}\boldsymbol{W}_{n,k}\boldsymbol{Z}_{n,k} \tag{6-31}$$

其中 $\boldsymbol{W}_{n,k}$ 为权重，且

$$\boldsymbol{Z}_{n,k}=\begin{pmatrix}\dfrac{(\tilde{\boldsymbol{r}}_k^{2*}-\tilde{\boldsymbol{r}}_k^{1*})\times(\tilde{\boldsymbol{r}}_k^{3*}-\tilde{\boldsymbol{r}}_k^{1*})}{\|(\tilde{\boldsymbol{r}}_k^{2*}-\tilde{\boldsymbol{r}}_k^{1*})\times(\tilde{\boldsymbol{r}}_k^{3*}-\tilde{\boldsymbol{r}}_k^{1*})\|}\\ \dfrac{\tilde{\boldsymbol{n}}_k^{12}\times\tilde{\boldsymbol{n}}_k^{13}}{\|\tilde{\boldsymbol{n}}_k^{12}\times\tilde{\boldsymbol{n}}_k^{13}\|}\\ 0\end{pmatrix} \tag{6-32}$$

$$\boldsymbol{H}_n=\begin{pmatrix}\boldsymbol{I}_3\\ \boldsymbol{I}_3\\ (\tilde{\boldsymbol{n}}_k^{23})^{\mathrm{T}}\end{pmatrix} \tag{6-33}$$

进而结合着陆平面法向量 $\boldsymbol{n}_L$ ，计算柔性着陆器等效面倾角

$$\theta_k=\arccos(\tilde{\boldsymbol{n}}_{S,k}^{\mathrm{T}}\boldsymbol{n}_L) \tag{6-34}$$

得到柔性着陆器的姿态。

以下给出柔性附着状态协同估计的仿真算例。假设柔性着陆器直径为 3 m，标称状态下三个测量节点呈 120°分布，节点与柔性着陆器等效面中心间距为 0.6 m，节点初始与末端状态见表 6-2，其中在初始和末端时刻各节点的速度相同。

表 6-2 节点初始与末端状态

参数	初始值	末端值
节点 1 位置/m	$(200.6,100,500)^{\mathrm{T}}$	$(0.6,0,20)^{\mathrm{T}}$
节点 2 位置/m	$(199.7,100.52,500)^{\mathrm{T}}$	$(-0.3,0.52,20)^{\mathrm{T}}$
节点 3 位置/m	$(199.7,99.48,500)^{\mathrm{T}}$	$(-0.3,-0.52,20)^{\mathrm{T}}$
节点速度/(m/s)	$(-0.1,0,0)^{\mathrm{T}}$	$(0,0,0)^{\mathrm{T}}$

节点初始位置误差为 $(5,\ 5,\ 5)^{\mathrm{T}}$m，速度误差为 $(-0.2,\ -0.2,\ -0.2)^{\mathrm{T}}$m/s，导航敏感器参数见表 6-3。利用柔性附着状态协同估计方法对节点状态和着陆器状态进行估计。假设节点间始终存在重叠观测区域，图 6-12 给出节点位置估计误差（以节点 1 为例）。可以看出，引入柔性附着状态约束和节点间关联观测信息，可提高节点状态估计精度。

表 6-3 导航敏感器参数

参数	数值
相机视场角/(°)	45
图像分辨率	1 024×1 024
特征提取误差标准差/像素	3
激光测距仪误差标准差/m	0.5
加速度计漂移参数/(m/s^2)	0.001
加速度计观测噪声标准差/(m/s^2)	0.000 1

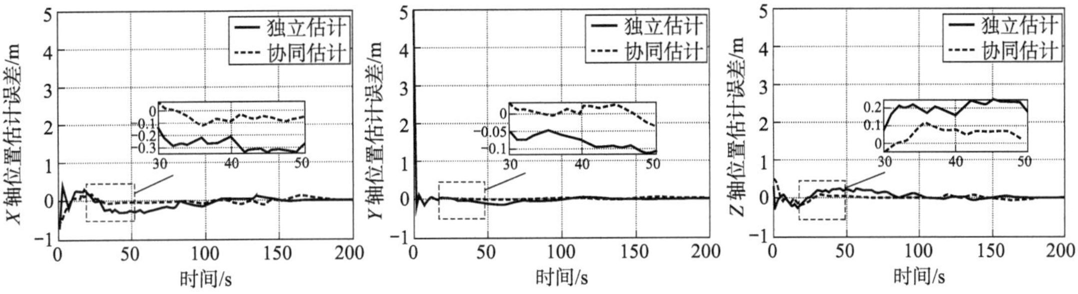

图 6－12　节点位置估计误差（节点 1）（见彩插）

进而利用节点状态确定等效面中心位置、速度和倾角，图 6－13（a）和图 6－13（b）分别给出附着过程等效面中心位置和速度的估计误差，其变化趋势与节点位置和速度估计误差基本一致。图 6－13（c）给出等效面倾角的估计误差，其中蓝色实线为利用节点位置估计值得到的等效面倾角误差，红色虚线表示引入节点间关联观测信息得到的等效面倾角误差。由仿真结果可以看到，同时利用节点位置和节点间关联观测信息估计等效面倾角，能够提高柔性着陆器的姿态估计精度。

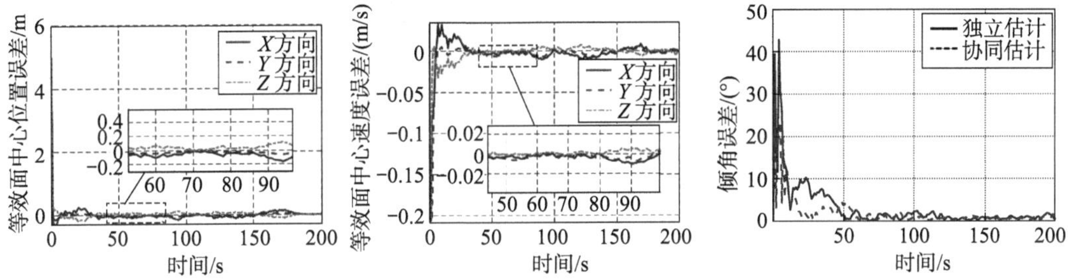

(a) 位置估计误差　(b) 速度估计误差　(c) 倾角估计误差

图 6－13　柔性着陆器等效面中心状态估计误差（见彩插）

6.3　柔性附着状态融合衍生估计

本节进一步考虑附着下降过程中，随着柔性着陆器节点导航相机视场不断缩小、视场范围内星表导航陆标特征不足时，如何通过特征衍生和多源信息融合，实现柔性附着状态估计。

6.3.1　导航特征融合衍生

利用小行星表面特征进行自主光学导航时，柔性着陆器节点的状态估计需要相机观测足够数量的导航特征。而在小行星柔性附着过程中，随着柔性着陆器高度的降低，相机视场逐渐缩小，部分特征溢出视场，视场内可用的导航特征数量减少，导致柔性着陆器的状态估计精度下降。为此，考虑着陆序列图像和导航特征的几何构型约束，对特征进行时空关联衍生，通过融合时空衍生特征，提高特征衍生精度，补充柔性着陆器节点状态估计所需观测信息，进而提高柔性附着过程的位姿估计精度。

附着下降过程中，柔性着陆器节点通过检测提取相机图像中的导航特征，结合特征绝对位置信息，确定节点位置和姿态。如图 6－14 所示，在着陆点固连系下，导航特征位置为 $\boldsymbol{\rho}_i$，柔性着陆器节点位置为 $\boldsymbol{r}$，节点本体系相对着陆点固连系的转换矩阵为 $\boldsymbol{C}_{bl}$。在节点本体系下导航特征的位置满足

$$\boldsymbol{r}_i^b = \boldsymbol{C}_{bl}(\boldsymbol{r} - \boldsymbol{\rho}_i) \tag{6-35}$$

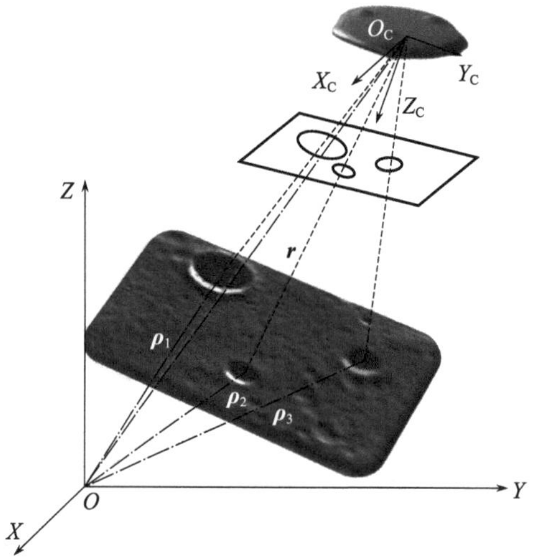

图 6－14　导航特征观测示意图

基于导航特征的像元坐标 p_i、像线坐标 l_i 建立如下观测方程

$$\begin{cases} p_i = f\dfrac{x_i^b}{z_i^b} = f\dfrac{c_{11}(x-x_i)+c_{12}(y-y_i)+c_{13}(z-z_i)}{c_{31}(x-x_i)+c_{32}(y-y_i)+c_{33}(z-z_i)} \\ l_i = f\dfrac{y_i^b}{z_i^b} = f\dfrac{c_{21}(x-x_i)+c_{22}(y-y_i)+c_{23}(z-z_i)}{c_{31}(x-x_i)+c_{32}(y-y_i)+c_{33}(z-z_i)} \end{cases} \tag{6-36}$$

式中，c_{ij} 为转换矩阵 $\boldsymbol{C}_{bl}$ 中相应元素；f 为导航相机焦距。当观测到 n 个导航特征时，观测量可表示为

$$\boldsymbol{h}(\boldsymbol{r},\boldsymbol{C}_{bl}) = (p_1, l_1, \cdots, p_n, l_n)^{\mathrm{T}} \tag{6-37}$$

在着陆面为平面的假设下，使用单应矩阵 $\boldsymbol{H}$ 描述不同时刻节点相机拍摄图像的变换关系，实现特征的时序衍生。如图 6－15 所示，基于图像变换理论，利用机会特征进行图像帧间匹配，将导航特征 A 的历史观测信息传递到当前时刻。

假设 $\boldsymbol{q}_i^{k-1} = (u_i^{k-1},\ v_i^{k-1},\ 1)^{\mathrm{T}}$ 表示匹配成功的机会特征 i 在 $k-1$ 时刻的齐次坐标，$\boldsymbol{q}_i^k = (u_i^k,\ v_i^k,\ 1)^{\mathrm{T}}$ 表示机会特征 i 在 k 时刻的齐次坐标，两齐次坐标的变换关系为

$$\boldsymbol{q}_i^k = \boldsymbol{H}\boldsymbol{q}_i^{k-1} \tag{6-38}$$

式中，$\boldsymbol{H}$ 为单应矩阵。假设前后两帧图像中共有 n 对匹配成功的机会特征，将匹配成功的

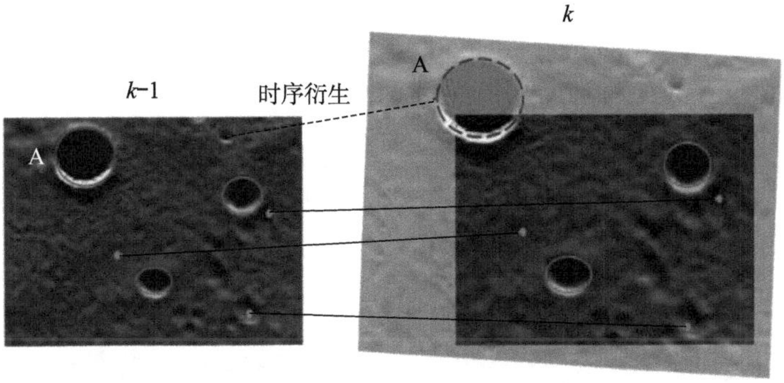

图 6-15　特征时序衍生示意图

机会特征点集的齐次坐标写为

$$\boldsymbol{A}_{k-1}=\begin{pmatrix} u_1^{k-1} & v_1^{k-1} & 1 \\ u_2^{k-1} & v_2^{k-1} & 1 \\ \vdots & \vdots & \vdots \\ u_n^{k-1} & v_n^{k-1} & 1 \end{pmatrix},\quad \boldsymbol{A}_k=\begin{pmatrix} u_1^{k} & v_1^{k} & 1 \\ u_2^{k} & v_2^{k} & 1 \\ \vdots & \vdots & \vdots \\ u_n^{k} & v_n^{k} & 1 \end{pmatrix} \tag{6-39}$$

则单应矩阵 $\boldsymbol{H}$ 为

$$\boldsymbol{H}^{\mathrm{T}}=(\boldsymbol{A}_{k-1}^{\mathrm{T}}\boldsymbol{A}_{k-1})^{-1}\boldsymbol{A}_{k-1}^{\mathrm{T}}\boldsymbol{A}_k \tag{6-40}$$

$k-1$ 时刻节点本体系下导航特征 A 的坐标为

$$\boldsymbol{r}_A^{b(k-1)}=\boldsymbol{C}_{b(k-1)l}(\boldsymbol{\rho}_A-\boldsymbol{r}) \tag{6-41}$$

式中，$\boldsymbol{r}_A^{b(k-1)}=(\boldsymbol{X}_A^{b(k-1)},\ \boldsymbol{Y}_A^{b(k-1)},\ \boldsymbol{Z}_A^{b(k-1)})^{\mathrm{T}}$，$\boldsymbol{\rho}_A=(\boldsymbol{X}_A^l,\ \boldsymbol{Y}_A^l,\ \boldsymbol{Z}_A^l)^{\mathrm{T}}$ 为导航特征 A 在着陆点固连系下的位置坐标，$\boldsymbol{r}=(x^l,\ y^l,\ z^l)^{\mathrm{T}}$ 为着陆点固连系下节点的位置坐标，$\boldsymbol{C}_{b(k-1)l}$ 为 $k-1$ 时刻着陆点固连系 $\sum^l$ 到节点本体系 $\sum^{b(k-1)}$ 的坐标转换矩阵。利用单应矩阵 $\boldsymbol{H}$，结合上式中特征 A 在 $k-1$ 时刻节点本体系下的坐标，有

$$\boldsymbol{q}_A^{k-1}=\frac{f}{Z_A^{b(k-1)}}\begin{pmatrix} X_A^{b(k-1)} \\ Y_A^{b(k-1)} \\ Z_A^{b(k-1)}/f \end{pmatrix} \tag{6-42}$$

$$\boldsymbol{q}_A^k=\boldsymbol{H}\boldsymbol{q}_A^{k-1} \tag{6-43}$$

式中，$\boldsymbol{q}_A^{k-1}=(p_A^{k-1},\ l_A^{k-1},\ 1)^{\mathrm{T}}$ 为特征 A 的历史观测信息；$\boldsymbol{q}_A^k=(p_A^k,\ l_A^k,\ 1)^{\mathrm{T}}$ 为特征 A 的时序衍生信息。

考虑到时序衍生模型得到的特征衍生误差随时间累积，在导航特征绝对位置已知的情况下，引入特征几何构型，建立几何衍生模型，通过节点状态预测以及导航特征分布形成的几何约束，提高特征衍生精度。几何约束包括特征预测几何和观测几何，其中预测几何是导航特征预测信息确定的几何关系，观测几何是导航特征观测信息确定的几何关系。

根据节点状态一步递推，得到导航特征观测量的一步预测为

$$\bar{\boldsymbol{h}}=(p_A^-\quad l_A^-\quad p_B^-\quad l_B^-\quad p_C^-\quad l_C^-)^{\mathrm{T}} \tag{6-44}$$

特征 A 溢出相机视场后，记可观测特征的观测量为

$$\boldsymbol{h}^{M}=(p_{B}^{M} \quad l_{B}^{M} \quad p_{C}^{M} \quad l_{C}^{M})^{\mathrm{T}} \tag{6-45}$$

由 $\bar{\boldsymbol{h}}$ 和 $\boldsymbol{h}^{M}$ 得到的预测几何与观测几何如图 6－16 所示。

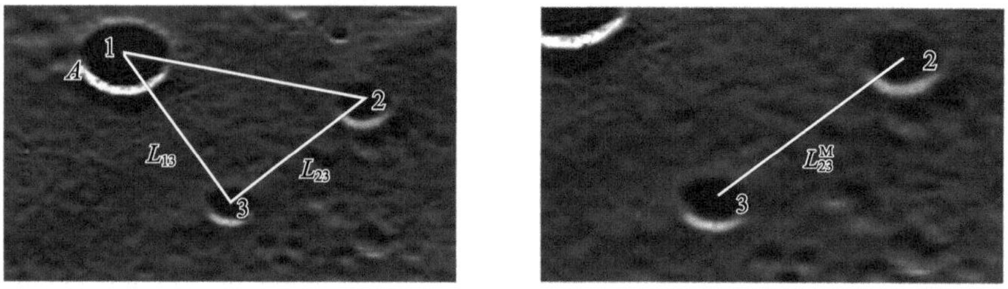

图 6－16　预测几何（左）与观测几何（右）

预测几何提供了导航特征的预测构型信息，观测几何则提供了部分观测构型信息。在观测几何基础上，补充第三个导航特征得到虚拟观测几何，预测几何和虚拟观测几何的关系如图 6－17 所示。为了实现特征 A 的几何衍生，引入几何校正方法，利用观测几何校正预测几何，即令线段 $\bar{L}_{23}$ 向 L_{23}^{M} 对准。如图 6－18 所示，对准过程包括旋转、平移、缩放三步。

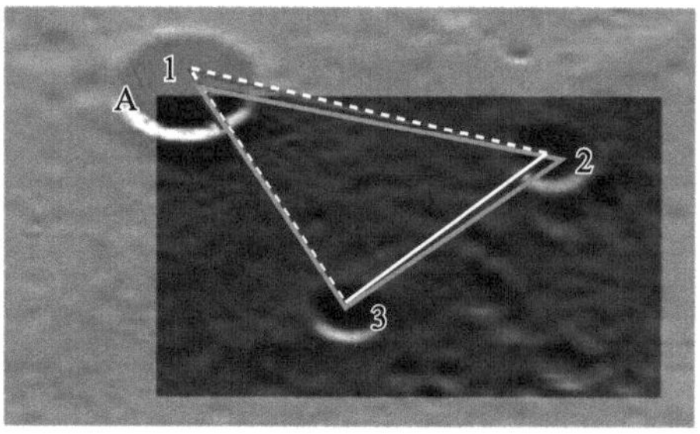

图 6－17　预测几何与虚拟观测几何

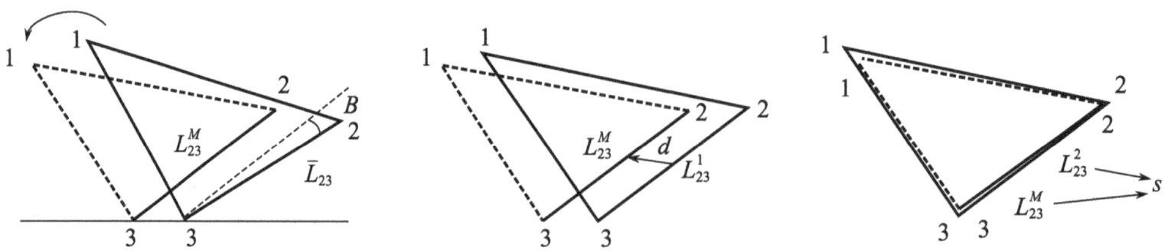

图 6－18　几何校正过程（见彩插）

旋转过程是令线段 $\bar{L}_{23}$ 绕其端点 3(p_{C}^{-}，l_{C}^{-}) 旋转角度 B，使得 $\bar{L}_{23}$ 与 L_{23}^{M} 所在直线的斜率相同。根据式（6－44）和式（6－45），旋转角 B 可表达如下

$$B=\arctan\frac{(l_{B}^{M}-l_{C}^{M})(p_{B}^{-}-p_{C}^{-})-(l_{B}^{-}-l_{C}^{-})(p_{B}^{M}-p_{C}^{M})}{(p_{B}^{M}-p_{C}^{M})(p_{B}^{-}-p_{C}^{-})+(l_{B}^{M}-l_{C}^{M})(l_{B}^{-}-l_{C}^{-})} \tag{6-46}$$

通过旋转角 B 可求得旋转之后预测几何顶点 1 的坐标（p_A^1，l_A^1）。

平移过程使得线段 L_{23}^1 与线段 L_{23}^M 的中点重合。根据已知的特征观测量和旋转角 B，可得平移矢量 $\boldsymbol{d}$ 为

$$\boldsymbol{d}=\frac{1}{2}\begin{pmatrix}p_B^M+p_C^M\\ l_B^M+l_C^M\end{pmatrix}-\frac{1}{2}\begin{pmatrix}\cos B & -\sin B\\ \sin B & \cos B\end{pmatrix}\begin{pmatrix}p_B^- - p_C^-\\ l_B^- - l_C^-\end{pmatrix} \tag{6-47}$$

进一步可得平移之后的预测几何顶点 1 的坐标（p_A^2，l_A^2）。

缩放过程则以 L_{23}^2 和 L_{23}^M 两线段的重合中点为中心进行缩放，使得 $|L_{23}^2|=|L_{23}^M|$。由于 $|L_{23}^2|=|\bar{L}_{23}|$，因此，缩放比例系数 s 为

$$s=\frac{|(p_B^M,l_B^M)-(p_C^M,l_C^M)|}{|(p_B^-,l_B^-)-(p_C^-,l_C^-)|} \tag{6-48}$$

通过缩放比例系数 s 即可最终求得导航特征 A 的几何衍生坐标（p_A^3，l_A^3）。

在上述时序衍生和几何衍生过程中，导航特征的衍生精度受到机会特征识别与提取精度、导航特征观测噪声等多种因素的影响。以下通过分析衍生模型误差传播特性，融合多源衍生特征信息，提高特征衍生精度。

在时序衍生过程中，机会特征的提取存在随机误差，该误差会传递给单应矩阵，单应矩阵 $\boldsymbol{H}$ 的随机误差可表示为

$$\Delta\boldsymbol{H}=\sum_{m=1}^{2n}\left(\frac{\partial H_{ij}}{\partial h_m^{k-1}}\right)\Delta h_m^{k-1}+\sum_{m=1}^{2n}\left(\frac{\partial H_{ij}}{\partial h_m^{k}}\right)\Delta h_m^{k} \tag{6-49}$$

式中，H_{ij} 为单应矩阵 $\boldsymbol{H}$ 中的元素；$h_m^{k-1}\in\{u_1^{k-1},v_1^{k-1},\cdots,u_n^{k-1},v_n^{k-1}\}$，$h_m^k\in\{u_1^k,v_1^k,\cdots,u_n^k,v_n^k\}$，且 $0<m\leqslant 2n$。Δh_m^{k-1} 与 Δh_m^k 分别表示上述观测量的随机误差，n 表示配对成功的机会特征数量。导航特征 A 的历史观测信息同样存在观测噪声，其误差为

$$\Delta\boldsymbol{q}_A^{k-1}=(\Delta p_A^{k-1}\quad \Delta l_A^{k-1}\quad 0)^{\mathrm{T}} \tag{6-50}$$

式中，Δp_A^{k-1} 与 Δl_A^{k-1} 代表了特征 A 历史观测信息的像元、像线误差。由单应变换可得时序衍生过程的误差传播为

$$\Delta\boldsymbol{q}_A^k=\Delta\boldsymbol{H}\boldsymbol{q}_A^{k-1}+\boldsymbol{H}\Delta\boldsymbol{q}_A^{k-1}-\Delta\boldsymbol{H}\Delta\boldsymbol{q}_A^{k-1} \tag{6-51}$$

由此可知，导航特征历史观测误差与机会特征观测误差会随着帧间传递不断积累，影响时序衍生特征的精度。

同理，在几何衍生过程中，根据几何校正过程，图像变换参数的误差为

$$\begin{cases}\Delta[B]=\dfrac{\partial[B]}{\partial B}\displaystyle\sum_{i=1}^{4}\dfrac{\partial B}{\partial g_i}\Delta g_i\\ \Delta\boldsymbol{d}=\displaystyle\sum_{i=1}^{4}\dfrac{\partial\boldsymbol{d}}{\partial g_i}\Delta g_i+\dfrac{\partial\boldsymbol{d}}{\partial[B]}\Delta[B]\\ \Delta s=\displaystyle\sum_{i=1}^{4}\dfrac{\partial s}{\partial g_i}\Delta g_i\end{cases} \tag{6-52}$$

其中 $[B]$ 为关于旋转角 B 的旋转矩阵，$g_i\in\{p_B^M,p_C^M,l_B^M,l_C^M\}$，$\Delta g_i$ 为观测量 g_i 的误

差。利用上式可得特征几何衍生信息（p_A^3，l_A^3）的误差为

$$\Delta\begin{pmatrix}p_A^3\\l_A^3\end{pmatrix}=\Delta s\begin{pmatrix}p_A^2\\l_A^2\end{pmatrix}+s\Delta\begin{pmatrix}p_A^2\\l_A^2\end{pmatrix}-\Delta s\Delta\begin{pmatrix}p_A^2\\l_A^2\end{pmatrix} \tag{6-53}$$

其中

$$\begin{cases}\Delta\begin{pmatrix}p_A^2\\l_A^2\end{pmatrix}=\Delta\begin{pmatrix}p_A^1\\l_A^1\end{pmatrix}+\Delta\boldsymbol{d}\\ \Delta\begin{pmatrix}p_A^1\\l_A^1\end{pmatrix}=\Delta[B]\begin{pmatrix}p_A^- - p_C^-\\l_A^- - l_C^-\end{pmatrix}\end{cases} \tag{6-54}$$

将导航特征 A 的时序衍生信息（p_A^k，l_A^k）作为基础量，将其几何衍生信息（p_A^3，l_A^3）作为修正量，为方便计算，选用齐次坐标的形式进行信息融合，记 $\boldsymbol{E}_{\text{inh}}=(p_A^k,\ l_A^k,\ 1)^{\text{T}}$，$\boldsymbol{E}_{\text{geo}}=(p_A^3,\ l_A^3,\ 1)^{\text{T}}$。首先根据时序衍生过程计算时序衍生误差协方差矩阵

$$\boldsymbol{P}_k^{\text{inh}}=\boldsymbol{H}\boldsymbol{P}_{k-1}\boldsymbol{H}^{\text{T}}+\boldsymbol{Q}_k \tag{6-55}$$

式中，$\boldsymbol{P}_{k-1}$ 为历史信息的误差协方差矩阵；$\boldsymbol{H}$ 为单应矩阵；$\boldsymbol{Q}_k$ 为时序衍生过程噪声方差阵，由时序衍生误差分布决定。

接着，引入几何衍生信息 $\boldsymbol{E}_{\text{geo}}$，通过下式实现导航特征 A 的衍生信息融合

$$\begin{cases}\boldsymbol{K}=\boldsymbol{P}_k^{\text{inh}}\boldsymbol{G}^{\text{T}}(\boldsymbol{G}\boldsymbol{P}_k^{\text{inh}}\boldsymbol{G}^{\text{T}}+\boldsymbol{R}_k)^{-1}\\ \boldsymbol{e}=\boldsymbol{E}_{\text{geo}}-\boldsymbol{G}\boldsymbol{E}_{\text{inh}}\\ \boldsymbol{E}=\boldsymbol{E}_{\text{inh}}+\boldsymbol{K}\boldsymbol{e}\\ \boldsymbol{P}_k=(\boldsymbol{I}-\boldsymbol{K}\boldsymbol{G})\boldsymbol{P}_k^{\text{inh}}\end{cases} \tag{6-56}$$

式中，$\boldsymbol{I}$ 为单位矩阵；$\boldsymbol{G}$ 为观测矩阵，由于此处直接融合特征 A 的观测量，所以有 $\boldsymbol{G}=\boldsymbol{I}$。$\boldsymbol{R}_k$ 为几何衍生过程噪声方差阵，由几何衍生误差分布决定。$\boldsymbol{K}$ 代表修正权重，$\boldsymbol{e}$ 为几何衍生信息与时序衍生信息之间的信息差，$\boldsymbol{E}=(p_A^M,\ l_A^M,\ 1)^{\text{T}}$ 即为当前时刻特征 A 的衍生融合信息。

特征衍生融合信息 $\boldsymbol{E}$ 和可见特征的观测信息 $\boldsymbol{h}^M$ 共同组成节点的观测量

$$\boldsymbol{h}=(\boldsymbol{E}\quad \boldsymbol{h}^M)=[p_A^M\quad l_A^M\quad p_B^M\quad l_B^M\quad p_C^M\quad l_C^M]^{\text{T}} \tag{6-57}$$

由于柔性着陆器测量节点之间存在柔性内力，动力学难以精确建模，如果直接采用上式的像素观测量结合卡尔曼滤波方法进行节点状态估计，估计精度受状态递推误差的影响较大。考虑到特征观测视线夹角在不同的坐标系下保持不变，将上式的像素观测量转换为夹角观测量

$$W_{ij}=\arccos\frac{p_i^M p_j^M+l_i^M l_j^M+f^2}{|(p_i^M\quad l_i^M\quad f)|\,|(p_j^M\quad l_j^M\quad f)|} \tag{6-58}$$

其中 i，$j=A$，B，C 且 $i\neq j$。观测角与特征相对位置矢量的关系为

$$\cos W_{ij}=\frac{\boldsymbol{r}_i^{\text{T}}\boldsymbol{r}_j}{r_i r_j}=\frac{(\boldsymbol{r}_i^b)^{\text{T}}\boldsymbol{r}_j^b}{r_i r_j} \tag{6-59}$$

式中，$\boldsymbol{r}_i$ 和 $\boldsymbol{r}_j$ 分别表示柔性着陆器节点与第 i 个和第 j 个特征的相对位置矢量。利用 $\boldsymbol{r}_i$ 和

$\boldsymbol{r}_j$ 的内积关系，上式可表示为

$$(\boldsymbol{r}-\boldsymbol{\rho}_i)^{\mathrm{T}}(\boldsymbol{r}-\boldsymbol{\rho}_j)=\|\boldsymbol{r}-\boldsymbol{\rho}_i\|\ \|\boldsymbol{r}-\boldsymbol{\rho}_j\|\cos W_{ij} \tag{6-60}$$

在小偏差线性化假设的条件下，观测方程可写为

$$\delta W_{ij}=\boldsymbol{h}_{ij}^{\mathrm{T}}\delta\boldsymbol{r} \tag{6-61}$$

其中

$$\boldsymbol{h}_{ij}=\frac{r_i r_j \boldsymbol{r}_i+r_i r_j \boldsymbol{r}_j-r_j^2\cos W_{ij}\boldsymbol{r}_i-r_i^2\cos W_{ij}\boldsymbol{r}_j}{r_i^2 r_j^2\sin W_{ij}} \tag{6-62}$$

观测角偏差与线性观测矩阵可以表示为

$$\delta\boldsymbol{W}=\begin{pmatrix}\delta W_{AB}\\ \delta W_{BC}\\ \delta W_{AC}\end{pmatrix},\quad \boldsymbol{O}=\begin{pmatrix}\boldsymbol{h}_{12}^{\mathrm{T}}\\ \boldsymbol{h}_{23}^{\mathrm{T}}\\ \boldsymbol{h}_{13}^{\mathrm{T}}\end{pmatrix} \tag{6-63}$$

则有

$$\delta\boldsymbol{W}=\boldsymbol{O}\delta\boldsymbol{r} \tag{6-64}$$

柔性着陆器节点位置估计为

$$\boldsymbol{r}=\boldsymbol{r}^*+(\boldsymbol{O}^{\mathrm{T}}\boldsymbol{O})^{-1}\boldsymbol{O}^{\mathrm{T}}\delta\boldsymbol{W} \tag{6-65}$$

式中，$\boldsymbol{r}^*$ 为一步预测给出的节点位置先验估计。利用多矢量定姿原理，可进一步确定柔性着陆器节点姿态为

$$\boldsymbol{C}_{\mathrm{ba}}=\frac{1}{2}\boldsymbol{N}_{ba}(3\boldsymbol{I}-\boldsymbol{N}_{ba}^{\mathrm{T}}\boldsymbol{N}_{ba}) \tag{6-66}$$

其中

$$\begin{cases}\boldsymbol{N}_{\mathrm{ba}}=\boldsymbol{N}_b\boldsymbol{N}_a^{\mathrm{T}}(\boldsymbol{N}_a\boldsymbol{N}_a^{\mathrm{T}})^{-1}\\ \boldsymbol{N}_a=\left(\dfrac{\boldsymbol{r}-\boldsymbol{\rho}_1}{r_1}\ \ \dfrac{\boldsymbol{r}-\boldsymbol{\rho}_2}{r_2}\ \ \dfrac{\boldsymbol{r}-\boldsymbol{\rho}_3}{r_3}\right)\\ \boldsymbol{N}_b=(\boldsymbol{n}_1^b\ \ \boldsymbol{n}_2^b\ \ \boldsymbol{n}_3^b)\end{cases} \tag{6-67}$$

r_1、r_2 与 r_3 分别表示节点与不同导航特征之间的距离，$\boldsymbol{n}_1^b$、$\boldsymbol{n}_2^b$ 与 $\boldsymbol{n}_3^b$ 分别表示不同导航特征相对测量节点的方向矢量。

下面给出导航特征融合衍生的仿真算例。假设柔性着陆器从距离着陆点 500 m 的高度开始下降，随着着陆器高度的降低，特征 A 在 120 s 时溢出视场，利用特征衍生方法获得特征虚拟观测值，补充节点状态估计所需观测信息。仿真参数见表 6 - 4。

利用多种特征衍生方法对溢出视场的导航特征 A 进行衍生，结果如图 6 - 19 所示。其中左图为初始时刻的观测图像，红框区域为 10 s 后节点相机拍摄的图像，右图为衍生特征的放大图，特征的时序衍生、几何衍生、融合衍生结果分别用圆形点、方形点、菱形点标出。可以看出，融合后的特征衍生信息更准确。

表 6-4 仿真参数

参数	数值	标准差
初始位置/m	$(50,50,500)^T$	$(2,2,2)^T$
初始速度/(m/s)	$(-0.5,0.5,-0.5)^T$	$(0.1,0.1,0.1)^T$
初始姿态/(°)	$(-5,5,5)^T$	$(0.6,0.6,0.6)^T$
光学相机测量精度/像素	0.4	—
相机焦距/m	0.02	—
视场角/(°)	45	—
分辨率/像素	1 024×1 024	—
图像采样频率/Hz	2	—

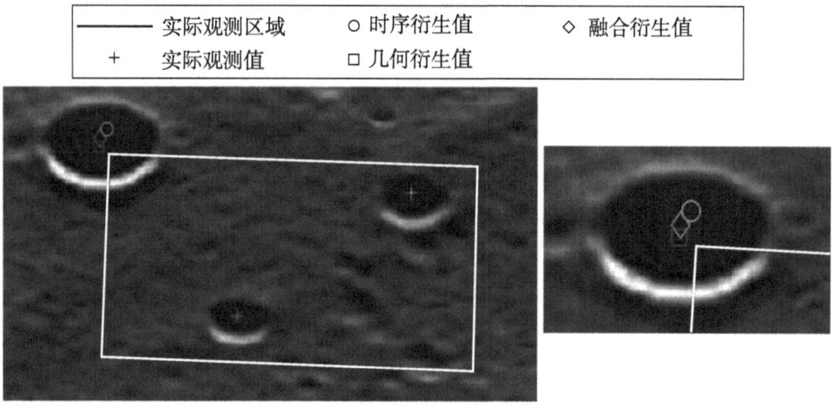

图 6-19 特征衍生结果（见彩插）

在特征 A 溢出视场后，后续着陆过程特征 A 的衍生误差如图 6-20 所示。图 6-20 (a) 给出了三种不同衍生方法的误差曲线，图 6-20 (b) 给出了融合信息与假设可正常观测时获取的观测信息的误差曲线，其中蓝色虚线代表时序衍生，黑色点画线代表几何衍生，红色实线代表融合衍生，紫色虚线代表正常观测。仿真结果表明，时序衍生存在明显的误差累积问题，几何衍生通过引入当前时刻的观测信息较好地消除了误差累积影响，而融合衍生信息在着陆过程中一直保持较高精度，并且与假设可正常观测时获取的观测信息精度相近。

图 6-21 给出了相对应的节点状态估计误差。与图 6-20 相同，蓝色虚线代表时序衍生，黑色点画线代表几何衍生，红色实线代表融合衍生，紫色虚线代表正常观测。由仿真结果可以看出，状态估计误差和图 6-20 的信息衍生误差精度相对应，受误差累积问题的影响，时序衍生状态估计误差较大；由于观测几何的修正，几何衍生状态估计误差明显变小；而融合衍生则具有更高的状态估计精度，与导航特征假设可正常观测时的状态估计精度相近。

特征融合衍生方法能够通过时间、空间关联，实现较高精度的特征衍生，为柔性着陆

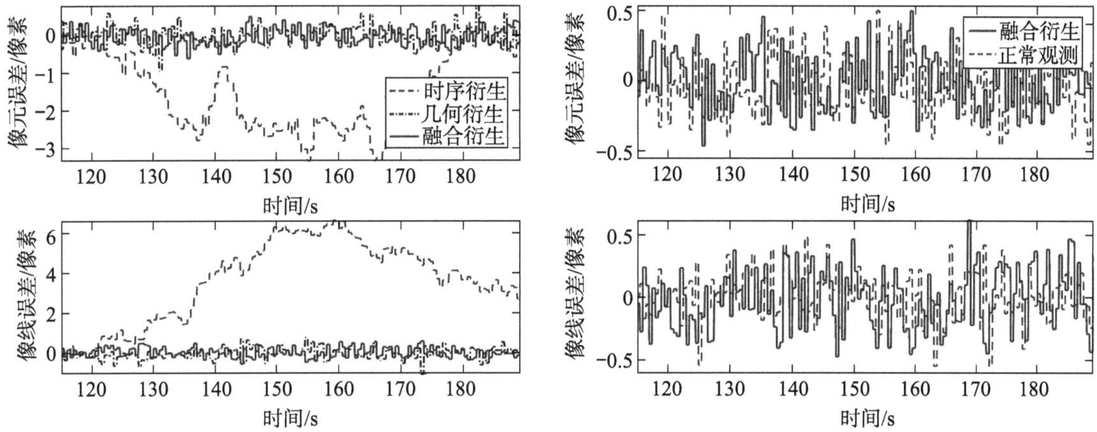

(a) 三种衍生方法信息误差对比　　　　　　　　(b) 融合衍生与观测信息误差对比

图 6 - 20　特征衍生误差对比（见彩插）

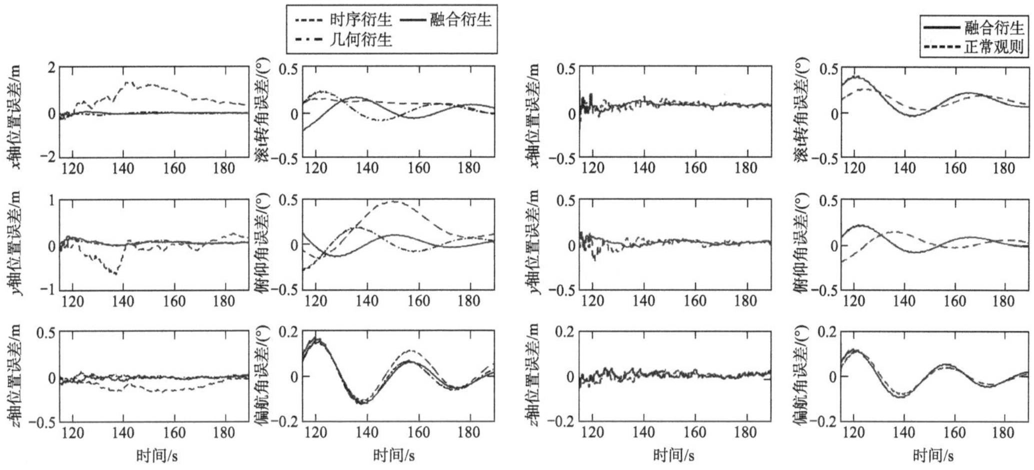

(a) 三种衍生方法状态估计误差　　　　　　　　(b) 融合衍生与正常观测状态估计误差

图 6 - 21　节点状态估计误差曲线（见彩插）

器节点的状态估计提供所需特征信息，一定程度上克服了位姿估计方法受导航特征数量限制的局限性，使得柔性着陆器在特征稀疏的背景下能够较好地实现自主导航，提高柔性附着状态估计精度。

6.3.2　柔性附着状态融合估计

除了观测信息，导航系统还可利用柔性体特性等先验信息改善导航性能。6.2.2 节中，将柔性形变下节点间相对距离范围引入最小二乘问题，实现了对节点独立估计状态的修正。本节考虑直接在滤波器设计中引入最大形变约束[7]，通过融合约束先验信息和节点实时观测信息，提升柔性附着状态估计精度。

柔性结构形变导致节点运动受到柔性力作用，节点间存在图 6 - 22 所示的物理约束。

由于柔性结构的最大形变有限，式（6－68）又可表示为节点间的距离约束：

$$l_{\min} \leqslant \| \boldsymbol{r}_j - \boldsymbol{r}_i \| \leqslant l_{\max} \tag{6-68}$$

式中，$l_{\min}$ 和 $l_{\max}$ 为最小和最大容许的相对距离，该约束具有非线性非凸的特点。

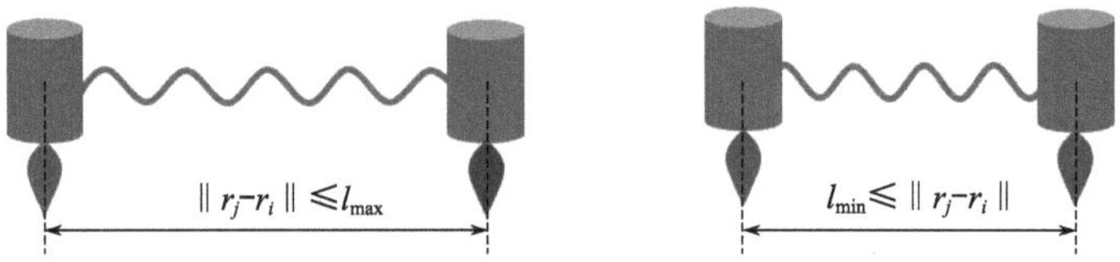

图 6－22　节点间最大形变约束

以下通过融合动力学、观测以及约束提供的多源信息，设计约束滤波器，实现节点状态的鲁棒估计。将柔性附着动力学和观测模型表示为

$$\begin{cases} \boldsymbol{x}_{k+1} = \boldsymbol{f}(\boldsymbol{x}_k, \boldsymbol{u}_k) + \boldsymbol{w}_k \\ \boldsymbol{z}_{k+1} = \boldsymbol{h}(\boldsymbol{x}_{k+1}) + \boldsymbol{v}_{k+1} \end{cases} \tag{6-69}$$

系统受到状态约束

$$\boldsymbol{g}(\boldsymbol{x}_{k+1}) \leqslant 0 \tag{6-70}$$

式中，$\boldsymbol{x}_k \in \mathbb{R}^n$ 表示待估计状态；$\boldsymbol{u}_k \in \mathbb{R}^{n_u}$ 为控制输入；$\boldsymbol{z}_k \in \mathbb{R}^{n_z}$ 为测量量；$\boldsymbol{w}_k \in \mathbb{R}^n$ 和 $\boldsymbol{v}_k \in \mathbb{R}^{n_z}$ 分别为过程噪声和测量噪声。柔性着陆器初始状态 $\boldsymbol{x}_0$ 与过程噪声 $\boldsymbol{w}_k$ 、测量噪声 $\boldsymbol{v}_k$ 无关，满足 $\boldsymbol{x}_0 \sim \mathcal{N}(\hat{\boldsymbol{x}}_0, \hat{\boldsymbol{P}}_0)$，$\boldsymbol{w}_k \sim \mathcal{N}(\boldsymbol{0}, \boldsymbol{Q}_k)$，$\boldsymbol{v}_k \sim \mathcal{N}(\boldsymbol{0}, \boldsymbol{R}_k)$。

假设约束估计值 $\hat{\boldsymbol{x}}^c_{k+1}$ 不同于无约束估计值 $\hat{\boldsymbol{x}}_{k+1}$，如图 6－23 所示，对状态向量进行变换

$$\boldsymbol{\xi}_{k+1} = \boldsymbol{T}_{k+1}\boldsymbol{x}_{k+1} + \boldsymbol{d}_{k+1} \tag{6-71}$$

式中，$\boldsymbol{T}_{k+1} = (\boldsymbol{T}^1_{k+1}, \cdots, \boldsymbol{T}^n_{k+1})^{\mathrm{T}}$ 为旋转矩阵，$\boldsymbol{T}^n_{k+1} = (\hat{\boldsymbol{x}}_{k+1} - \hat{\boldsymbol{x}}^c_{k+1}) / \| \hat{\boldsymbol{x}}_{k+1} - \hat{\boldsymbol{x}}^c_{k+1} \|$ 且与 $\boldsymbol{T}^1_{k+1}$ 至 $\boldsymbol{T}^n_{k+1}$ 构成正交基；$\boldsymbol{d}_{k+1} = -\boldsymbol{T}_{k+1}\hat{\boldsymbol{x}}^c_{k+1}$ 是平移向量。

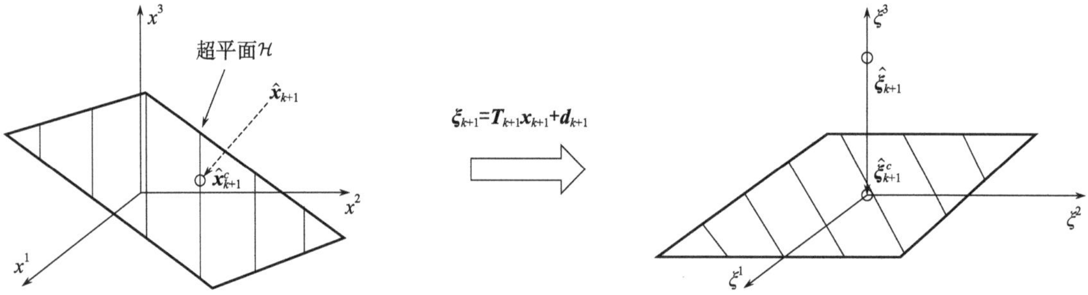

图 6－23　状态空间和状态估计值变换

代入 $\hat{\boldsymbol{x}}_{k+1}$ 和 $\hat{\boldsymbol{x}}^c_{k+1}$，可以得到

$$\begin{cases}\hat{\boldsymbol{\xi}}_{k+1}=(0,0,\cdots,\hat{\xi}_{k+1}^{n})^{\mathrm{T}}\\ \hat{\boldsymbol{\xi}}_{k+1}^{c}=\mathbf{0}_{n\times 1}\end{cases}\tag{6-72}$$

式中，$\hat{\xi}_{k+1}^{n}=\|\hat{\boldsymbol{x}}_{k+1}-\hat{\boldsymbol{x}}_{k+1}^{c}\|$。令 $\tilde{\boldsymbol{\xi}}_{k+1}^{c}=\boldsymbol{\xi}_{k+1}-\hat{\boldsymbol{\xi}}_{k+1}^{c}$ 和 $\tilde{\boldsymbol{\xi}}_{k+1}=\boldsymbol{\xi}_{k+1}-\hat{\boldsymbol{\xi}}_{k+1}$ 分别表示变换空间中的约束估计误差与无约束估计误差，其中 $\boldsymbol{\xi}_{k+1}=(\xi_{k+1}^{1},\ \xi_{k+1}^{2},\ \cdots,\ \xi_{k+1}^{n})^{\mathrm{T}}$ 表示真值。为了描述 $\tilde{\boldsymbol{\xi}}_{k+1}^{c}$ 和 $\tilde{\boldsymbol{\xi}}_{k+1}$ 间的关系，引入缩放因子

$$\tilde{\boldsymbol{\xi}}_{k+1}^{c}=\boldsymbol{\xi}_{k+1}-\hat{\boldsymbol{\xi}}_{k+1}^{c}=\begin{pmatrix}1&0&\cdots&0\\0&1&\cdots&0\\\vdots&\vdots&\ddots&\vdots\\0&0&\cdots&\Gamma_{k+1}^{n}\end{pmatrix}\begin{pmatrix}\xi_{k+1}^{1}\\\xi_{k+1}^{2}\\\vdots\\\xi_{k+1}^{n}\end{pmatrix}\triangleq\boldsymbol{\Gamma}_{k+1}\tilde{\boldsymbol{\xi}}_{k+1}\tag{6-73}$$

式中，缩放因子 $\Gamma_{k+1}^{n}=\xi_{k+1}^{n}/(\xi_{k+1}^{n}-\hat{\xi}_{k+1}^{n})$。

根据矩阵迹的不变性，比较约束前后的估计误差，可以得到

$$\begin{aligned}\mathrm{tr}[\boldsymbol{P}_{k+1}^{c}-\boldsymbol{P}_{k+1}]&=\mathrm{tr}[\boldsymbol{P}_{k+1}^{\xi,c}-\boldsymbol{P}_{k+1}^{\xi}]\\&=E\{[(\Gamma_{k+1}^{n})^{2}-1](\xi_{k+1}^{n}-\hat{\xi}_{k+1}^{n})^{2}\}\end{aligned}\tag{6-74}$$

当缩放因子小于 1 时，约束后的估计误差将小于约束前的估计误差。

进一步，分析无约束估计值 $\hat{\boldsymbol{x}}_{k+1}$，约束估计值 $\hat{\boldsymbol{x}}_{k+1}^{c}$ 以及约束区域 $\mathcal{C}$：$\{\boldsymbol{x}_{k+1}\mid\boldsymbol{g}(\boldsymbol{x}_{k+1})\leqslant 0\}$ 的几何关系。当由约束估计值 $\hat{\boldsymbol{x}}_{k+1}^{c}$ 和单位向量 $\boldsymbol{T}_{k+1}^{n}$ 构成的超平面可以完全分隔无约束估计值 $\hat{\boldsymbol{x}}_{k+1}$ 以及约束区域 $\mathcal{C}$ 时，在约束空间中有 $\xi_{k+1}^{n}\leqslant 0$，又由于 $\hat{\xi}_{k+1}^{n}=\|\hat{\boldsymbol{x}}_{k+1}-\hat{\boldsymbol{x}}_{k+1}^{c}\|\geqslant 0$，可以得到

$$\begin{aligned}\Gamma_{k+1}^{n}&=\frac{\xi_{k+1}^{n}}{\xi_{k+1}^{n}-\hat{\xi}_{k+1}^{n}}=\frac{-\xi_{k+1}^{n}}{\hat{\xi}_{k+1}^{n}-\hat{\xi}_{k+1}^{n}}\\&\leqslant\frac{-\xi_{k+1}^{n}}{-\xi_{k+1}^{n}}=1\end{aligned}\tag{6-75}$$

考虑到无约束估计值与超平面的间隔 $\hat{\xi}_{k+1}^{n}=\|\hat{\boldsymbol{x}}_{k+1}-\hat{\boldsymbol{x}}_{k+1}^{c}\|$ 增大会导致缩放因子减小，从而降低估计误差，以该间隔为性能指标，通过求解优化问题 $\mathcal{O}$ 得到分离超平面 $\mathcal{H}$：

$$\begin{aligned}\max_{\boldsymbol{\vartheta},b}\quad&J_{o}=\frac{|\boldsymbol{\vartheta}^{\mathrm{T}}\hat{\boldsymbol{x}}_{k+1}+b|}{\|\boldsymbol{\vartheta}\|}\\\mathrm{s.\,t.}\quad&\boldsymbol{\vartheta}^{\mathrm{T}}\hat{\boldsymbol{x}}_{k+1}+b\geqslant 0\\&\boldsymbol{\vartheta}^{\mathrm{T}}\boldsymbol{\chi}_{k+1}^{c}+b\leqslant 0,\forall\boldsymbol{\chi}_{k+1}^{c}\in\mathcal{C}\end{aligned}\tag{6-76}$$

由于性能指标非凸，问题 $\mathcal{O}$ 非凸。为了凸化性能指标，不失一般性，令 $\boldsymbol{\vartheta}^{\mathrm{T}}\hat{\boldsymbol{x}}_{k+1}+b=1$，此时最大化问题 $\mathcal{O}$ 的性能指标等价于最小化 $\|\boldsymbol{\vartheta}\|$。

由于 $\mathcal{C}$ 是一个连续区域，求解优化问题前，可根据无约束估计值 $\hat{\boldsymbol{x}}_{k+1}$ 和方差 $\hat{\boldsymbol{P}}_{k+1}$ 在约束区域中采样 n_{c} 个点。因此，问题 $\mathcal{O}$ 可以转化为如图 6－24 所示的线性二次规划问题 $\mathcal{S}$：

$$
\begin{aligned}
&\min_{\boldsymbol{\vartheta},b} \quad J_s = \|\boldsymbol{\vartheta}\| \\
&\text{s.t.} \quad \boldsymbol{\vartheta}^{\mathrm{T}}\hat{\boldsymbol{x}}_{k+1} + b \geqslant 0 \\
&\qquad\ \ \boldsymbol{\vartheta}^{\mathrm{T}}\boldsymbol{\chi}_{i,k+1}^{c} + b \leqslant 0, i = 1,2,\cdots,n_c
\end{aligned}
\tag{6-77}
$$

当问题 $\mathcal{S}$ 有可行解时，求解该问题可以获得最大间隔分离超平面 $\boldsymbol{\vartheta}^{*\mathrm{T}}\boldsymbol{x} + b^* = 0$。将无约束估计值 $\hat{\boldsymbol{x}}_{k+1}$ 投影在该平面上，即可获得更小估计误差的约束估计值 $\hat{\boldsymbol{x}}_{k+1}^{c}$。然而，当问题 $\mathcal{S}$ 无可行解时，不存在可以完全分割约束真值所处区域以及无约束估计值的超平面，此时，无约束估计值 $\hat{\boldsymbol{x}}_{k+1}$ 保持不变以免产生更大的估计误差。

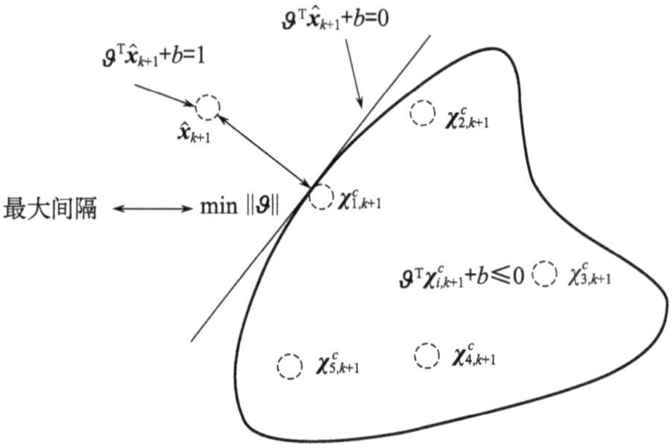

图 6-24　问题 $\mathcal{S}$ 示意图

根据上述分析，设计约束滤波器，通过优化最大间隔分离超平面并利用其修正状态估计量，提高导航滤波性能。给定初始状态估计及协方差

$$\hat{\boldsymbol{x}}_0^c \triangleq \boldsymbol{E}[\boldsymbol{x}_0] = \hat{\boldsymbol{x}}_0 \tag{6-78}$$

$$\hat{\boldsymbol{P}}_0^c \triangleq \boldsymbol{E}[(\boldsymbol{x}_0 - \hat{\boldsymbol{x}}_0^c)(\boldsymbol{x}_0 - \hat{\boldsymbol{x}}_0^c)^{\mathrm{T}}] = \hat{\boldsymbol{P}}_0 \tag{6-79}$$

可获得一步预测状态

$$\hat{\boldsymbol{x}}_{k+1|k} = E[\boldsymbol{x}_{k+1} \mid \boldsymbol{z}_k] = E[\boldsymbol{f}(\boldsymbol{x}_k, \boldsymbol{u}_k) \mid \boldsymbol{z}_k] \tag{6-80}$$

$$\hat{\boldsymbol{P}}_{k+1|k} = E[(\boldsymbol{f}(\boldsymbol{x}_k, \boldsymbol{u}_k) - \hat{\boldsymbol{x}}_{k+1|k})(\boldsymbol{f}(\boldsymbol{x}_k, \boldsymbol{u}_k) - \hat{\boldsymbol{x}}_{k+1|k})^{\mathrm{T}} \mid \boldsymbol{z}_k] + \boldsymbol{Q}_k \tag{6-81}$$

进而得到无约束下状态估计

$$\hat{\boldsymbol{x}}_{k+1} = \hat{\boldsymbol{x}}_{k+1|k} + \boldsymbol{K}_{k+1}(\boldsymbol{z}_{k+1} - \hat{\boldsymbol{z}}_{k+1|k}) \tag{6-82}$$

$$\hat{\boldsymbol{P}}_{k+1} = \hat{\boldsymbol{P}}_{k+1|k} - \boldsymbol{K}_{k+1}\hat{\boldsymbol{P}}_{zz,k+1|k}\boldsymbol{K}_{k+1}^{\mathrm{T}} \tag{6-83}$$

其中

$$\boldsymbol{K}_{k+1} = \hat{\boldsymbol{P}}_{xz,k+1|k}\hat{\boldsymbol{P}}_{zz,k+1|k}^{-1} \tag{6-84}$$

$$\hat{\boldsymbol{z}}_{k+1|k} = E[\boldsymbol{z}_{k+1} \mid \boldsymbol{z}_k] = E[\boldsymbol{h}(\boldsymbol{x}_{k+1}) \mid \boldsymbol{z}_k] \tag{6-85}$$

$$\hat{\boldsymbol{P}}_{xz,k+1|k} = E[(\boldsymbol{f}(\boldsymbol{x}_k, \boldsymbol{u}_k) - \hat{\boldsymbol{x}}_{k+1|k})(\boldsymbol{h}(\boldsymbol{x}_{k+1}) - \hat{\boldsymbol{z}}_{k+1|k})^{\mathrm{T}} \mid \boldsymbol{z}_k] \tag{6-86}$$

$$\hat{\boldsymbol{P}}_{zz,k+1|k} = E[(\boldsymbol{h}(x_{k+1}) - \hat{\boldsymbol{z}}_{k+1|k})(\boldsymbol{h}(\boldsymbol{x}_{k+1}) - \hat{\boldsymbol{z}}_{k+1|k})^{\mathrm{T}} \mid \boldsymbol{z}_k] + \boldsymbol{R}_{k+1} \tag{6-87}$$

根据无约束下状态估计 $\hat{\boldsymbol{x}}_{k+1}$ 和协方差 $\hat{\boldsymbol{P}}_{k+1}$，生成 n_c 个采样点。若问题 $\mathcal{S}$ 有可行解，

则求解得到 $\boldsymbol{\vartheta}^*$ 和 b^*，对状态估计进行修正

$$\hat{\boldsymbol{x}}_{k+1}^{c}=\hat{\boldsymbol{x}}_{k+1}-\frac{1}{\|\boldsymbol{\vartheta}^*\|}\frac{\boldsymbol{\vartheta}^*}{\|\boldsymbol{\vartheta}^*\|}=\hat{\boldsymbol{x}}_{k+1}-\frac{\boldsymbol{\vartheta}^*}{\|\boldsymbol{\vartheta}^*\|^2} \tag{6-88}$$

$$\hat{\boldsymbol{P}}_{k+1}^{c}=\hat{\boldsymbol{P}}_{k+1}+(\hat{\boldsymbol{x}}_{k+1}-\hat{\boldsymbol{x}}_{k+1}^{c})(\hat{\boldsymbol{x}}_{k+1}-\hat{\boldsymbol{x}}_{k+1}^{c})^{\mathrm{T}} \tag{6-89}$$

式中，$1/\|\boldsymbol{\vartheta}^*\|$ 为间隔；$\boldsymbol{\vartheta}^*/\|\boldsymbol{\vartheta}^*\|$ 为超平面的单位法向量。

下面给出柔性附着状态融合估计的仿真算例。用弹簧阻尼模型近似作用在节点上的柔性力

$$\boldsymbol{F}_{ij}^{f}=\boldsymbol{K}_{ij}^{r}(\|\boldsymbol{r}_{ij}\|-l_0)\frac{\boldsymbol{r}_{ij}}{\|\boldsymbol{r}_{ij}\|}+\boldsymbol{K}_{ij}^{v}\frac{\boldsymbol{v}_{ij}^{\mathrm{T}}\boldsymbol{r}_{ij}}{\|\boldsymbol{r}_{ij}\|}\frac{\boldsymbol{r}_{ij}}{\|\boldsymbol{r}_{ij}\|}+\boldsymbol{\varepsilon}_{ij}^{*} \tag{6-90}$$

式中，$\boldsymbol{K}_{ij}^{r}=\mathrm{diag}(k_{ij}^{r},\ k_{ij}^{r},\ k_{ij}^{r})$ 和 $\boldsymbol{K}_{ij}^{v}=\mathrm{diag}(k_{ij}^{v},\ k_{ij}^{v},\ k_{ij}^{v})$ 为弹簧项和阻尼项的系数矩阵；l_0 为节点间的初始距离；$\Delta r_{ij}=\|\boldsymbol{r}_{ij}\|-l_0$ 是节点 i 和节点 j 间的形变；$\Delta v_{ij}=\dfrac{\boldsymbol{v}_{ij}^{\mathrm{T}}\boldsymbol{r}_{ij}}{\|\boldsymbol{r}_{ij}\|}$ 是节点 i 和节点 j 间的相对速度；ε_{ij}^{*} 是未建模误差。

仿真参数见表 6-5。节点 i 的初始和末端状态由柔性着陆器中心初始和末端状态计算得到。以节点 i 的初始状态为例，末端状态可以由类似的方法获得

$$\begin{cases}\boldsymbol{r}_{i,0}=\boldsymbol{r}_{o,0}+\left(\dfrac{l_0}{\sqrt{3}}\cos\left(\dfrac{2i-2}{3}\pi\right),\dfrac{l_0}{\sqrt{3}}\sin\left(\dfrac{2i-2}{3}\pi\right),0\right)^{\mathrm{T}}\\ \boldsymbol{v}_{i,0}=\boldsymbol{v}_{o,0}\end{cases} \tag{6-91}$$

表 6-5　仿真参数

参数	数值
初始距离 l_0/m	$\frac{3\sqrt{3}}{5}$
最大距离 $l_{\max}$/m	$1.2l_0$
最小距离 $l_{\min}$/m	$0.8l_0$
等效面中心初始位置 $\boldsymbol{r}_{o,0}$/m	$(200,100,500)^{\mathrm{T}}$
等效面中心初始速度 $\boldsymbol{v}_{o,0}$/(m/s)	$(0.1,0,0)^{\mathrm{T}}$
等效面中心末端位置 $\boldsymbol{r}_{o,f}$/m	$(0,0,20)^{\mathrm{T}}$
等效面中心末端速度 $\boldsymbol{v}_{o,f}$/(m/s)	$(0,0,0)^{\mathrm{T}}$
飞行时间 t_f/s	200

以节点 1 为例，无迹卡尔曼滤波、估计投影无迹卡尔曼滤波和上述约束滤波方法得到的节点状态估计误差如图 6-25 和图 6-26 所示。其中无迹卡尔曼滤波指不考虑约束时采用常规无迹卡尔曼滤波方法对节点状态进行估计；估计投影指引入最大形变约束，当无迹卡尔曼滤波估计状态超出约束时直接将状态投影至约束边界。

从图 6-25 和图 6-26 可以看出，约束滤波和估计投影无迹卡尔曼滤波均可以得到更快的收敛速度以及更小的估计误差。由于约束包括非凸部分 $l_{\min}\leqslant\|\boldsymbol{r}_j-\boldsymbol{r}_i\|$，估计投影无迹卡尔曼滤波的估计误差大于约束滤波方法。

仿真结果表明，在柔性附着自主导航中引入节点形变约束，并根据约束形式特点设计导航滤波器，能够有效提高多节点状态估计的精度和收敛速度，为柔性附着制导控制提供更精准的状态信息。

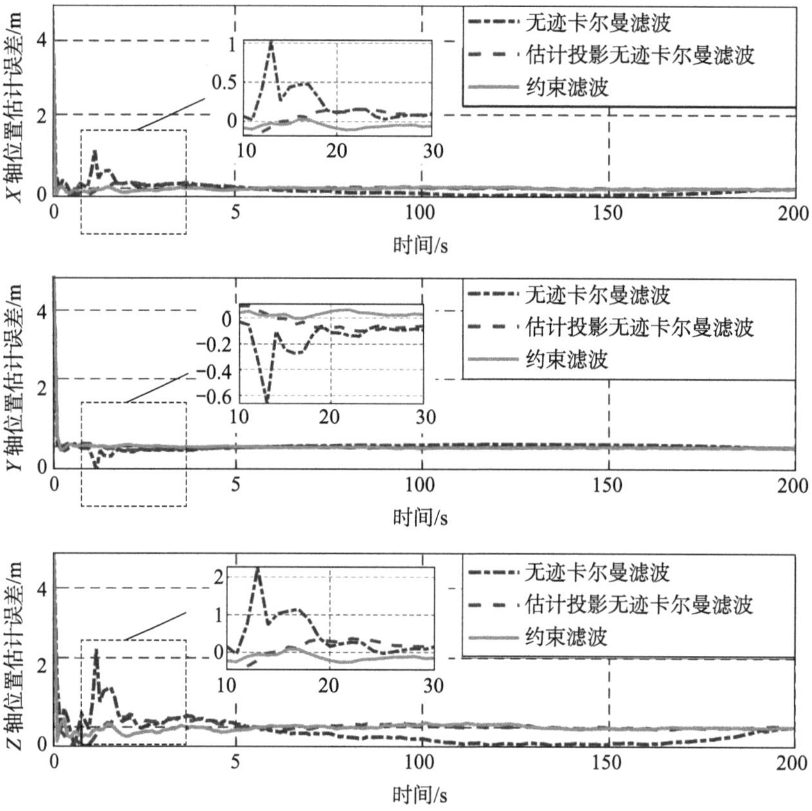

图 6-25　节点位置估计误差（节点 1）（见彩插）

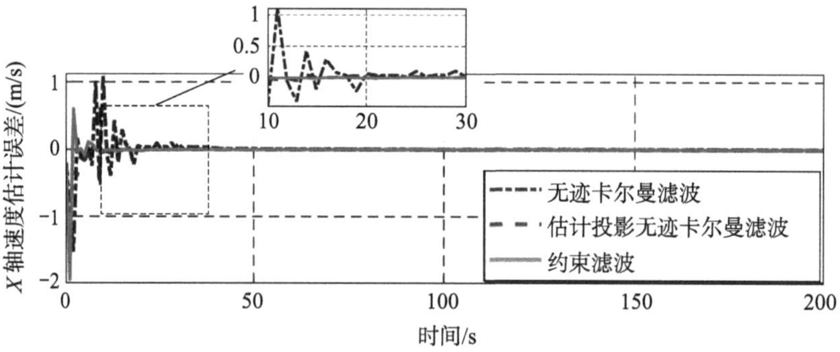

图 6-26　节点速度估计误差（节点 1）（见彩插）

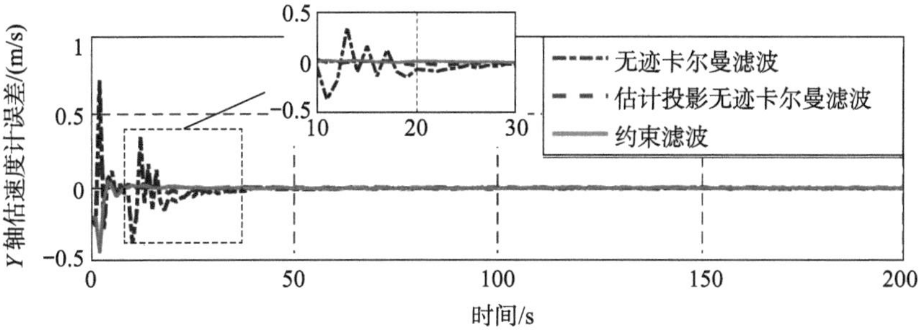

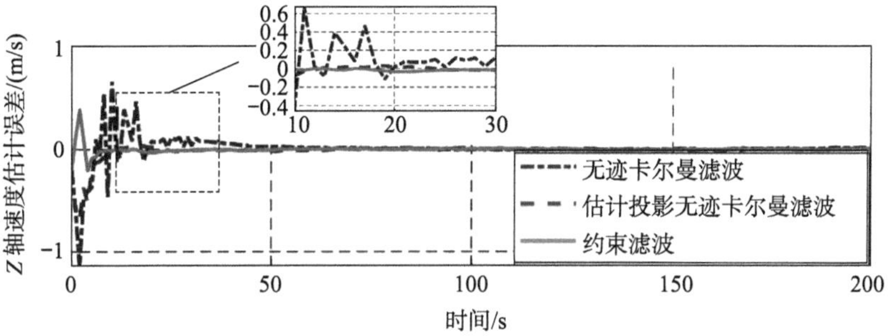

图 6-26　节点速度估计误差（节点 1）（续）（见彩插）

参考文献

[1] 王光泽．多视角观测下小天体环境智能感知与自配准研究［D］．青岛：青岛科技大学，2022.

[2] 梁子璇，鲁冰洁，崔平远，等．小天体智能附着技术研究进展［J］．深空探测学报（中英文），2024，11（3）：1—12.

[3] 崔平远，陆晓萱，朱圣英，等．小行星柔性附着状态协同估计方法［J］．宇航学报，2022，43（9）：1219—1226.

[4] ZHU S，LIU D，LIU Y，et al. Observability—based visual navigation using landmarks measuring angle for pinpoint landing［J］．Acta Astronautica，2019（155）：313—324.

[5] 崔平远，张成宇，朱圣英，等．小天体柔性附着技术［J］．宇航学报，2023，44（6）：805—816.

[6] CHE M，CHEN Z，GE D. Constrained unscented Kalman filtering with improved reliability for small celestial body relative navigation［C］．74th International Astronautical Congress（IAC），2023.

[7] CUI P，CHEN Z，GE D，et al. State estimation with nonlinear inequality constraints for small celestial body flexible landing. IEEE Transactions on Aerospace and Electronic Systems，doi：10.1109/TAES. 2024. 3497873.

第 7 章　柔性附着协同制导与控制

柔性着陆器属于分布参数系统，其节点上安装控制机构，针对若干个控制节点设计符合柔性附着特性的制导控制方法，以多节点协同的方式实现小行星表面柔性附着。本章在分析柔性着陆器多约束、强耦合特点的基础上，介绍柔性附着轨迹规划、协同制导与控制方法。

7.1　柔性附着轨迹规划

柔性附着轨迹规划是综合多种约束条件，规划出到达目标点的附着运动轨迹。由于柔性着陆器节点之间是柔性连接，其运动相互影响，在设计附着轨迹时需要考虑多节点间的协同配合，结合柔性运动特性建立柔性附着轨迹约束。下面在给出柔性附着轨迹约束的基础上，介绍一种基于同伦法的柔性附着轨迹规划方法[2]。

7.1.1　柔性附着约束建模

柔性着陆器在附着过程中受到多类状态与控制约束，包括柔性着陆器柔性结构或载荷限制带来的物理约束，以及小行星附着任务目标和安全性等约束。在建立约束模型时，需要综合考虑节点和等效面中心状态。具体约束形式如下：

（1）推力幅值约束

柔性着陆器各节点推力器输出的推力幅值有界，需要满足

$$0 < T_{\min} \leqslant \| \boldsymbol{T}_i \| \leqslant T_{\max} \tag{7-1}$$

式中，$T_{\min}$ 为推力幅值下界；$T_{\max}$ 为推力幅值上界。

（2）最大形变约束

受柔性结构限制，柔性着陆器任意两节点间的距离仅在有限范围内变化，即

$$l_{\min} \leqslant \| \boldsymbol{r}_j - \boldsymbol{r}_i \| \leqslant l_{\max} \tag{7-2}$$

式中，$l_{\min}$ 和 $l_{\max}$ 分别为最小和最大容许的相对距离。

（3）等效面倾角约束

为避免附着过程中柔性着陆器过度倾斜，要求等效面倾角 θ_o 满足

$$\cos\theta_o = \left(\frac{\boldsymbol{r}_{12} \times \boldsymbol{r}_{13}}{\| \boldsymbol{r}_{12} \times \boldsymbol{r}_{13} \|} \right)^{\mathrm{T}} \boldsymbol{n}_L \geqslant \cos\theta_{\max} \tag{7-3}$$

式中，$\boldsymbol{n}_L$ 为着陆平面法向量；$\theta_{\max}$ 表示柔性附着过程中允许的最大倾角。

（4）下滑角约束

附着过程中，为使着陆点始终在光学相机的观测范围内，并同时满足避障需求，使用下滑角约束将柔性着陆器约束在以着陆点为中心的圆锥内，如图 7－1 所示。用等效面中

心位置近似表示柔性着陆器整体位置，则下滑角约束可表示为

$$\frac{(\boldsymbol{r}_o-\boldsymbol{r}_{o,f})^{\mathrm{T}}\boldsymbol{n}_L}{\|\boldsymbol{r}_o-\boldsymbol{r}_{o,f}\|}\geqslant\cos\delta_{\max} \tag{7-4}$$

式中，$\boldsymbol{r}_{o,f}=\boldsymbol{r}_o(t_f)$ 表示等效面中心末端时刻位置矢量；$\delta_{\max}$ 表示最大下滑角。

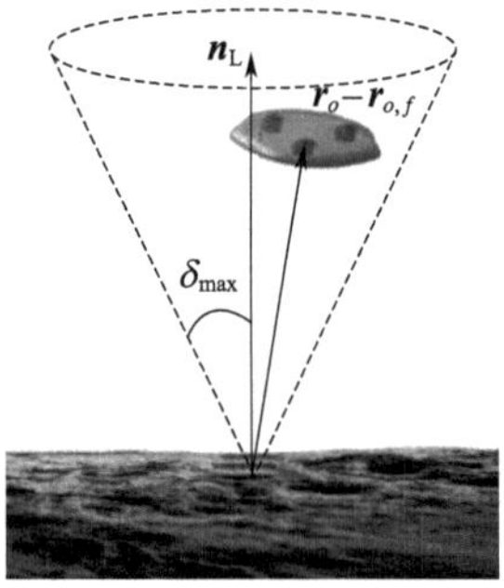

图 7-1 下滑角约束示意图

（5）最小质量约束

各节点携带燃料质量有限，要求附着过程中任意时刻的质量不低于燃料耗尽后的质量 $m_{i,\mathrm{dry}}$，即

$$m_i(t)\geqslant m_{i,\mathrm{dry}} \tag{7-5}$$

（6）边界约束

柔性着陆器各节点的初始位置、速度和质量以及末端位置和速度需要满足

$$m_i(0)=m_{i,\mathrm{wet}},\quad \boldsymbol{r}_i(0)=\boldsymbol{r}_{i,0},\quad \boldsymbol{v}_i(0)=\boldsymbol{v}_{i,0} \tag{7-6}$$

$$\boldsymbol{r}_i(t_f)=\boldsymbol{r}_{i,f},\quad \boldsymbol{v}_i(t_f)=\boldsymbol{v}_{i,f} \tag{7-7}$$

式中，$m_{i,\mathrm{wet}}$ 为节点 i 的初始质量；$\boldsymbol{r}_{i,0}$，$\boldsymbol{v}_{i,0}$，$\boldsymbol{r}_{i,f}$，$\boldsymbol{v}_{i,f}$ 分别表示节点 i 初始时刻的位置和速度以及末端时刻的位置和速度。

7.1.2 燃耗最优轨迹规划

柔性附着轨迹规划问题是一个连续时间非凸优化问题。与第 5 章轨迹优化问题相比，非线性柔性附着动力学将导致序列凸优化方法收敛性较差，因此以下基于同伦法思想构造并迭代求解同伦问题，获得柔性附着燃耗最优轨迹。

本小节聚焦于节点运动轨迹的规划，在着陆点固连下，不考虑节点姿态，柔性着陆器节点动力学方程可表示为

$$\begin{cases}\dot{\boldsymbol{r}}_i=\boldsymbol{v}_i\\ \dot{\boldsymbol{v}}_i=-2\boldsymbol{\omega}\times\boldsymbol{v}_i-\boldsymbol{\omega}\times(\boldsymbol{\omega}\times\boldsymbol{r}_i)+\boldsymbol{g}(\boldsymbol{r}_i)+\dfrac{\boldsymbol{T}_i}{m_i}+\dfrac{\boldsymbol{F}_{if}^t}{m_i}\\ \dot{m}_i=-\dfrac{\|\boldsymbol{T}_i\|}{I_{\mathrm{sp}}g_0}\end{cases} \tag{7-8}$$

式中，$\boldsymbol{F}_{if}^t$ 为节点 i 受到的柔性力（此处主要为拉压力），对于三节点柔性着陆器 $\boldsymbol{F}_{if}^t=\boldsymbol{F}_{ij}^t+$

$\boldsymbol{F}_{jk}^{t}$；I_{sp} 为推力器比冲；g_0 为地球引力加速度。假设柔性力满足下列性质：节点间的柔性力关于节点位置和速度连续变化，且存在正常数 L_1 和 L_2，使得

$$\begin{cases}\left\|\dfrac{\partial \boldsymbol{F}_{if}^{t}}{\partial \boldsymbol{r}_{\tau}}\right\| \leqslant \left\|\dfrac{\partial \boldsymbol{F}_{ij}^{t}}{\partial \boldsymbol{r}_{\tau}}\right\| + \left\|\dfrac{\partial \boldsymbol{F}_{ik}^{t}}{\partial \boldsymbol{r}_{\tau}}\right\| \leqslant L_1 \\ \left\|\dfrac{\partial \boldsymbol{F}_{if}^{t}}{\partial \boldsymbol{v}_{\tau}}\right\| \leqslant \left\|\dfrac{\partial \boldsymbol{F}_{ij}^{t}}{\partial \boldsymbol{v}_{\tau}}\right\| + \left\|\dfrac{\partial \boldsymbol{F}_{ik}^{t}}{\partial \boldsymbol{v}_{\tau}}\right\| \leqslant L_2\end{cases} (\tau = i, j, k) \tag{7-9}$$

同时，附着过程节点间的相对速度和柔性力大小存在上界

$$\begin{cases}\|\boldsymbol{v}_{ij}\| \leqslant \Delta v_{\max} \\ \|\boldsymbol{F}_{if}^{t}\| \leqslant F_{f,\max}^{t}\end{cases} \tag{7-10}$$

式中，$\Delta v_{\max}$ 为节点间最大相对速度；$F_{f,\max}^{t}$ 为柔性力最大幅值。

柔性附着燃耗最优性能指标表示为

$$J = \sum_{i=1}^{3} \int_{0}^{t_f} \|\boldsymbol{T}_i\| \mathrm{d}t \tag{7-11}$$

柔性附着燃耗最优轨迹规划问题可描述为：在满足动力学方程（7－8）、控制约束（7－1）、状态约束（7－2）至（7－5）以及边界约束（7－6）和（7－7）的条件下，最小化性能指标（7－11）。将该问题记为优化问题Ⅰ。在优化问题Ⅰ中，柔性附着动力学是非线性的，推力幅值约束（7－1）以及柔性约束（7－2）和（7－3）是非凸的。

为了求解上述优化问题，定义协态变量 $\boldsymbol{\lambda} = (\lambda_0, \boldsymbol{\lambda}_r^{\mathrm{T}}, \boldsymbol{\lambda}_v^{\mathrm{T}}, \boldsymbol{\lambda}_m^{\mathrm{T}})^{\mathrm{T}}$，其中 $\lambda_0 > 0$，$\boldsymbol{\lambda}_r = (\boldsymbol{\lambda}_{r1}^{\mathrm{T}}, \boldsymbol{\lambda}_{r2}^{\mathrm{T}}, \boldsymbol{\lambda}_{r3}^{\mathrm{T}})^{\mathrm{T}}$ 为与节点位置矢量相关的协态变量，$\boldsymbol{\lambda}_v = (\boldsymbol{\lambda}_{v1}^{\mathrm{T}}, \boldsymbol{\lambda}_{v2}^{\mathrm{T}}, \boldsymbol{\lambda}_{v3}^{\mathrm{T}})^{\mathrm{T}}$ 为与节点速度矢量相关的协态变量，$\boldsymbol{\lambda}_m = (\lambda_{m1}, \lambda_{m2}, \lambda_{m3})^{\mathrm{T}}$ 为与节点质量相关的协态变量。优化问题Ⅰ的哈密顿函数为

$$H = \sum_{i=1}^{3} \left[\lambda_0 \|\boldsymbol{T}_i\| + \boldsymbol{\lambda}_{ri}^{\mathrm{T}} \boldsymbol{v}_i + \boldsymbol{\lambda}_{vi}^{\mathrm{T}} \left(-2\boldsymbol{W}_1 \boldsymbol{v}_i - \boldsymbol{W}_2 \boldsymbol{r}_i + \boldsymbol{g}(\boldsymbol{r}_i) + \frac{\boldsymbol{T}_i}{m_i} + \frac{\boldsymbol{F}_{if}^{t}}{m_i}\right) - \lambda_{mi} \frac{\|\boldsymbol{T}_i\|}{I_{sp} g_0}\right] \tag{7-12}$$

其中

$$\boldsymbol{W}_1 = \begin{bmatrix} 0 & -\omega_z & \omega_y \\ \omega_z & 0 & -\omega_x \\ -\omega_y & \omega_x & 0 \end{bmatrix}, \quad \boldsymbol{W}_2 = \begin{bmatrix} -\omega_y^2 - \omega_z^2 & \omega_x \omega_y & \omega_x \omega_z \\ \omega_x \omega_y & -\omega_x^2 - \omega_z^2 & \omega_y \omega_z \\ \omega_x \omega_z & \omega_y \omega_z & -\omega_x^2 - \omega_y^2 \end{bmatrix} \tag{7-13}$$

为了最小化 H，三个节点的最优推力方向需要满足

$$\frac{\boldsymbol{T}_i}{\|\boldsymbol{T}_i\|} = -\frac{\boldsymbol{\lambda}_{vi}}{\|\boldsymbol{\lambda}_{vi}\|} \tag{7-14}$$

同时，最优推力幅值需要满足

$$\|\boldsymbol{T}_i\| = \begin{cases} T_{\min}, \rho_i > 0 \\ T_{\max}, \rho_i < 0 \end{cases} \tag{7-15}$$

其中

$$\rho_i = \lambda_0 - \frac{\|\lambda_{vi}\|}{m_i} - \frac{\lambda_{mi}}{I_{sp} g_0} \tag{7-16}$$

由于 $\rho_i=0$ 仅在有限个点处成立，柔性附着燃耗最优轨迹的推力满足 bang - bang 控制形式。柔性附着燃耗最优控制与刚性附着燃耗最优控制形式相同，然而优化问题Ⅰ中存在非线性动力学方程（7 - 8），导致直接使用序列凸优化方法求解收敛性较差。

为此，引入同伦参数 ε 构造柔性附着的同伦问题。通过改变同伦参数，将易于求解的刚性附着轨迹规划问题逐步转化为柔性附着轨迹规划问题，得到柔性附着燃耗最优轨迹。同伦参数满足 $\varepsilon\in[0,1]$，同伦问题的动力学方程可表示为

$$\begin{cases}\dot{\boldsymbol{r}}_i=\boldsymbol{v}_i\\ \dot{\boldsymbol{v}}_i=-2\boldsymbol{\omega}\times\boldsymbol{v}_i-\boldsymbol{\omega}\times(\boldsymbol{\omega}\times\boldsymbol{r}_i)+\boldsymbol{g}(\boldsymbol{r}_i)+\varepsilon\left(\dfrac{\boldsymbol{T}_i}{m_i}+\dfrac{\boldsymbol{F}_{if}^t}{m_i}\right)+(1-\varepsilon)\dfrac{\boldsymbol{T}_i}{m_i}\\ \dot{m}_i=-\dfrac{\|\boldsymbol{T}_i\|}{I_{sp}g_0}\end{cases}\tag{7-17}$$

基于同伦法的燃耗最优轨迹规划问题可描述为：在满足动力学方程（7 - 17）、控制约束（7 - 1）、状态约束（7 - 2）至（7 - 5）以及边界约束（7 - 6）和（7 - 7）的条件下，最小化性能指标（7 - 11）。将该问题记为优化问题Ⅱ。

优化问题Ⅱ与优化问题Ⅰ具有相同的性能指标与控制、状态约束。当同伦参数 $\varepsilon=1$ 时，优化问题Ⅱ转化为优化问题Ⅰ；当同伦参数 $\varepsilon=0$ 时，节点间柔性力等于 0，此时优化问题Ⅱ转化为三个无连接节点的附着轨迹优化问题。

优化问题Ⅱ的哈密顿函数为

$$H=\sum_{i=1}^{3}\lambda_0\|\boldsymbol{T}_i\|+\boldsymbol{\lambda}_{ri}^{\mathrm{T}}\boldsymbol{v}_i+\boldsymbol{\lambda}_{vi}^{\mathrm{T}}\left(-2\boldsymbol{W}_1\boldsymbol{v}_i-\boldsymbol{W}_2\boldsymbol{r}_i+\boldsymbol{g}(\boldsymbol{r}_i)+\frac{\boldsymbol{T}_i}{m_i}+\varepsilon\frac{\boldsymbol{F}_{if}^t}{m_i}\right)-\lambda_{mi}\frac{\|\boldsymbol{T}_i\|}{I_{sp}g_0}\tag{7-18}$$

优化问题Ⅱ中三个节点的最优推力方向和最优推力幅值满足式（7 - 14）和式（7 - 15）。根据最优控制理论，优化问题Ⅱ的协态方程为

$$\frac{\mathrm{d}\boldsymbol{\lambda}_{ri}}{\mathrm{d}t}=\left(\boldsymbol{W}_2^{\mathrm{T}}-\varepsilon\frac{\partial(\boldsymbol{F}_{if}^t)^{\mathrm{T}}}{m_i\partial\boldsymbol{r}_i}\right)\boldsymbol{\lambda}_{vi}-\boldsymbol{\lambda}_{vi}^{\mathrm{T}}\frac{\partial\boldsymbol{g}(\boldsymbol{r}_i)}{\partial\boldsymbol{r}_i}-\varepsilon\frac{\partial(\boldsymbol{F}_{jf}^t)^{\mathrm{T}}}{m_j\partial\boldsymbol{r}_i}\boldsymbol{\lambda}_{vj}-\varepsilon\frac{\partial(\boldsymbol{F}_{kf}^t)^{\mathrm{T}}}{m_k\partial\boldsymbol{r}_i}\boldsymbol{\lambda}_{vk}\tag{7-19}$$

$$\frac{\mathrm{d}\boldsymbol{\lambda}_{vi}}{\mathrm{d}t}=-\boldsymbol{\lambda}_{ri}+\left(2\boldsymbol{W}_1^{\mathrm{T}}-\varepsilon\frac{\partial(\boldsymbol{F}_{if}^t)^{\mathrm{T}}}{m_i\partial\boldsymbol{v}_i}\right)\boldsymbol{\lambda}_{vi}-\varepsilon\frac{\partial(\boldsymbol{F}_{jf}^t)^{\mathrm{T}}}{m_j\partial\boldsymbol{v}_i}\boldsymbol{\lambda}_{vj}-\varepsilon\frac{\partial(\boldsymbol{F}_{kf}^t)^{\mathrm{T}}}{m_k\partial\boldsymbol{v}_i}\boldsymbol{\lambda}_{vk}\tag{7-20}$$

$$\frac{\mathrm{d}\lambda_{mi}}{\mathrm{d}t}=\boldsymbol{\lambda}_{vi}^{\mathrm{T}}(\boldsymbol{T}_i+\varepsilon\boldsymbol{F}_{if}^t)\frac{1}{m_i^2}\tag{7-21}$$

定义 $\tilde{\boldsymbol{\lambda}}_i=(\boldsymbol{\lambda}_{ri}^{\mathrm{T}},\boldsymbol{\lambda}_{vi}^{\mathrm{T}},\lambda_{mi},\varepsilon)^{\mathrm{T}}$，并将协态方程改写为

$$\frac{\mathrm{d}\tilde{\boldsymbol{\lambda}}_i}{\mathrm{d}t}=\boldsymbol{f}(\tilde{\boldsymbol{\lambda}}_i)=\left(\frac{\mathrm{d}\boldsymbol{\lambda}_{ri}^{\mathrm{T}}}{\mathrm{d}t},\frac{\mathrm{d}\boldsymbol{\lambda}_{vi}^{\mathrm{T}}}{\mathrm{d}t},\frac{\mathrm{d}\lambda_{mi}}{\mathrm{d}t},0\right)^{\mathrm{T}}\tag{7-22}$$

可以看出 $\boldsymbol{f}(\tilde{\boldsymbol{\lambda}}_i)$ 连续。进一步证明 $\boldsymbol{f}(\tilde{\boldsymbol{\lambda}}_i)$ 满足局部李普希茨条件，此处仅考虑式（7 - 22）与柔性力相关的部分，并将微分方程组（7 - 22）拆分为

$$\frac{\mathrm{d}\boldsymbol{\lambda}_{ri}}{\mathrm{d}t}=-\varepsilon\frac{\partial(\boldsymbol{F}_{if}^t)^{\mathrm{T}}}{m_i\partial\boldsymbol{r}_i}\boldsymbol{\lambda}_{vi}-\varepsilon\frac{\partial(\boldsymbol{F}_{jf}^t)^{\mathrm{T}}}{m_j\partial\boldsymbol{r}_i}\boldsymbol{\lambda}_{vj}-\varepsilon\frac{\partial(\boldsymbol{F}_{kf}^t)^{\mathrm{T}}}{m_k\partial\boldsymbol{r}_i}\boldsymbol{\lambda}_{vk}\tag{7-23}$$

$$\frac{\mathrm{d}\boldsymbol{\lambda}_{vi}}{\mathrm{d}t}=-\varepsilon\frac{\partial(\boldsymbol{F}_{if}^{t})^{\mathrm{T}}}{m_i\partial\boldsymbol{v}_i}\boldsymbol{\lambda}_{vi}-\varepsilon\frac{\partial(\boldsymbol{F}_{jf}^{t})^{\mathrm{T}}}{m_j\partial\boldsymbol{v}_i}\boldsymbol{\lambda}_{vj}-\varepsilon\frac{\partial(\boldsymbol{F}_{kf}^{t})^{\mathrm{T}}}{m_k\partial\boldsymbol{v}_i}\boldsymbol{\lambda}_{vk} \tag{7-24}$$

$$\frac{\mathrm{d}\lambda_{mi}}{\mathrm{d}t}=\boldsymbol{\lambda}_{vi}^{\mathrm{T}}\varepsilon\boldsymbol{F}_{if}^{t}\frac{1}{m_i^2} \tag{7-25}$$

对于微分方程（7－25），根据式（7－10），有

$$\begin{aligned}\left\|\frac{\mathrm{d}\lambda_{mi}}{\mathrm{d}t}\bigg|_{\lambda_{mi,1}}-\frac{\mathrm{d}\lambda_{mi}}{\mathrm{d}t}\bigg|_{\lambda_{mi,2}}\right\|&=\left\|\boldsymbol{\lambda}_{vi,1}^{\mathrm{T}}\varepsilon\boldsymbol{F}_{if}^{t}\frac{1}{m_i^2}-\boldsymbol{\lambda}_{vi,2}^{\mathrm{T}}\varepsilon\boldsymbol{F}_{if}^{t}\frac{1}{m_i^2}\right\|\\&\leqslant\frac{1}{m_{\mathrm{dry}}^2}\left\|\boldsymbol{\lambda}_{vi,1}^{\mathrm{T}}\boldsymbol{F}_{if}^{t}-\boldsymbol{\lambda}_{vi,2}^{\mathrm{T}}\boldsymbol{F}_{if}^{t}\right\|\\&\leqslant F_{f,\max}\left\|\boldsymbol{\lambda}_{vi,1}-\boldsymbol{\lambda}_{vi,2}\right\|\end{aligned} \tag{7-26}$$

进一步分析微分方程（7－23）和（7－24），得到

$$\begin{aligned}\left\|\frac{\mathrm{d}\boldsymbol{\lambda}_{ri}}{\mathrm{d}t}\bigg|_{\lambda_{ri,1}}-\frac{\mathrm{d}\boldsymbol{\lambda}_{ri}}{\mathrm{d}t}\bigg|_{\lambda_{ri,2}}\right\|\leqslant&\left\|\frac{\partial(\boldsymbol{F}_{if}^{t})}{m_i\partial\boldsymbol{r}_i}\boldsymbol{\lambda}_{vi,1}-\frac{\partial(\boldsymbol{F}_{if}^{t})^{\mathrm{T}}}{m_i\partial\boldsymbol{r}_i}\boldsymbol{\lambda}_{vi,2}\right\|+\left\|\frac{\partial(\boldsymbol{F}_{jf}^{t})^{\mathrm{T}}}{m_j\partial\boldsymbol{r}_i}\boldsymbol{\lambda}_{vj,1}-\frac{\partial(\boldsymbol{F}_{jf}^{t})}{m_j\partial\boldsymbol{r}_i}\boldsymbol{\lambda}_{vj,2}\right\|+\\&\left\|\frac{\partial(\boldsymbol{F}_{kf}^{t})^{\mathrm{T}}}{m_k\partial\boldsymbol{r}_i}\boldsymbol{\lambda}_{vk,1}-\frac{\partial(\boldsymbol{F}_{kf}^{t})^{\mathrm{T}}}{m_k\partial\boldsymbol{r}_i}\boldsymbol{\lambda}_{vk,2}\right\|\end{aligned} \tag{7-27}$$

$$\begin{aligned}\left\|\frac{\mathrm{d}\boldsymbol{\lambda}_{vi}}{\mathrm{d}t}\bigg|_{\lambda_{vi,1}}-\frac{\mathrm{d}\boldsymbol{\lambda}_{vi}}{\mathrm{d}t}\bigg|_{\lambda_{vi,2}}\right\|\leqslant&\left\|\frac{\partial(\boldsymbol{F}_{if}^{t})}{m_i\partial\boldsymbol{r}_i}\boldsymbol{\lambda}_{vi,1}-\frac{\partial(\boldsymbol{F}_{if}^{t})^{\mathrm{T}}}{m_i\partial\boldsymbol{r}_i}\boldsymbol{\lambda}_{vi,2}\right\|+\left\|\frac{\partial(\boldsymbol{F}_{jf}^{t})^{\mathrm{T}}}{m_j\partial\boldsymbol{v}_i}\boldsymbol{\lambda}_{vj,1}-\frac{\partial(\boldsymbol{F}_{jf}^{t})}{m_j\partial\boldsymbol{v}_i}\boldsymbol{\lambda}_{vj,2}\right\|+\\&\left\|\frac{\partial(\boldsymbol{F}_{kf}^{t})^{\mathrm{T}}}{m_k\partial\boldsymbol{v}_i}\boldsymbol{\lambda}_{vk,1}-\frac{\partial(\boldsymbol{F}_{kf}^{t})^{\mathrm{T}}}{m_k\partial\boldsymbol{v}_i}\boldsymbol{\lambda}_{vk,2}\right\|\end{aligned} \tag{7-28}$$

由于 $\boldsymbol{F}_{if}^{t}$，$\boldsymbol{F}_{jf}^{t}$ 和 $\boldsymbol{F}_{kf}^{t}$ 具有类似的性质，只对不等式（7－27）和式（7－28）右侧第一项进行分析，根据 $\|\boldsymbol{Ax}\|\leqslant\|\boldsymbol{A}\|\|\boldsymbol{x}\|$，有

$$\left\|\frac{\partial(\boldsymbol{F}_{if}^{t})^{\mathrm{T}}}{m_i\partial\boldsymbol{r}_i}\boldsymbol{\lambda}_{vi,1}-\frac{\partial(\boldsymbol{F}_{if}^{t})^{\mathrm{T}}}{m_i\partial\boldsymbol{r}_i}\boldsymbol{\lambda}_{vi,2}\right\|\leqslant\frac{1}{m_{i,\mathrm{dry}}}\left\|\frac{\partial\boldsymbol{F}_{if}^{t}}{\partial\boldsymbol{r}_i}\right\|\left\|\boldsymbol{\lambda}_{vi,1}-\boldsymbol{\lambda}_{vi,2}\right\|\leqslant\frac{L_1}{m_{i,\mathrm{dry}}}\left\|\boldsymbol{\lambda}_{vi,1}-\boldsymbol{\lambda}_{vi,2}\right\| \tag{7-29}$$

$$\left\|\frac{\partial(\boldsymbol{F}_{if}^{t})^{\mathrm{T}}}{m_i\partial\boldsymbol{v}_i}\boldsymbol{\lambda}_{vi,1}-\frac{\partial(\boldsymbol{F}_{if}^{t})^{\mathrm{T}}}{m_i\partial\boldsymbol{v}_i}\boldsymbol{\lambda}_{vi,2}\right\|\leqslant\frac{1}{m_{i,\mathrm{dry}}}\left\|\frac{\partial\boldsymbol{F}_{if}^{t}}{\partial\boldsymbol{v}_i}\right\|\left\|\boldsymbol{\lambda}_{vi,1}-\boldsymbol{\lambda}_{vi,2}\right\|\leqslant\frac{L_2}{m_{i,\mathrm{dry}}}\left\|\boldsymbol{\lambda}_{vi,1}-\boldsymbol{\lambda}_{vi,2}\right\| \tag{7-30}$$

因此，$\boldsymbol{f}(\tilde{\boldsymbol{\lambda}}_i)$ 也满足局部李普希茨条件。根据微分方程组对初值的连续依赖性，式（7－22）的解 $\tilde{\boldsymbol{\lambda}}_i$ 对于初值 $\varepsilon(t_0)$ 连续，又因为 $\dfrac{\mathrm{d}\varepsilon}{\mathrm{d}t}=0$，即式（7－22）的解 $\tilde{\boldsymbol{\lambda}}_i$ 对于同伦参数 ε 连续。结合式（7－14）和式（7－15），三个节点最优推力关于同伦参数 ε 连续。当同伦参数 ε 由 0 连续变化成 1 时，优化问题Ⅱ的解将从刚性附着问题的解连续变化为柔性附着问题的解。因此，首先求解同伦参数 $\varepsilon=0$ 的优化问题Ⅱ，并将优化问题Ⅱ的最优解作为标称轨迹，通过迭代求解优化问题即可得到柔性附着轨迹。

优化问题Ⅱ同样是一个连续时间非凸优化问题，为了便于求解，需要首先对其进行凸化和离散化。优化问题Ⅱ包含非线性动力学（7－17）、非凸推力幅值约束（7－1）以及非

凸柔性约束（7－2）和（7－3）。

对优化问题Ⅱ中的推力幅值约束进行凸化，引入松弛变量 Γ_i，令

$$\|\boldsymbol{T}_i\| \leqslant \Gamma_i \tag{7-31}$$

将松弛变量 Γ_i 代入优化问题Ⅱ。此时，优化问题Ⅱ的性能指标、推力约束以及质量变化方程转化为

$$J = \int_0^{t_f} \sum_{i=1}^{3} \Gamma_i \, \mathrm{d}t \tag{7-32}$$

$$\begin{cases} \|\boldsymbol{T}_i\| \leqslant \Gamma_i \\ T_{\min} \leqslant \Gamma_i \leqslant T_{\max} \end{cases} \tag{7-33}$$

$$\dot{m}_i = -\frac{\Gamma_i}{I_{\mathrm{sp}} g_0} \tag{7-34}$$

对于小行星柔性附着轨迹规划问题，由于三个节点附着轨迹接近，利用最优控制理论可以证明，当末端时间 t_f 取最优时间 t_f^* 时，松弛后优化问题Ⅱ的最优控制和松弛变量满足 $\|\boldsymbol{T}_i\| = \Gamma_i$。此时，松弛问题与优化问题Ⅱ同解，即式（7－31）至式（7－34）是对优化问题Ⅱ的无损凸化。

当末端时间 t_f 不等于最优时间 t_f^* 时，无法通过理论严格证明 $\|\boldsymbol{T}_i\| = \Gamma_i$。因此，在松弛后的问题中加入推力松弛约束

$$\|\boldsymbol{T}_i\| = \Gamma_i \tag{7-35}$$

利用一阶泰勒展开对最大形变约束（7－2）和推力松弛约束（7－35）进行凸化，得到

$$l_{\min} \leqslant \frac{\bar{\boldsymbol{r}}_{ij}^{\mathrm{T}}}{\|\bar{\boldsymbol{r}}_{ij}\|}(\boldsymbol{r}_f - \boldsymbol{r}_i) \tag{7-36}$$

$$\frac{\bar{\boldsymbol{T}}_i^{\mathrm{T}}}{\|\bar{\boldsymbol{T}}_i\|}\boldsymbol{T}_i = \Gamma_i \tag{7-37}$$

式中，$\bar{\boldsymbol{T}}_i$ 表示标称轨迹中节点 i 的控制量；$\bar{\boldsymbol{r}}_{ij} = \bar{\boldsymbol{r}}_j - \bar{\boldsymbol{r}}_i$ 表示标称轨迹中由节点 i 指向节点 j 的相对位置矢量。

对等效面倾角约束进行凸化后，得到

$$(\boldsymbol{R}_0 + \boldsymbol{R}_1(\boldsymbol{r}_{12} - \bar{\boldsymbol{r}}_{12}) + \boldsymbol{R}_2(\boldsymbol{r}_{13} - \bar{\boldsymbol{r}}_{13}))^{\mathrm{T}} \boldsymbol{n}_L \geqslant \cos\theta_{\max} \tag{7-38}$$

$$\boldsymbol{R}_0 = \bar{\boldsymbol{n}}_s, \boldsymbol{R}_1 = \frac{\partial \boldsymbol{n}_s}{\partial \boldsymbol{r}_{12}}\Big|_{\bar{r}_{12}, \bar{r}_{13}}, \boldsymbol{R}_2 = \frac{\partial \boldsymbol{n}_s}{\partial \boldsymbol{r}_{13}}\Big|_{\bar{r}_{12}, \bar{r}_{13}} \tag{7-39}$$

式中，$\bar{\boldsymbol{n}}_s$ 表示标称轨迹中等效面法向量。

定义状态向量 $\boldsymbol{x} = (\boldsymbol{x}_1^{\mathrm{T}}, \boldsymbol{x}_2^{\mathrm{T}}, \boldsymbol{x}_3^{\mathrm{T}})^{\mathrm{T}} \in \mathbb{R}^{21}$ 和控制向量 $\boldsymbol{u} = (\boldsymbol{u}_1^{\mathrm{T}}, \boldsymbol{u}_2^{\mathrm{T}}, \boldsymbol{u}_3^{\mathrm{T}})^{\mathrm{T}} \in \mathbb{R}^{12}$，其中

$$\begin{cases} \boldsymbol{x}_i \triangleq (\boldsymbol{r}_i^{\mathrm{T}}, \boldsymbol{v}_i^{\mathrm{T}}, m_i)^{\mathrm{T}} \\ \boldsymbol{u}_i \triangleq (\boldsymbol{T}_i^{\mathrm{T}}, \Gamma_i)^{\mathrm{T}} \end{cases} \tag{7-40}$$

将动力学方程（7－17）表示为

$$\frac{\mathrm{d}}{\mathrm{d}t}\boldsymbol{x}(t) = \boldsymbol{f}(\boldsymbol{x}(t), \boldsymbol{u}(t)) \triangleq (\dot{\boldsymbol{r}}_1^{\mathrm{T}}, \dot{\boldsymbol{v}}_1^{\mathrm{T}}, \dot{m}_1, \cdots, \dot{\boldsymbol{r}}_3^{\mathrm{T}}, \dot{\boldsymbol{v}}_3^{\mathrm{T}}, \dot{m}_3)^{\mathrm{T}} \tag{7-41}$$

记标称轨迹的状态量和控制量分别为 $\bar{\boldsymbol{x}}(t)$ 和 $\bar{\boldsymbol{u}}(t)$，在标称轨迹附近对上式进行一阶泰勒展开，得到线性化后的附着动力学方程

$$\frac{\mathrm{d}}{\mathrm{d}t}\boldsymbol{x}(t)=\boldsymbol{A}(t)\boldsymbol{x}(t)+\boldsymbol{B}(t)\boldsymbol{x}(t)+\boldsymbol{\Sigma}(t)+\boldsymbol{z}(t) \tag{7-42}$$

其中

$$\begin{cases}\boldsymbol{A}(t)\triangleq\dfrac{\partial}{\partial\boldsymbol{x}}\boldsymbol{f}(x(t),\boldsymbol{u}(t))\Big|_{\bar{\boldsymbol{x}}(t),\bar{\boldsymbol{u}}(t)}\\ \boldsymbol{B}(t)\triangleq\dfrac{\partial}{\partial\boldsymbol{u}}\boldsymbol{f}(x(t),\boldsymbol{u}(t))\Big|_{\bar{\boldsymbol{x}}(t),\bar{\boldsymbol{u}}(t)}\\ \boldsymbol{\Sigma}(t)\triangleq\boldsymbol{f}(\bar{\boldsymbol{x}}(t),\bar{\boldsymbol{u}}(t))\\ \boldsymbol{z}(t)\triangleq-\boldsymbol{A}(t)\bar{\boldsymbol{x}}(t)-\boldsymbol{B}(t)\bar{\boldsymbol{u}}(t)\end{cases} \tag{7-43}$$

在对优化问题Ⅱ进行凸化后，进一步对优化问题Ⅱ进行离散。附着过程中，根据柔性着陆器的控制周期 Δt，将轨迹离散成 N 个点，即

$$N=\frac{t_f}{\Delta t}+1 \tag{7-44}$$

定义两个集合

$$\begin{cases}\boldsymbol{Q}\triangleq\{1,\cdots,N-1,N\}\\ \widetilde{\boldsymbol{Q}}\triangleq\{1,\cdots,N-2,N-1\}\end{cases} \tag{7-45}$$

同时定义在离散点 k 处的时间为

$$t_q\triangleq(q-1)\Delta t,\quad \forall q\in\boldsymbol{Q} \tag{7-46}$$

在间隔 $t\in[t_q,\ t_{q+1}]$ 上，将 $\boldsymbol{u}(t)$ 表示为 $\boldsymbol{u}_q$ 和 $\boldsymbol{u}_{q+1}$ 的函数

$$\boldsymbol{u}(t)\triangleq\alpha_q(t)\boldsymbol{u}_q+\beta_q(t)\boldsymbol{u}_{q+1},t\in[t_q,t_{q+1}],\forall q\in\widetilde{\boldsymbol{Q}} \tag{7-47}$$

其中

$$\begin{cases}\alpha_q(t)\triangleq\dfrac{t_{q+1}-t}{t_{q+1}-t_q}\\ \beta_q(t)\triangleq\dfrac{t-t_q}{t_{q+1}-t_q}\end{cases} \tag{7-48}$$

使用 $\boldsymbol{\Phi}_A(t_{q+1},\ t_q)$ 表示无控情况下从状态 $\boldsymbol{x}_q\triangleq\boldsymbol{x}(t_q)$ 到状态 $\boldsymbol{x}_{q+1}\triangleq\boldsymbol{x}(t_{q+1})$ 的转移矩阵，满足

$$\frac{\mathrm{d}}{\mathrm{d}t}\boldsymbol{\Phi}_A(t,t_q)=\boldsymbol{A}(t)\boldsymbol{\Phi}_A(t,t_q),\boldsymbol{\Phi}_A(t_q,t_q)=\boldsymbol{I},\forall q\in\widetilde{\boldsymbol{Q}} \tag{7-49}$$

结合式（7-47）和式（7-49），离散时间动力学方程可表示为

$$\boldsymbol{x}_{q+1}=\boldsymbol{A}_q\boldsymbol{x}_q+\boldsymbol{B}_q^-\boldsymbol{u}_q+\boldsymbol{B}_q^+\boldsymbol{u}_{q+1}+\boldsymbol{\Sigma}_q+\boldsymbol{z}_q \tag{7-50}$$

其中

$$\begin{cases}\boldsymbol{A}_q \triangleq \boldsymbol{\Phi}(t_{q+1},t_q) \\ \boldsymbol{B}_q^- \triangleq \boldsymbol{A}_q\int_{t_q}^{t_{q+1}}\boldsymbol{\Phi}^{-1}(t,t_q)\boldsymbol{B}(t)\alpha_q(t)\mathrm{d}t \\ \boldsymbol{B}_q^+ \triangleq \boldsymbol{A}_q\int_{t_q}^{t_{q+1}}\boldsymbol{\Phi}^{-1}(t,t_q)\boldsymbol{B}(t)\beta_q(t)\mathrm{d}t \\ \boldsymbol{\Sigma}_q \triangleq \boldsymbol{A}_q\int_{t_q}^{t_{q+1}}\boldsymbol{\Phi}^{-1}(t,t_q)\boldsymbol{\Sigma}(t)\mathrm{d}t \\ \boldsymbol{z}_q \triangleq \boldsymbol{A}_q\int_{t_q}^{t_{q+1}}\boldsymbol{\Phi}^{-1}(t,t_q)\boldsymbol{z}(t)\mathrm{d}t\end{cases} \tag{7-51}$$

其中 $\boldsymbol{A}_q\boldsymbol{\Phi}^{-1}(t,\ t_q)=\boldsymbol{\Phi}(t_{q+1},\ t)$。

令优化问题II中的性能指标、状态约束、控制约束及边界条件在离散点 t_q，$\forall q \in \widetilde{Q}$ 处成立，得到凸化且离散化后的优化问题Ⅱ。

进一步引入无约束的虚拟控制项和置信域项，将状态和控制的相对偏差定义为

$$\begin{cases}\delta\boldsymbol{x}_q^p \triangleq \boldsymbol{x}_q^p - \boldsymbol{x}_q^{p-1} \\ \delta\boldsymbol{u}_q^p \triangleq \boldsymbol{u}_q^p - \boldsymbol{u}_q^{p-1}\end{cases} \quad \forall q \in Q \tag{7-52}$$

$\boldsymbol{x}_q^0$ 和 $\boldsymbol{u}_q^0$ 表示初始标称轨迹的状态量和控制量。为了使优化结果在标称轨迹附近，以减小线性化误差，引入置信域约束

$$(\delta\boldsymbol{x}_q^p)^{\mathrm{T}}\delta\boldsymbol{x}_q^p + k_u(\delta\boldsymbol{u}_q^p)^{\mathrm{T}}\delta\boldsymbol{u}_q^p \leqslant \Delta_q^p \tag{7-53}$$

k_u 为缩放系数，$\boldsymbol{\Delta}^p=(\Delta_1^p,\ \cdots,\ \Delta_q^p,\ \cdots,\ \Delta_N^p)$，$\Delta_q^p$ 为 t_q 时刻置信域的半径。将置信域作为惩罚项加入性能指标中，即性能指标增广为

$$J=\sum_{i=1}^{3}\|\boldsymbol{\Gamma}_i^p\|_1 + w_{\Delta}^p\|\boldsymbol{\Delta}^p\|_2 \tag{7-54}$$

式中，w_{Δ}^p 为置信域的权重。

进一步，在动力学方程中加入无约束的虚拟控制项，避免线性化导致优化问题无可行解。离散后的动力学方程（7-50）可改写为

$$\boldsymbol{x}_{q+1}^p=\hat{\boldsymbol{A}}_q^p\boldsymbol{x}_q^p+\hat{\boldsymbol{B}}_q^{p,-}\boldsymbol{u}_q^p+\hat{\boldsymbol{B}}_q^{p,+}\boldsymbol{u}_{q+1}^p+\hat{\boldsymbol{\Sigma}}_q^p+\hat{\boldsymbol{z}}_q^p+\boldsymbol{v}_q^p \tag{7-55}$$

式中，$\boldsymbol{v}_q^p \in \mathbb{R}^{21}$ 为虚拟控制。为了减少使用虚拟控制，进一步增广优化问题II的性能指标为

$$J=\sum_{i=1}^{3}\|\boldsymbol{\Gamma}_i^p\|_1 + w_{\Delta}^p\|\boldsymbol{\Delta}^p\|_2 + w_v^p\|\boldsymbol{v}^p\| \tag{7-56}$$

其中 $\boldsymbol{v}^p=(\boldsymbol{v}_1^{p,\mathrm{T}},\ \cdots,\ \boldsymbol{v}_q^{p,\mathrm{T}},\ \cdots,\ \boldsymbol{v}_N^{p,\mathrm{T}})^{\mathrm{T}}$。

定义迭代过程中状态和控制的相对偏差为

$$\begin{cases}\delta\boldsymbol{x}^p \triangleq \boldsymbol{x}^p - \bar{\boldsymbol{x}}^p \\ \delta\boldsymbol{u}^p \triangleq \boldsymbol{u}^p - \bar{\boldsymbol{u}}^p\end{cases} \tag{7-57}$$

判定优化问题Ⅱ子问题序列收敛的条件为

$$(\delta\boldsymbol{x}^p)^{\mathrm{T}}\delta\boldsymbol{x}^p + (\delta\boldsymbol{u}^p)^{\mathrm{T}}\delta\boldsymbol{u}^p \leqslant \Delta_{\mathrm{tol}} \tag{7-58}$$

式中，Δ_{tol} 为所容许的误差上界。

基于同伦法的柔性附着轨迹优化可描述为：在第 p 轮迭代中，首先利用本轮的标称轨迹 $\bar{\boldsymbol{x}}^p$ 和 $\bar{\boldsymbol{u}}^p$ 对优化问题Ⅱ进行凸化和离散化，并进行求解。如果不满足收敛条件（7－58），则将本轮的解作为第 $p+1$ 轮迭代的标称轨迹 $\bar{\boldsymbol{x}}^{p+1}=\boldsymbol{x}^p$，$\bar{\boldsymbol{u}}^{p+1}=\boldsymbol{u}^p$，同时如果 $\varepsilon^p<1$，则令 $\varepsilon^{p+1}=\varepsilon^p+\Delta_\varepsilon$，其中 Δ_ε 为同伦参数增量，进入第 $p+1$ 轮迭代；如果满足收敛条件（7－58）且 $\varepsilon^p<1$，则令 $\varepsilon^{p+1}=1$，并将本轮的解作为第 $p+1$ 轮迭代的标称轨迹 $\bar{\boldsymbol{x}}^{p+1}=\boldsymbol{x}^p$，$\bar{\boldsymbol{u}}^{p+1}=\boldsymbol{u}^p$，进入第 $p+1$ 轮迭代；如果满足收敛条件（7－58）且 $\varepsilon^p=1$，则输出柔性附着燃耗最优轨迹。

下面给出柔性附着燃耗最优轨迹规划的仿真算例，仿真参数如表 7－1 所示。在小行星固连系下，柔性着陆器等效面中心初始位置为 $\boldsymbol{r}_{o,0}=[7\ 254.79,\ -6\ 031.66,\ -8\ 496.68]^{\mathrm{T}}$ m，初始速度为 $\boldsymbol{v}_{o,0}=[-1.23,\ 1.44,\ -0.42]^{\mathrm{T}}$ m/s，末端位置为 $\boldsymbol{r}_{o,f}=[6\ 843.68,\ -4\ 678.87,\ -4\ 545.95]^{\mathrm{T}}$ m，末端速度为 $\boldsymbol{v}_{o,f}=[0,\ 0,\ 0]^{\mathrm{T}}$ m/s。节点间标称距离 $l_0=3\sqrt{3}/5$ m，初始和末端时刻节点 $i\,(i=1,\ 2,\ 3)$ 的位置矢量与速度矢量由下式计算得到

$$\begin{cases}\boldsymbol{r}_i=\boldsymbol{r}_0+\Sigma^{\mathrm{s}}\left[\dfrac{l_0+\Delta x_1}{\sqrt{3}}\cos\left(\dfrac{2i-2}{3}\pi\right)\quad\dfrac{l_0+\Delta y_i}{\sqrt{3}}\sin\left(\dfrac{2i-2}{3}-\pi\right)\quad 0\right]\\[2ex]\boldsymbol{v}_i=\boldsymbol{v}_0\end{cases}\tag{7-59}$$

式中，Σ^{s} 为等效面参考坐标系到小行星固连系的转换矩阵，Δx_i，Δy_i 分别表示等效面参考坐标系下节点 i 在 X 和 Y 轴偏离标称位置的距离。附着轨迹的初始猜测通过初始状态和末端状态的线性插值获得。

表 7－1　仿真参数

参数	数值	参数	数值
初始质量 $m_{i,\mathrm{wet}}$/kg	300	干重 $m_{i,\mathrm{dry}}$/kg	150
比冲 I_{sp}/s	150	飞行时间 t_f/s	800
推力幅值上界 $T_{\max}$/N	20	推力幅值下界 $T_{\min}$/N	2
节点间最大距离 $l_{\max}$/m	$1.2l_0$	节点间最小距离 $l_{\max}$/m	$0.8l_0$
最大下滑角 $\delta_{\max}$/(°)	30	等效面最大倾角 $\theta_{\max}$/(°)	30

首先考虑初始时刻节点间无柔性变形的情况，即 $\Delta x_i=\Delta y_i=0$ m，柔性附着三节点燃耗最优轨迹如图 7－2 所示，节点 1 的状态与推力变化曲线如图 7－3 所示，由推力幅值曲线可以看出最优控制为 bang－bang 形式。在给定仿真条件下，同伦法在 5 次迭代后收敛，传统的序列凸优化法在 8 次迭代后收敛。

当初始时刻节点间存在柔性变形时，各节点在附着初期会受到较大的柔性力作用，图 7－4 给出了 t_0 时刻节点处于拉伸时，即 $\Delta x_i=\Delta y_i=0.02l_0$，附着过程中节点间的形变、相对速度和柔性力的变化曲线。此时，同伦法经过 6 次迭代后收敛，而传统的序列凸优化方法需要 12 次迭代才能收敛。

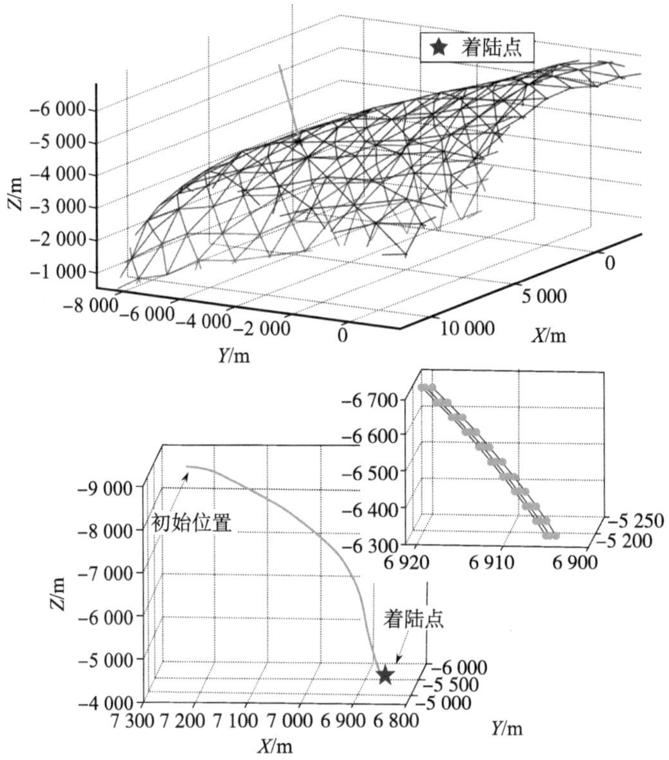

图 7-2　柔性附着三节点燃耗最优轨迹及局部放大图（见彩插）

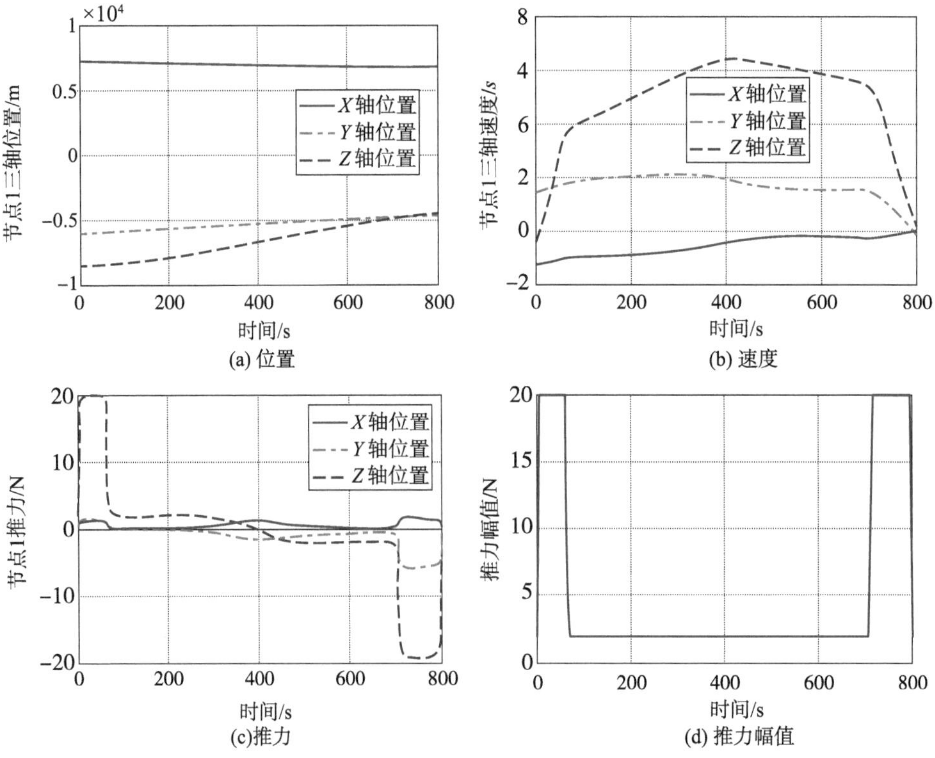

图 7-3　节点 1 状态与推力变化（见彩插）

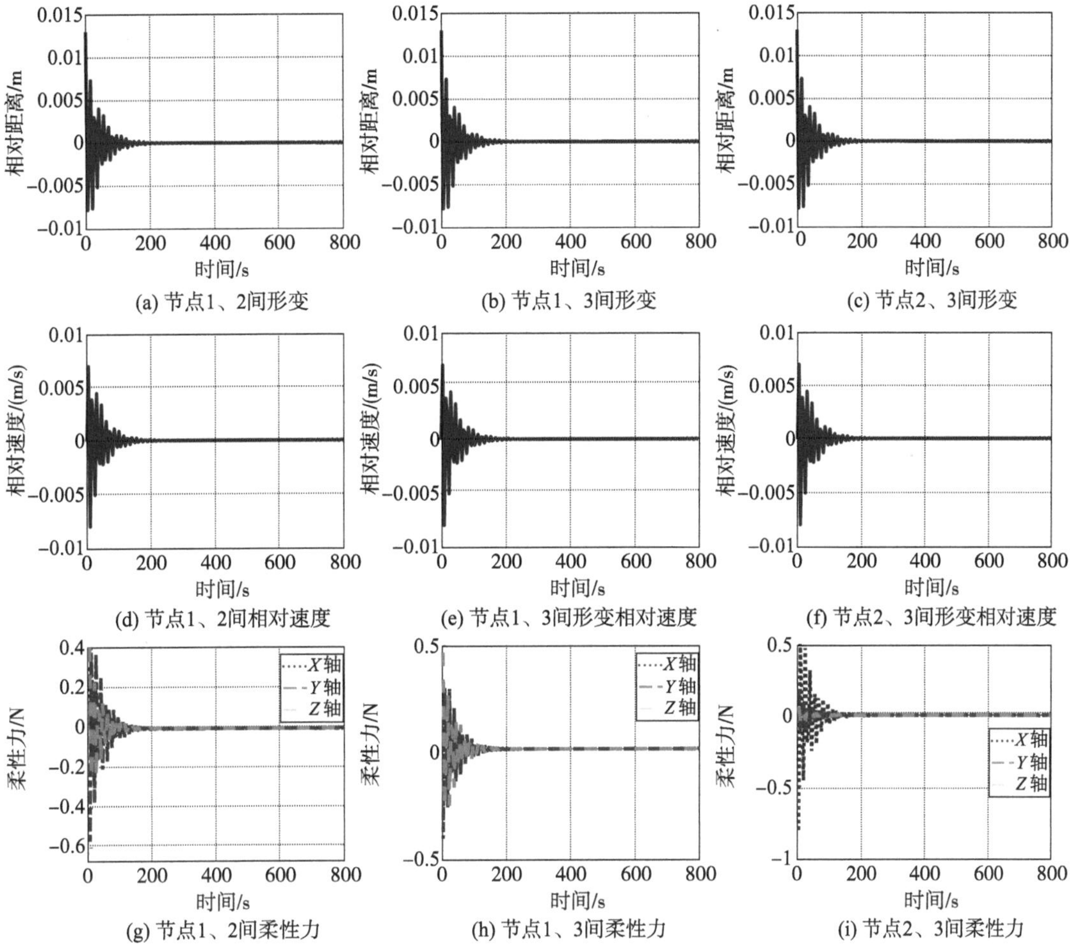

图 7-4　t_0 时刻拉伸的情况下节点间的参数变化（见彩插）

7.2　柔性附着强约束协同制导

柔性附着过程中，需要综合考虑节点间协同以及障碍规避约束、姿态平稳约束、推力幅值及摆角约束等。针对强约束条件下的柔性附着问题，本节基于标称制导＋柔性补偿的思路，给出两种柔性附着协同制导律设计方法。

7.2.1　柔性附着解析协同制导

首先介绍基于能量最优控制的柔性附着强约束协同制导方法，采用主推力＋补偿推力的协同制导思路，根据能量最优控制方法设计主推力，并利用补偿推力协调多节点运动，使得柔性着陆器在附着过程中能够同时满足障碍规避约束、姿态平稳约束、推力幅值及摆角约束。

针对柔性附着强约束多节点协同制导问题，采用如下制导形式

$$\boldsymbol{T}_i = \boldsymbol{T}_{i0} + \boldsymbol{T}_{ic} \tag{7-60}$$

式中，$\boldsymbol{T}_i$ 为节点 i 的控制推力；$\boldsymbol{T}_{i0}$ 为节点 i 的主推力（根据该节点自身状态计算），用于控制柔性着陆器在满足约束的条件下到达目标点；$\boldsymbol{T}_{ic}$ 为节点 i 的补偿推力（根据该节点和其他节点状态计算），用于维持柔性着陆器的姿态平稳。

节点 i 的控制加速度可表示为

$$\boldsymbol{a}_i = f(\boldsymbol{r}_i, \boldsymbol{v}_i) + g(\boldsymbol{r}_{\text{all}}, \boldsymbol{v}_{\text{all}}) \tag{7-61}$$

式中，$\boldsymbol{a}_i$ 为节点 i 的控制加速度；$\boldsymbol{r}_i$ 为节点 i 的位置；$\boldsymbol{v}_i$ 为节点 i 的速度；$\boldsymbol{r}_{\text{all}}$ 为三个节点的位置；$\boldsymbol{v}_{\text{all}}$ 为三个节点的速度；f 和 g 为相应制导律，分别用于计算主推力和补偿推力对应加速度。下面给出主推力和补偿推力的设计方法：

（1）主推力

在给定节点初始状态与末端状态的条件下，采用最优控制方法实现精确附着制导。对于每个节点，为使附着过程能量消耗最少，将优化性能指标设计为

$$J_{i0} = \frac{1}{2}\int_{t_0}^{t_f} (\boldsymbol{a}_i^{\mathrm{T}} \boldsymbol{a}_i)\mathrm{d}t \tag{7-62}$$

式中，t_0 为初始时刻；t_f 为着陆时刻。附着轨迹要求满足初始和末端状态约束，即

$$\begin{cases} \boldsymbol{r}_i(t_0) = \boldsymbol{r}_{i0}, \boldsymbol{v}(t_0) = \boldsymbol{v}_{i0} \\ \boldsymbol{r}_i(t_f) = \boldsymbol{r}_{if}, \boldsymbol{v}(t_f) = \boldsymbol{v}_{if} \end{cases} \tag{7-63}$$

式中，$\boldsymbol{r}_{i0}$ 和 $\boldsymbol{v}_{i0}$ 为初始时刻节点 i 的位置和速度；$\boldsymbol{r}_{if}$ 和 $\boldsymbol{v}_{if}$ 为节点 i 的目标位置和速度。

如第 5 章所述，附着过程中采用凸轨迹能够尽可能避免与星表障碍发生碰撞。在着陆点固连坐标系下，记节点 i 位置矢量与着陆平面夹角即轨迹高度角为 θ_i 。相比于凹轨迹，凸轨迹对应的 θ_i 随时间的积分更大。因此，在优化性能指标中加入如下形式的障碍规避项

$$Q_i = -\sin(\theta_i) = -\frac{\boldsymbol{n}_L^{\mathrm{T}} \boldsymbol{r}_i}{\|\boldsymbol{r}_i\|} \approx -\frac{\boldsymbol{n}_L^{\mathrm{T}} \boldsymbol{r}_i}{\|\boldsymbol{r}_i\| + d} \tag{7-64}$$

式中，$\boldsymbol{n}_L$ 为着陆平面单位法向量；d 为避免 Q_i 出现奇异的正常数。由此，柔性附着轨迹优化性能指标为

$$J_i = \frac{1}{2}\int_{t_0}^{t_f} \left(\boldsymbol{a}_i^{\mathrm{T}} \boldsymbol{a}_i - k\,\frac{\boldsymbol{n}_L^{\mathrm{T}} \boldsymbol{r}_i}{\|\boldsymbol{r}_i\| + d}\right)\mathrm{d}t \tag{7-65}$$

式中，k 为避障项的权值参数。

对于上述优化问题，建立哈密顿函数

$$H_i = \frac{1}{2}\left(\boldsymbol{a}_i^{\mathrm{T}} \boldsymbol{a}_i - k\,\frac{\boldsymbol{n}_L^{\mathrm{T}} \boldsymbol{r}_i}{\|\boldsymbol{r}_i\| + d}\right) + \boldsymbol{\lambda}_{i1}^{\mathrm{T}} \boldsymbol{v}_i + \boldsymbol{\lambda}_{i2}^{\mathrm{T}} (\boldsymbol{a}_i + \boldsymbol{g}) \tag{7-66}$$

式中，$\boldsymbol{g}$ 为小行星引力加速度；$\boldsymbol{\lambda}_{i1}$ 与 $\boldsymbol{\lambda}_{i2}$ 为协态变量。正则方程为

$$\begin{cases} \dot{\boldsymbol{\lambda}}_{i1} = -\dfrac{\partial H_i}{\partial \boldsymbol{r}_i} = k\,\dfrac{(\|\boldsymbol{r}_i\|^2 + d\|\boldsymbol{r}_i\|)\boldsymbol{n}_L - (\boldsymbol{n}_L^{\mathrm{T}} \boldsymbol{r}_i)\boldsymbol{r}_i}{2\|\boldsymbol{r}_i\|(\|\boldsymbol{r}_i\| + d)^2} \\ \dot{\boldsymbol{\lambda}}_{i2} = -\dfrac{\partial H_i}{\partial \boldsymbol{v}_i} = -\boldsymbol{\lambda}_{i1} \end{cases} \tag{7-67}$$

定义剩余时间

$$t_{go}=t_f-t \tag{7-68}$$

式中，t 为当前时刻。由

$$\boldsymbol{\lambda}_{i1}=\boldsymbol{\lambda}_{i1}(t_f)-t_{go}\dot{\boldsymbol{\lambda}}_{i1} \tag{7-69}$$

可得

$$\begin{cases}\boldsymbol{\lambda}_{i1}=\boldsymbol{\lambda}_{i1}(t_f)-t_{go}k\dfrac{(\|\boldsymbol{r}_i\|^2+d\|\boldsymbol{r}_i\|)\boldsymbol{n}_L-(\boldsymbol{n}_L^{\mathrm{T}}\boldsymbol{r}_i)\boldsymbol{r}_i}{2\|\boldsymbol{r}_i\|(\|\boldsymbol{r}_i\|+d)^2}\\ \boldsymbol{\lambda}_{i2}=\boldsymbol{\lambda}_{i2}(t_f)+t_{go}\boldsymbol{\lambda}_{i1}(t_f)-t_{go}^2k\dfrac{(\|\boldsymbol{r}_i\|^2+d\|\boldsymbol{r}_i\|)\boldsymbol{n}_L-(\boldsymbol{n}_L^{\mathrm{T}}\boldsymbol{r}_i)\boldsymbol{r}_i}{4\|\boldsymbol{r}_i\|(\|\boldsymbol{r}_i\|+d)^2}\end{cases} \tag{7-70}$$

节点 i 的主推力为

$$\boldsymbol{T}_{i0}=m_i\left(-\boldsymbol{\lambda}_{i2}(t_f)-t_{go}\boldsymbol{\lambda}_{i1}(t_f)+t_{go}^2k\frac{(\|\boldsymbol{r}_i\|^2+d\|\boldsymbol{r}_i\|)\boldsymbol{n}_L-(\boldsymbol{n}_L^{\mathrm{T}}\boldsymbol{r}_i)\boldsymbol{r}_i}{4\|\boldsymbol{r}_i\|(\|\boldsymbol{r}_i\|+d)^2}\right) \tag{7-71}$$

结合末端约束，上式可进一步写为

$$\boldsymbol{T}_{i0}=m_i\left(\frac{6[\boldsymbol{r}_{if}-(\boldsymbol{r}_i+t_{go}\boldsymbol{v}_i)]}{t_{go}^2}-\frac{2(\boldsymbol{v}_{if}-\boldsymbol{v}_i)}{t_{go}}-\boldsymbol{g}+t_{go}^2k\frac{(\|\boldsymbol{r}_i\|^2+d\|\boldsymbol{r}_i\|)\boldsymbol{n}_L-(\boldsymbol{n}_L^{\mathrm{T}}\boldsymbol{r}_i)\boldsymbol{r}_i}{24\|\boldsymbol{r}_i\|(\|\boldsymbol{r}_i\|+d)^2}\right) \tag{7-72}$$

从而求解得到柔性附着节点主推力。

（2）补偿推力

记柔性着陆器三节点构成三角形的形心为 O，形心在着陆点固连系下坐标为 $\boldsymbol{r}_o$，节点 i 相对形心位置矢量为 $\boldsymbol{r}_{oi}$，则有

$$\begin{cases}\boldsymbol{r}_o=\dfrac{\boldsymbol{r}_1+\boldsymbol{r}_2+\boldsymbol{r}_3}{3}\\ \boldsymbol{r}_{oi}=\boldsymbol{r}_i-\boldsymbol{r}_o\end{cases} \tag{7-73}$$

根据三节点着陆点位置 $\boldsymbol{r}_{1f}$、$\boldsymbol{r}_{2\mathrm{f}}$ 和 $\boldsymbol{r}_{3f}$，可计算得到三节点相对形心的目标位置 $\boldsymbol{r}_{o1f}$、$\boldsymbol{r}_{o2f}$ 和 $\boldsymbol{r}_{o3f}$。

附着过程中，通过保持三节点和形心的相对位置关系，可使柔性着陆器整体姿态处于平稳状态。以下构造三节点相对位置的最优控制问题，采用滚动优化的能量最优控制策略设计节点补偿推力，令节点在 t_c 时间内达到目标状态，从而使柔性着陆器在附着过程中保持姿态平稳。对于节点 i，设计如下最优控制问题优化性能指标

$$J_{i2}=\begin{cases}\dfrac{1}{2}\displaystyle\int_t^{t_c}(\boldsymbol{a}_{ic}^{\mathrm{T}}\boldsymbol{a}_{ic})\mathrm{d}t, t\leqslant t_f-t_c\\ \dfrac{1}{2}\displaystyle\int_{t_f-t_c}^{t_f}(\boldsymbol{a}_{ic}^{\mathrm{T}}\boldsymbol{a}_{ic})\mathrm{d}t, t>t_f-t_c\end{cases} \tag{7-74}$$

式中，t 为当前时刻；t_c 为滚动优化时间。通过建立哈密顿函数，采用与能量最优制导相同的推导方式求解补偿推力，可得当 $t\leqslant t_f-t_c$ 时，节点 i 的补偿推力为

$$\boldsymbol{T}_{ic}=m_i\left(\frac{6[\boldsymbol{r}_{oif}-(\boldsymbol{r}_{oi}+t_c\boldsymbol{v}_{oi})]}{t_c^2}-\frac{2(\boldsymbol{v}_{oif}-\boldsymbol{v}_{oi})}{t_c}-\boldsymbol{g}\right) \tag{7-75}$$

式中，$\boldsymbol{v}_{oi}$ 为节点 i 相对形心的速度。当 $t>t_f-t_c$ 时，节点 i 的补偿推力为

$$\boldsymbol{T}_{ic}=m_i\left(\frac{6[\boldsymbol{r}_{oif}-(\boldsymbol{r}_{oi}+t_{go}\boldsymbol{v}_{oi})]}{t_{go}^2}-\frac{2(\boldsymbol{v}_{oif}-\boldsymbol{v}_{oi})}{t_{go}}-\boldsymbol{g}\right) \tag{7-76}$$

综合上述主推力与补偿推力表达式，即可得到具有解析形式的柔性附着协同制导律。

下面给出柔性附着解析协同制导的仿真算例。仿真参数见表 7-2。柔性着陆器总质量为 500 kg，各节点最大推力为 20 N。为了便于比较，仅采用主推力控制时，生成的附着轨迹如图 7-5 所示。由图可知，柔性着陆器在主推力作用下能够满足约束条件到达目标点，且附着轨迹为凸轨迹。由于着陆器展开过程存在控制误差，附着时三节点初始速度存在偏差。当三节点初始速度不一致时，柔性着陆器在附着过程中等效面倾角变化较大，如图 7-6 所示。

表 7-2 仿真参数

参数	数值
节点 1 初始位置 $\boldsymbol{r}_{10}$/m	$(200.60,100.00,500.00)^{\mathrm{T}}$
节点 2 初始位置 $\boldsymbol{r}_{20}$/m	$(199.70,100.52,500.00)^{\mathrm{T}}$
节点 3 初始位置 $\boldsymbol{r}_{30}$/m	$(199.70,99.48,500.00)^{\mathrm{T}}$
节点 1 初始速度 $\boldsymbol{v}_{10}$/(m/s)	$(-0.10,0,0)^{\mathrm{T}}$
节点 2 初始速度 $\boldsymbol{v}_{20}$/(m/s)	$(-0.10,0,0.01)^{\mathrm{T}}$
节点 3 初始速度 $\boldsymbol{v}_{30}$/(m/s)	$(-0.10,0,-0.01)^{\mathrm{T}}$
节点 1 目标位置 $\boldsymbol{r}_{1f}$/m	$(0.60,0,0)^{\mathrm{T}}$
节点 2 目标位置 $\boldsymbol{r}_{2f}$/m	$(-0.30,0.52,0)^{\mathrm{T}}$
节点 3 目标位置 $\boldsymbol{r}_{3f}$/m	$(-0.30,-0.52,0)^{\mathrm{T}}$
节点 1 目标速度 $\boldsymbol{v}_{1f}$/(m/s)	$(0,0,0)^{\mathrm{T}}$
节点 2 目标速度 $\boldsymbol{v}_{2f}$/(m/s)	$(0,0,0)^{\mathrm{T}}$
节点 3 目标速度 $\boldsymbol{v}_{3f}$/(m/s)	$(0,0,0)^{\mathrm{T}}$
附着时间 t_f/s	200

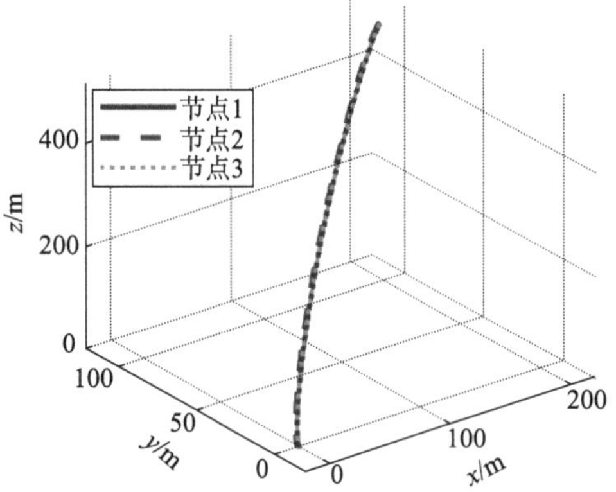

图 7-5 三节点附着轨迹（见彩插）

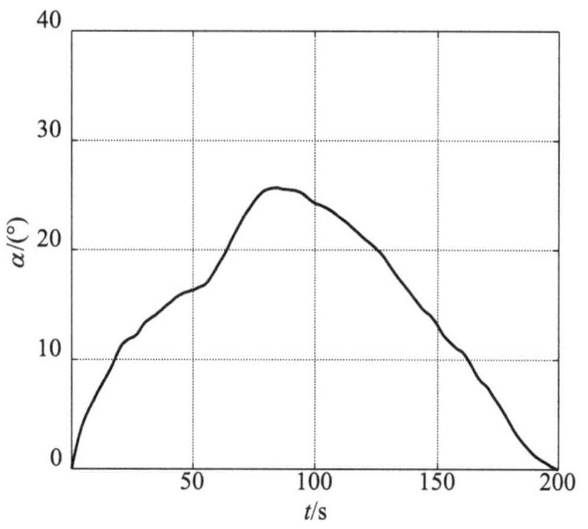

图 7-6 等效面倾角曲线

将补偿推力滚动优化时间设置为 10 s，引入补偿推力后得到的三节点附着轨迹如图 7-7 所示，等效面倾角曲线如图 7-8 所示。可以看出，在主推力+补偿推力的柔性附着协同制导律下，柔性着陆器平稳到达目标着陆点。附着过程中，柔性着陆器的主推力与补偿推力曲线分别如图 7-9 和图 7-10 所示。

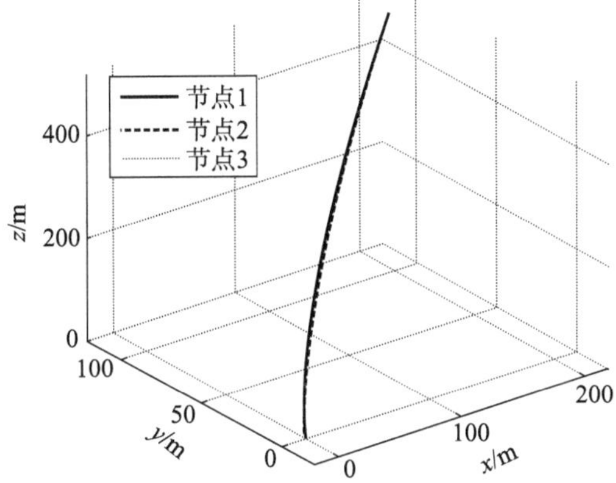

图 7-7　三节点附着轨迹（见彩插）

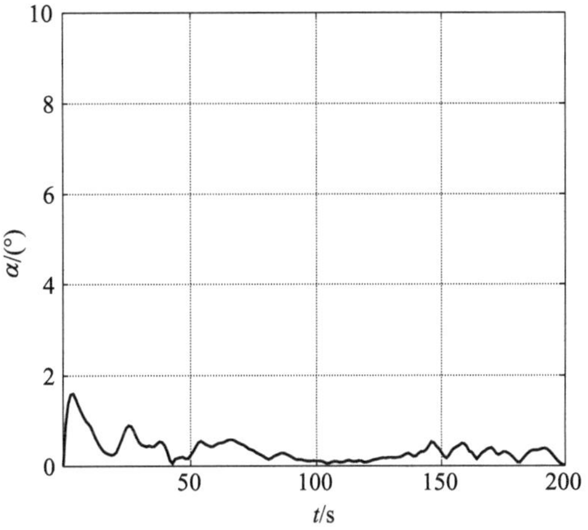

图 7-8　等效面倾角曲线

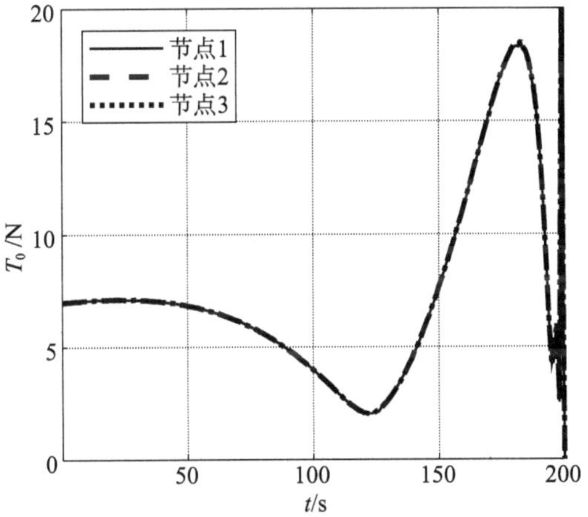

图 7-9　三节点主推力曲线（见彩插）

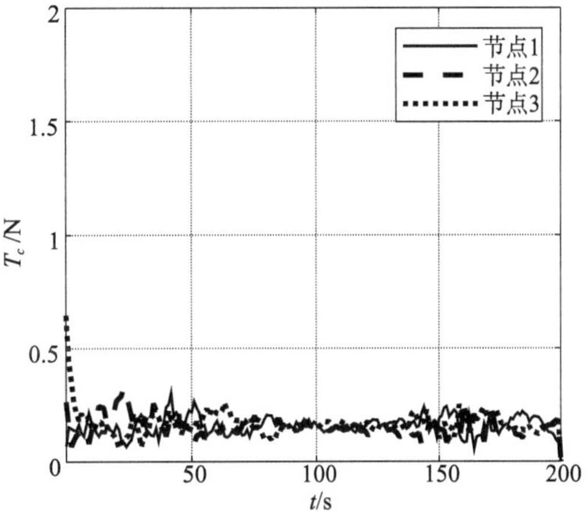

图 7-10　三节点补偿推力曲线（见彩插）

7.2.2　柔性附着智能协同制导

上一节在主推力+补偿推力的协同制导思路下，针对简化的柔性着陆器模型给出了一种解析协同制导方法。附着过程中，补偿推力需要根据节点之间的相对运动关系计算得到，然而柔性体作为一类无穷维分布参数系统，其状态高维、动力学机理复杂，建立柔性体节点的精确动力学模型难度大。在此情况下，使用机器学习方法建立智能模型是提高补偿制导精度的一种有效方式。本节介绍一种基于深度强化学习的柔性附着智能协同制导方法[3]，利用深度神经网络拟合节点间的柔性力模型，从而预测节点在未来时刻的运动状态，并根据预测结果在线计算补偿推力，在保持整体姿态平稳的同时降低节点的控制偏差，提高柔性附着精度。

将柔性着陆器在离散时刻 t 的状态记为 $\boldsymbol{S}_t$，该状态量包含三节点位置、速度、姿态和角速度，表示为

$$\boldsymbol{S}_t=(\boldsymbol{r}_1^{\mathrm{T}},\boldsymbol{r}_2^{\mathrm{T}},\boldsymbol{r}_3^{\mathrm{T}},\boldsymbol{v}_1^{\mathrm{T}},\boldsymbol{v}_2^{\mathrm{T}},\boldsymbol{v}_3^{\mathrm{T}},\boldsymbol{q}_1^{\mathrm{T}},\boldsymbol{q}_2^{\mathrm{T}},\boldsymbol{q}_3^{\mathrm{T}},\boldsymbol{\omega}_1^{\mathrm{T}},\boldsymbol{\omega}_2^{\mathrm{T}},\boldsymbol{\omega}_3^{\mathrm{T}})^{\mathrm{T}} \tag{7-77}$$

针对状态量 $\boldsymbol{S}_t$ 设计柔性附着平稳度综合评价指标，用于定量描述柔性着陆器多节点相对标称轨迹的偏差以及节点构型情况，指标由以下四部分组成：

（1）节点速度偏差指标

$$S_{c1}=\sum_{i=1,2,3}\|\boldsymbol{v}_i-\boldsymbol{v}_d\|^2 \tag{7-78}$$

式中，$\boldsymbol{v}_d$ 为节点标称附着轨迹对应速度。

（2）节点位置偏差指标

$$S_{c2}=\sum_{i,j=1,2,3,i\neq j}(\|\boldsymbol{r}_i-\boldsymbol{r}_j\|-L_s)^2 \tag{7-79}$$

式中，L_s 为柔性着陆器理想状态下节点间的标称距离。

（3）节点角速度偏差指标

$$S_{c3}=\sum_{i=1,2,3}\|\boldsymbol{\omega}_i-\boldsymbol{\omega}_{i0}\|^2 \tag{7-80}$$

式中，$\boldsymbol{\omega}_{i0}$ 表示节点 i 的标称角速度，假设三个节点的标称角速度均为零。

（4）节点姿态偏差指标

$$S_{c4}=\sum_{i=1,2,3}\|\boldsymbol{q}_i-\boldsymbol{q}_{i0}\|^2 \tag{7-81}$$

式中，$\boldsymbol{q}_{i0}$ 为节点 i 在柔性着陆器理想状态下的标称姿态。

上述四项指标的值越小，认为柔性着陆器的运动状态越符合预期。柔性附着平稳度综合评价指标 R_t 的表达式为

$$R_t=-p_1S_{c1}-p_2S_{c2}-p_3S_{c3}-p_4S_{c4}+p_5\frac{t}{t_f} \tag{7-82}$$

式中，系数 $p_1\sim p_5$ 为正实数；t 为当前时刻；t_f 为总飞行时长。

下面建立柔性着陆器运动状态预测评估模型。柔性着陆器当前时刻状态仅与上一时刻的状态以及控制加速度有关，柔性着陆器状态变化过程属于马尔科夫过程。记 t 时刻补偿制导指令为 $\boldsymbol{A}_t$，由三个节点的补偿加速度组成

$$\boldsymbol{A}_t=(\boldsymbol{a}_{1c}^{\mathrm{T}},\boldsymbol{a}_{2c}^{\mathrm{T}},\boldsymbol{a}_{3c}^{\mathrm{T}})^{\mathrm{T}} \tag{7-83}$$

根据当前时刻状态 $\boldsymbol{S}_t$ 和补偿制导指令 $\boldsymbol{A}_t$ 预测柔性着陆器运动状态，得到未来各时刻的平稳度指标 R_{t+1}，R_{t+2}，…。引入折扣因子 $\gamma(0<\gamma<1)$，定义柔性着陆器预测平稳度指标 G_t 为

$$G_t=R_{t+1}+\gamma R_{t+2}+\gamma^2R_{t+3}+\cdots+\gamma^{t_f-t-1}R_{t_f}=\sum_{\tau=0}^{t_f-t-1}\gamma^{\tau}R_{t+\tau+1} \tag{7-84}$$

为了计算柔性着陆器预测平稳度，使用深度神经网络对节点间的柔性力作用进行拟合，对节点运动状态进行预测。将状态预测神经网络记为 $q_{\text{net}}(\boldsymbol{S}_t,\boldsymbol{A}_t)$，其输入为当前状

态 $\boldsymbol{S}_t$ 和补偿推力加速度 $\boldsymbol{A}_t$，输出为当前时刻 G_t 的数学期望

$$q_{\text{net}}(s, a) \approx E[G_t \mid \boldsymbol{S}_t = \boldsymbol{s}, \boldsymbol{A}_t = \boldsymbol{a}] \tag{7-85}$$

在节点状态智能预测的基础上，进一步建立推力智能补偿深度神经网络 $c_{\text{net}}(\boldsymbol{S}_t)$，根据柔性着陆器当前状态 $\boldsymbol{S}_t$ 输出补偿推力加速度 $\boldsymbol{A}_{t,\text{net}} = (\boldsymbol{a}_{1,\text{net}}^{\mathrm{T}}, \boldsymbol{a}_{1,\text{net}}^{\mathrm{T}}, \boldsymbol{a}_{1,\text{net}}^{\mathrm{T}})^{\mathrm{T}}$，使得预测平稳度 $q_{\text{net}}(\boldsymbol{S}_t, \boldsymbol{A}_t)$ 的取值最大化。智能补偿深度神经网络可表示为

$$\boldsymbol{A}_{t,\text{net}} = c_{\text{net}}(\boldsymbol{S}_t) \tag{7-86}$$

设网络 q_{net} 的参数集合为 $\boldsymbol{w}$，c_{net} 的参数集合为 $\boldsymbol{\theta}$。在强化学习训练过程中，使用梯度下降法对上述两组参数集合进行迭代更新，更新规则如下

$$\begin{cases} \boldsymbol{w} \leftarrow \boldsymbol{w} + \alpha_w [G_t - q_{\text{net}}(\boldsymbol{S}_t, \boldsymbol{A}_{t,\text{net}}; \boldsymbol{w})] \nabla q_{\text{net}}(\boldsymbol{S}_t, \boldsymbol{A}_{t,\text{net}}; \boldsymbol{w}) \\ \boldsymbol{\theta} \leftarrow \boldsymbol{\theta} + \alpha_\theta \gamma^t \nabla c_{\text{net}}(\boldsymbol{S}_t; \boldsymbol{\theta}) [\nabla_a q_{\text{net}}(\boldsymbol{S}_t, a)_{a = c_{\text{net}}(\boldsymbol{S}_t; \theta)}] \end{cases} \tag{7-87}$$

式中，α_w、α_θ 为网络训练的学习率，取值在 0 到 1 之间。在离线训练过程中，使用高精度有限元模型进行柔性附着动力学递推，并利用仿真得到的推力与节点状态数据对参数集合 $\boldsymbol{w}$ 和 $\boldsymbol{\theta}$ 进行连续更新。

离线训练完成后，节点 i 的补偿推力根据网络（7-86）的输出计算得到

$$\boldsymbol{T}_{i,\text{net}} = m_i \boldsymbol{a}_{i,\text{net}} \tag{7-88}$$

由此，得到智能协同制导律

$$\boldsymbol{T}_i = \boldsymbol{T}_{i0} + \boldsymbol{T}_{i,\text{net}} \tag{7-89}$$

其中主推力 $\boldsymbol{T}_{i0}$ 的形式与上一节（7-72）相同，补偿推力 $\boldsymbol{T}_{i,\text{net}}$ 通过智能补偿深度神经网络生成。

下面给出柔性附着智能协同制导的仿真算例。首先对神经网络进行训练，训练过程中，柔性着陆器的标称初始状态与表 7-3 相同。为增强网络的泛化性能，考虑各节点存在均值为 0 m，标准差 $\sigma = 0.03$ m 的初始位置偏差。使用学习率为 0.01 的随机梯度下降法，平稳度指标 R_t 的系数 $p_1 = 5$，$p_2 = 0.5$，$p_3 = 20$，$p_4 = 5 \times 10^{-5}$，$p_5 = 25$。训练过程的平稳度指标变化曲线如图 7-11 所示，可以看到平稳度随着训练的进行逐渐升高并收敛。

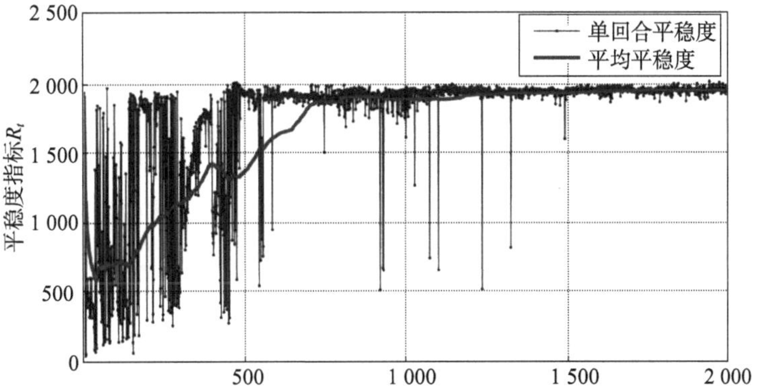

图 7-11　训练过程的平稳度指标变化曲线（见彩插）

在与上一节相同的仿真条件下，使用智能协同制导律进行附着仿真。图 7 - 12 给出了单个节点（以节点 1 为例）的位置以及位置跟踪误差曲线，图 7 - 13 给出了节点速度以及速度跟踪误差曲线，图 7 - 14 给出了节点受到的柔性力变化曲线。

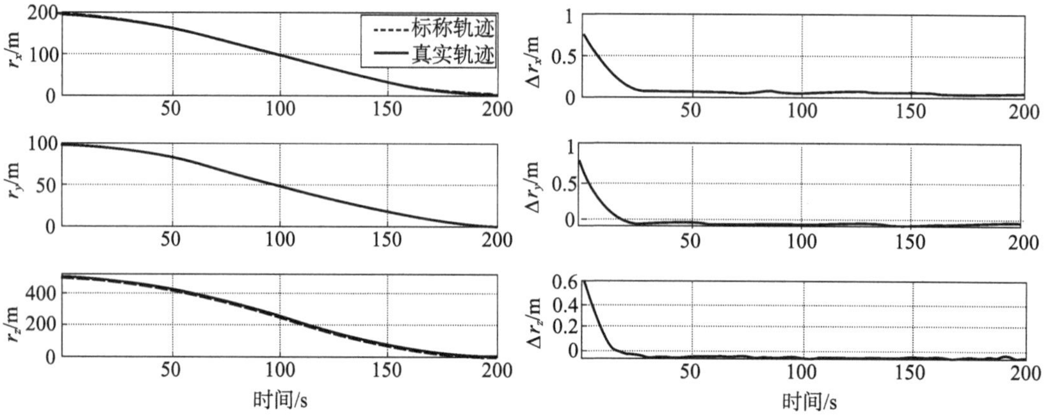

图 7 - 12　节点 1 三轴位置曲线（左图）与位置跟踪误差（右图）（见彩插）

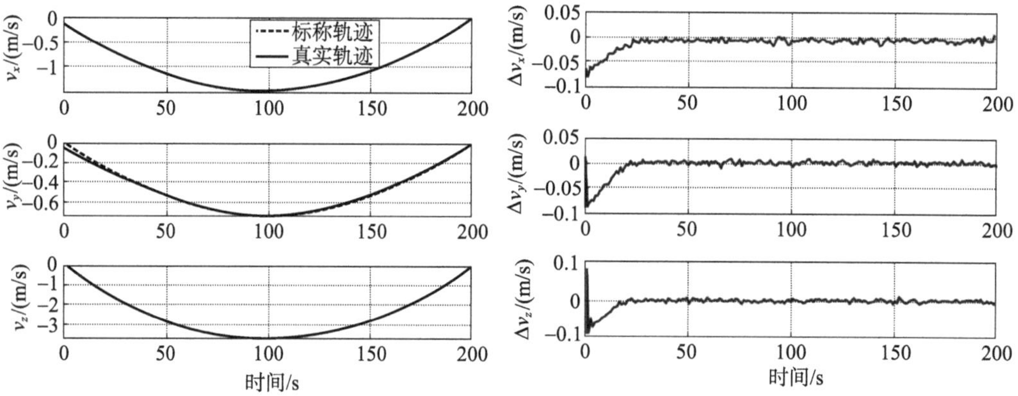

图 7 - 13　节点 1 三轴速度曲线（左图）与速度跟踪误差（右图）（见彩插）

柔性着陆器节点的末端位置误差约为 0.13 m，末端速度误差约为 0.016 m/s。从图 7 - 12 和图 7 - 13 可以看出，在附着初始阶段，节点存在较大的位置和速度误差，在智能协同制导律的作用下快速收敛至 0 附近。从图 7 - 14 可以看出，节点受到的柔性力同样在初始阶段变化幅值较大，随后逐渐减小并稳定在较小幅值，表明了采用标称制导＋柔性智能补偿的智能协同制导律在降低柔性力影响、提高附着精度方面的有效性。

在同样的仿真条件下，使用智能协同制导律进行 2 000 次附着仿真，图 7 - 15 给出了柔性着陆器等效面中心末端位置在着陆点附近的分布情况。末端位置误差的最大值为 0.29 m，误差标准差为 0.046 m。

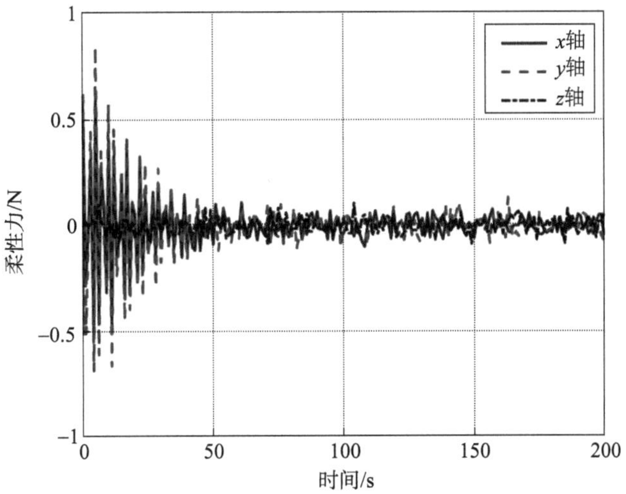

图 7-14　节点受到的柔性力变化曲线（见彩插）

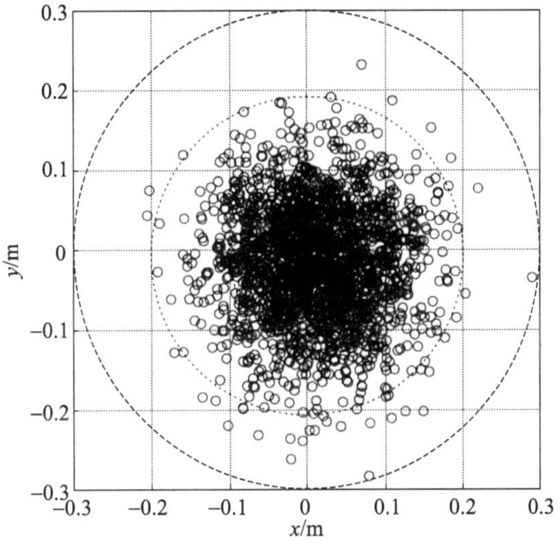

图 7-15　2 000 次仿真等效面中心末端位置分布图

7.3　柔性附着强耦合协同控制

柔性附着控制的核心在于协调三个节点的控制力和控制力矩。与刚性附着相比，柔性体控制律设计存在显著的耦合现象，推力器控制之间耦合严重、柔性体转动惯量等姿控参数难表征、节点间复杂柔性作用力等因素为附着控制带来困难。为此，本节用节点间的相对高度表征柔性着陆器姿态平稳性，通过建立柔性着陆器姿态的优化指标，设计柔性附着最优协同控制律[6]。

7.3.1 节点相对高度表征

柔性着陆器系统高维复杂、构型时变，对于三节点的柔性着陆器简化模型，可利用节点之间的相对高度反映柔性着陆器的姿态平稳性，建立面向节点相对高度（即节点间高度差）的柔性附着姿控等效模型[7]。

小行星着陆点固连坐标系下，柔性着陆器的节点位置矢量为 $\boldsymbol{r}_i=(x_i,\ y_i,\ z_i)^{\mathrm{T}}$，将柔性着陆器的质心近似视为三节点的形心，记为 $\boldsymbol{r}_c$。以柔性着陆器质心指向节点 1 的矢量 $\boldsymbol{r}_{c1}$ 为轴，柔性着陆器的俯仰姿态可用 $\boldsymbol{r}_{c1}$ 与着陆点固连坐标系 $o_Lx_Ly_L$ 平面的夹角来表示，俯仰角 θ 的表达式为

$$\theta=\arcsin\left(\frac{2z_1-z_2-z_3}{3\|\boldsymbol{r}_1-\boldsymbol{r}_c\|}\right) \tag{7-90}$$

柔性着陆器的滚转姿态可用节点 3 指向节点 2 的矢量 $\boldsymbol{r}_{32}$ 与 $o_Lx_Ly_L$ 平面的夹角来表示，滚转角 ψ 的表达式为

$$\psi=\arcsin\left(\frac{z_2-z_3}{\|\boldsymbol{r}_2-\boldsymbol{r}_3\|}\right) \tag{7-91}$$

附着过程中，由于节点间的距离变化远小于节点间标称距离，在计算俯仰和滚转姿态角时，可忽略节点间的距离变化，将俯仰角和滚转角近似表示为

$$\begin{cases}\theta=\arcsin\left(\dfrac{2z_1-z_2-z_3}{\sqrt{3}L_0}\right)\\[2ex]\psi=\arcsin\left(\dfrac{z_2-z_3}{L_0}\right)\end{cases} \tag{7-92}$$

式中，L_0 为标称状态下的节点间标称距离。

定义柔性着陆器节点之间的相对高度为

$$\boldsymbol{H}=\begin{pmatrix}h_{12}\\h_{13}\end{pmatrix}=\begin{pmatrix}z_1-z_2\\z_1-z_3\end{pmatrix} \tag{7-93}$$

式中，h_{12} 为节点 1 与节点 2 的相对高度；h_{13} 为节点 1 与节点 3 的相对高度。由此，利用节点之间的相对高度对柔性着陆器的俯仰和滚转姿态进行表征，相对高度变量与俯仰角和滚转角的转换关系为

$$\begin{cases}h_{12}=\dfrac{L_0(\sqrt{3}\sin\theta-\sin\psi)}{2}\\[2ex]h_{13}=\dfrac{L_0(\sqrt{3}\sin\theta+\sin\psi)}{2}\end{cases} \tag{7-94}$$

从而将柔性着陆器的姿态控制问题转化为节点相对高度的控制问题。

7.3.2 柔性附着最优协同控制

将柔性着陆器姿态转换为三个节点的相对高度描述后，通过保持节点间的相对高度一致，可实现柔性着陆器以水平姿态附着的目标。以下建立柔性着陆器姿态控制优化性能指

标，并在此基础上设计节点相对高度调节方法，实现柔性附着最优协同控制。

考虑到节点相对高度为 0 时，无须消耗能量调整姿态，优化性能指标取值应为 0；而随着节点相对高度增大，控制姿态需要付出的代价也增大。为此设计以下形式的姿态控制优化性能指标

$$J_a = \int_{t_0}^{t_f} \Delta h_{ij} \arctan(\Delta h_{ij}) - \frac{1}{2}\ln(1 + \Delta h_{ij}^2)\mathrm{d}t \tag{7-95}$$

其中 $\Delta h_{ij} = \hat{\boldsymbol{n}}(\boldsymbol{r}_i - \boldsymbol{r}_j)$ 为着陆点固连坐标系下的节点相对高度；$\hat{\boldsymbol{n}}$ 为着陆点固连坐标系的 z_L 轴单位向量，函数 $f(\Delta h_{ij}) = \Delta h_{ij} \arctan(\Delta h_{ij}) - \frac{1}{2}\ln(1 + \Delta h_{ij}^2)$ 随节点相对高度变化如图 7 - 16 所示。

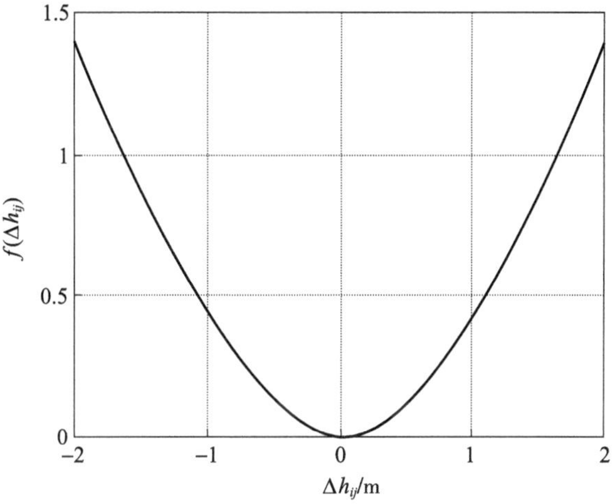

图 7 - 16　姿态优化性能指标随相对高度的变化曲线

由第 2 章建立的柔性着陆器动力学模型可知，弯扭力是影响柔性着陆器姿态的主要因素，等效面内拉压力对姿态没有影响。因此在控制姿态时，可忽略等效面内拉压力的影响，将其视为扰动。此外，弯扭力的存在使得节点的平移动力学和姿态动力学耦合，小行星引力和科里奥利力使得节点的运动在三个方向上耦合。为此，设计额外的主动控制加速度来补偿弯扭力、引力和科里奥利力的影响，并将节点控制加速度表示为

$$\boldsymbol{a}_{c_i} = \boldsymbol{u}_{ci} + \boldsymbol{u}_i \tag{7-96}$$

式中，$\boldsymbol{u}_{ci} = -\boldsymbol{g}(\boldsymbol{r}_i) - \frac{\boldsymbol{F}_{if}}{m_i} + 2\boldsymbol{\omega} \times \boldsymbol{v}_i + \boldsymbol{\omega} \times (\boldsymbol{\omega} \times \boldsymbol{r}_i)$ 是主动补偿加速度项；$\boldsymbol{u}_i$ 是用于控制节点姿态和平移运动的加速度项。将式（7 - 96）代入节点动力学方程，得到

$$\begin{cases} \dot{\boldsymbol{r}}_i = \boldsymbol{v}_i \\ \dot{\boldsymbol{v}}_i = \boldsymbol{u}_i \end{cases} \tag{7-97}$$

对每个节点设计控制律，结合姿态优化性能指标式（7 - 95）和节点能量消耗，建立如下最优控制问题

$$
\begin{aligned}
\min J = & J_e + c\sum_{j=1,j\neq i}^{3}\int_{t_0}^{t_f}\Delta h_{ij}\arctan(\Delta h_{ij}) - \frac{1}{2}\ln(1+\Delta h_{ij}^2)\mathrm{d}t \\
\text{s. t.} \quad & \dot{\boldsymbol{r}}_i = \boldsymbol{v}_i, \dot{\boldsymbol{v}}_i = \boldsymbol{u}_i, \\
& \boldsymbol{r}_i(t_0) = \boldsymbol{r}_{i0}, \boldsymbol{v}_i(t_0) = \boldsymbol{v}_{i0}, \\
& \boldsymbol{r}_i(t_f) = \boldsymbol{r}_{if}, \boldsymbol{v}_i(t_f) = \boldsymbol{0}
\end{aligned} \tag{7-98}
$$

式中，$J_e = \frac{1}{2}\int_{t_0}^{t_f}\boldsymbol{u}_i^{\mathrm{T}}\boldsymbol{u}_i\mathrm{d}t$ 为节点 i 的能量消耗；$c>0$ 为加权系数；$\boldsymbol{r}_i(t_0)=\boldsymbol{r}_{i0}$，$\boldsymbol{v}_i(t_0)=\boldsymbol{v}_{i0}$ 分别为节点 i 的初始位置和速度；$\boldsymbol{r}_i(t_f)=\boldsymbol{r}_{if}$，$\boldsymbol{v}_i(t_f)=\boldsymbol{0}$ 为节点 i 的末端位置和速度。

上述最优控制问题的哈密顿函数为

$$
H = \frac{1}{2}\boldsymbol{u}_i^{\mathrm{T}}\boldsymbol{u}_i + \boldsymbol{p}_r^{\mathrm{T}}\boldsymbol{v}_i + \boldsymbol{p}_v^{\mathrm{T}}\boldsymbol{u}_i + c\sum_{j=1,j\neq i}^{3}\Delta h_{ij}\arctan(\Delta h_{ij}) - \frac{1}{2}\ln(1+\Delta h_{ij}^2) \tag{7-99}
$$

式中，$\boldsymbol{p}_r$ 是与位置相关的协态变量；$\boldsymbol{p}_v$ 是与速度相关的协态变量。根据庞特里亚金极大值原理，上述问题的控制方程为

$$
\frac{\partial H}{\partial \boldsymbol{u}_i} = \boldsymbol{0} \tag{7-100}
$$

将式（7-104）代入方程（7-105），得到 $\boldsymbol{u}_i + \boldsymbol{p}_v = \boldsymbol{0}$，即最优控制满足

$$
\boldsymbol{u}_i = -\boldsymbol{p}_v \tag{7-101}
$$

协态方程为

$$
\begin{cases}
\dot{\boldsymbol{p}}_r = -\dfrac{\partial H}{\partial \boldsymbol{r}_i} = -c\hat{\boldsymbol{n}}\displaystyle\sum_{j=1,j\neq i}^{3}\arctan(\Delta h_{ij}) \\
\dot{\boldsymbol{p}}_v = -\dfrac{\partial H}{\partial \boldsymbol{v}_i} = -\boldsymbol{p}_r
\end{cases} \tag{7-102}
$$

假设柔性附着过程中，三个节点在高度方向的速度分量都指向小行星表面，即节点在高度方向的速度分量为负，可得

$$
\ddot{\boldsymbol{p}}_r = -c\hat{\boldsymbol{n}}\sum_{j=1,j\neq i}^{3}\frac{1}{1+(\Delta h_{ij})^2}\hat{\boldsymbol{n}}\dot{\boldsymbol{r}}_i \tag{7-103}
$$

$\ddot{\boldsymbol{p}}_r$ 的三轴分量均大于等于零。结合式（7-107）和式（7-108），得到

$$
\begin{cases}
\boldsymbol{p}_r \leqslant \boldsymbol{p}_r(t_f) + c\hat{\boldsymbol{n}}\displaystyle\sum_{j=1,j\neq i}^{3}\arctan(\Delta h_{ij})t_{go} \\
\boldsymbol{p}_v \leqslant \boldsymbol{p}_v(t_f) + \boldsymbol{p}_r(t_f)t_{go} + \dfrac{c}{2}\hat{\boldsymbol{n}}\displaystyle\sum_{j=1,j\neq i}^{3}\arctan(\Delta h_{ij})t_{go}^2
\end{cases} \tag{7-104}
$$

式中，$t_{go}=t_f-t$ 为剩余附着时间。为得到解析控制律，取协态变量为

$$
\begin{cases}
\boldsymbol{p}_r = \boldsymbol{p}_r(t_f) + c\hat{\boldsymbol{n}}\displaystyle\sum_{j=1,j\neq i}^{3}\arctan(\Delta h_{ij})t_{go} \\
\boldsymbol{p}_v = \boldsymbol{p}_v(t_f) + \boldsymbol{p}_r(t_f)t_{go} + \dfrac{c}{2}\hat{\boldsymbol{n}}\displaystyle\sum_{j=1,j\neq i}^{3}\arctan(\Delta h_{ij})t_{go}^2
\end{cases} \tag{7-105}
$$

根据式（7-101），得到最优控制

$$\boldsymbol{u}_i=-\boldsymbol{p}_v(t_f)-\boldsymbol{p}_r(t_f)t_{go}+c\int_{t_0}^{t_0}\int_{t_0}^{t_f}-\hat{\boldsymbol{n}}\sum_{j=1,j\neq i}^{3}\arctan(\Delta h_{ij})\mathrm{d}t\mathrm{d}t \tag{7-106}$$

将式（7－106）代入动力学方程（7－97），对其进行积分并结合终端条件，得到节点 i 的位置和速度的表达式为

$$\boldsymbol{r}_{if}=\boldsymbol{r}_i-\frac{1}{2}\boldsymbol{p}_v(t_f)t_{go}^2-\frac{1}{6}\boldsymbol{p}_r(t_f)t_{go}^3-\frac{c}{24}\hat{\boldsymbol{n}}\sum_{j=1,j\neq i}^{3}\arctan(\Delta h_{ij})t_{go}^4 \tag{7-107}$$

$$\boldsymbol{v}_{if}=\boldsymbol{v}_i-\boldsymbol{p}_v(t_f)t_{go}+\frac{1}{2}\boldsymbol{p}_r(t_f)t_{go}^2-\frac{c}{6}\hat{\boldsymbol{n}}\sum_{j=1,j\neq i}^{3}\arctan(\Delta h_{ij})t_{go}^3 \tag{7-108}$$

联立式（7－107）与式（7－108），可得参数 $\boldsymbol{p}_r(t_f)$ 与 $\boldsymbol{p}_v(t_f)$ 满足

$$\boldsymbol{p}_r(t_f)=\frac{12(\boldsymbol{r}-\boldsymbol{r}_f)}{t_{go}^3}+\frac{6(\boldsymbol{v}+\boldsymbol{v}_f)}{t_{go}^2}-\frac{3}{2}c\hat{\boldsymbol{n}}\sum_{j=1,j\neq i}^{3}\arctan(\Delta h_{ij})t_{go} \tag{7-109}$$

$$\boldsymbol{p}_v(t_f)=-\frac{2\boldsymbol{v}+4\boldsymbol{v}_f}{t_{go}}-\frac{6(\boldsymbol{r}-\boldsymbol{r}_f)}{t_{go}^2}+\frac{7}{12}c\hat{\boldsymbol{n}}\sum_{j=1,j\neq i}^{3}\arctan(\Delta h_{ij})t_{go}^2 \tag{7-110}$$

将式（7－109）、式（7－110）代入式（7－106），整理得到最优控制律的表达式为

$$\boldsymbol{u}_i=-\frac{4\boldsymbol{v}-2\boldsymbol{v}_f}{t_{go}}-\frac{6(\boldsymbol{r}-\boldsymbol{r}_f)}{t_{go}^2}+\frac{5}{12}c\hat{\boldsymbol{n}}\sum_{j=1,j\neq i}^{3}\arctan(\Delta h_{ij})t_{go}^2 \tag{7-111}$$

上述最优控制律中，前两项用于驱动节点运动，其形式类似于能量最优控制；第三项是协同项，用于协调节点 i 与其他节点之间的相对高度，以实现柔性着陆器的整体姿态平稳。

以上最优协同控制律设计中没有考虑控制加速度边界，而在实际应用中，受推力器限制，控制加速度存在上界。为此引入如下饱和函数对控制加速度进行约束

$$\mathrm{sat}(\boldsymbol{a}_{c_i})=\begin{cases}\boldsymbol{a}_{c_i}, & \|\boldsymbol{a}_{c_i}\|\leqslant a_{\mathrm{limit}}\\ \dfrac{\boldsymbol{a}_{c_i}}{\|\boldsymbol{a}_{c_i}\|}a_{\mathrm{limit}}, & \|\boldsymbol{a}_{c_i}\|>a_{\mathrm{limit}}\end{cases} \tag{7-112}$$

下面给出最优协同控制的仿真算例。假设初始姿态倾角为 50°，对应的节点初始状态参数见表 7－3。附着时间为 200 s，控制参数 $c=\dfrac{k}{t_{go}^2}$，$k=0.001$。生成的柔性着陆器附着轨迹如图 7－17 所示。

表 7－3　节点初始状态参数

参数	节点 1	节点 2	节点 3
节点初始位置/m	$(200.6,100,500)^{\mathrm{T}}$	$(199.7,100.3,500.4)^{\mathrm{T}}$	$(199.7,99.7,449.6)^{\mathrm{T}}$
节点初始速度/(m/s)	$(0.01,0,0)^{\mathrm{T}}$	$(0.01,0,0)^{\mathrm{T}}$	$(0.01,0,0)^{\mathrm{T}}$
节点初始姿态四元数	$(0.91,0.42,0,0)^{\mathrm{T}}$	$(0.45,0.21,-0.37,0.78)^{\mathrm{T}}$	$(-0.45,-0.21,-0.37,0.78)^{\mathrm{T}}$
节点初始角速度/(rad/s)	$(0,0,0)^{\mathrm{T}}$	$(0,0,0)^{\mathrm{T}}$	$(0,0,0)^{\mathrm{T}}$

三个节点的相对高度变化如图 7－18 所示。可以看到附着过程中，节点间相对高度不断减小且变化平稳。到达着陆点时，节点间相对高度均接近于零，表明柔性着陆器能够平稳附着在小行星表面。对应的节点控制加速度如图 7－19 所示。

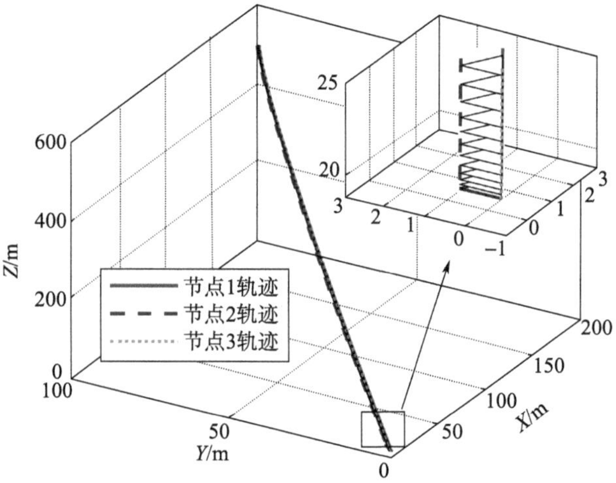

图 7-17　节点附着轨迹及局部放大图（见彩插）

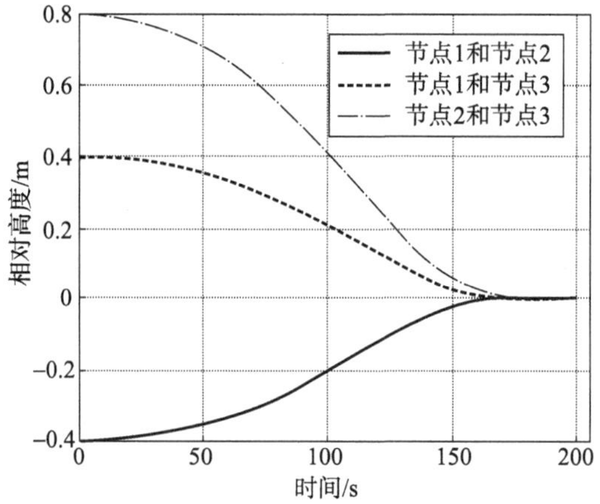

图 7-18　节点间的相对高度变化

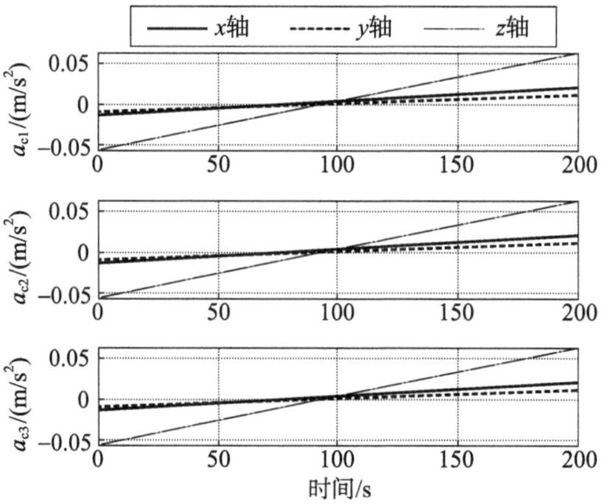

图 7-19　节点控制加速度

考虑环境扰动影响，利用蒙特卡洛仿真对控制性能进行评估。仿真中同时考虑初始时刻状态误差和导航误差，误差服从均匀分布，仿真次数为 500 次。初始时刻位置误差变化范围为［－5，5］m，速度误差变化范围为［－0.5，0.5］m/s，姿态角变化范围为［－20，20］°；导航位置误差变化范围为［－0.1，0.1］m，速度误差变化范围为［－0.05，0.05］m/s。末端时刻柔性着陆器等效面中心的三轴位置偏差如图 7－20 所示。末端时刻等效面中心的三轴速度偏差如图 7－21 所示，偏差主要集中在坐标轴的负方向，这是由于附着末端三个推力器推力幅值均达到最大阈值。附着末端时刻节点间的相对高度统计图如图 7－22 所示。可以看到，尽管三个推力器都达到饱和，柔性着陆器仍能够以平稳姿态附着在小行星表面。

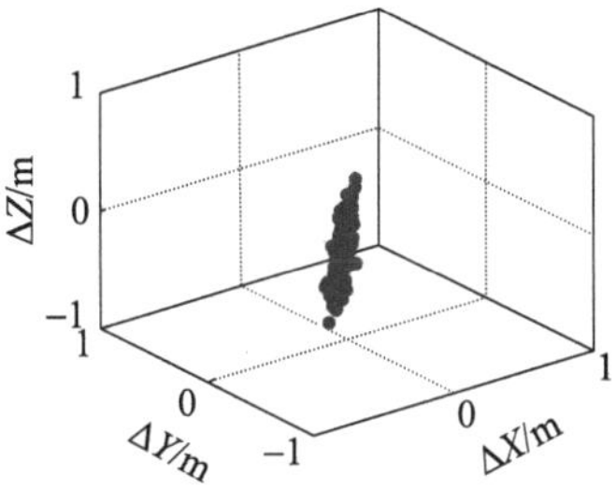

图 7－20　等效面中心位置误差

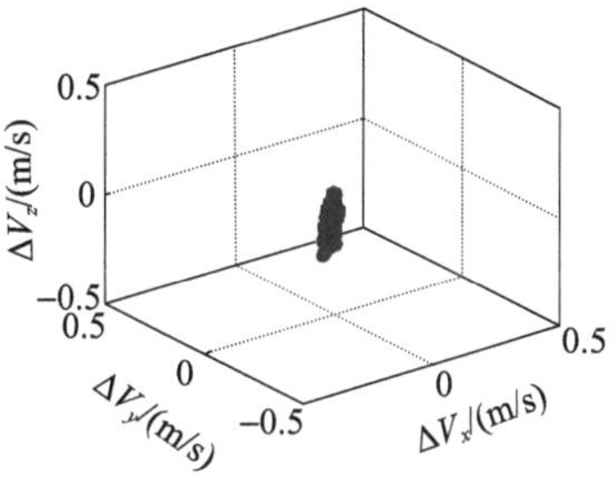

图 7－21　等效面中心速度误差

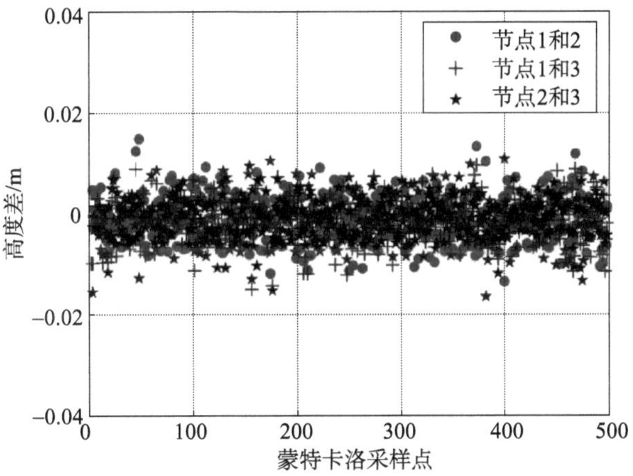

图 7－22　附着末端节点间的相对高度（见彩插）

上述仿真结果表明，基于相对高度表征建立的柔性附着最优协同控制方法，能够兼顾轨迹与姿态控制需求，使柔性着陆器以平稳的姿态实现小行星表面附着。

参 考 文 献

[1] 崔平远，张成宇，朱圣英，等．小天体柔性附着技术［J］．宇航学报，2023，44 (6)：805-816.

[2] CHEN Z，LONG J，CUI P. Trajectory design for landing on small celestial body with flexible lander［J］. Acta Astronautica，2023 (212)：492-504.

[3] ZHAO D，ZHU S，CUI P. Intelligent fuel-optimal guidance strategy for small body flexible landing［C］. 73rd International Astronautical Congress，2022.

[4] FUJIMOTO S，HOOF H，MEGER D. Addressing function approximation error in actor-critic methods［C］. 35th International Conference on Machine Learning，2018：2587-2601.

[5] CUI P，ZHANG C，LIANG Z. Optimal attitude control for landing on asteroid with a flexible lander［J］. Aerospace Science and Technology，2024 (149)：109149.

[6] ZHANG C，LIANG Z，CUI P，et al. Distributed guidance for flexible spacecraft landing on asteroid［C］. 73rd International Astronautical Congress，2022.

[7] LU B，LIANG Z，ZHU S. Cooperative control method for flexible probe landing on small celestial bodies［C］. 74th International Astronautical Congress，2023.

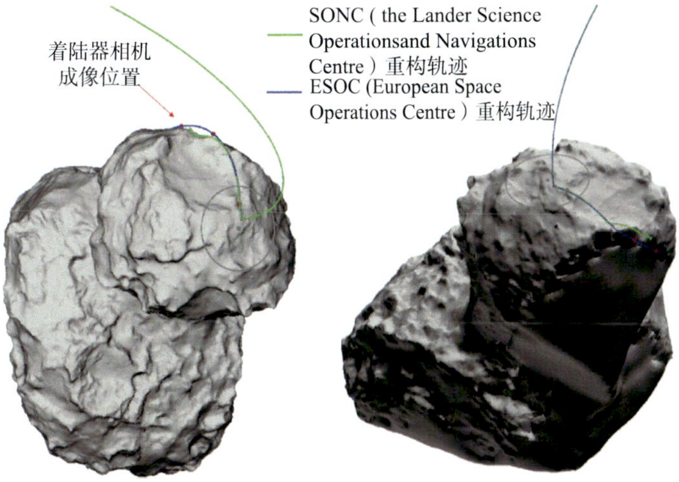

图 1-6　着陆器菲莱附着与弹跳轨迹[7]（P4）

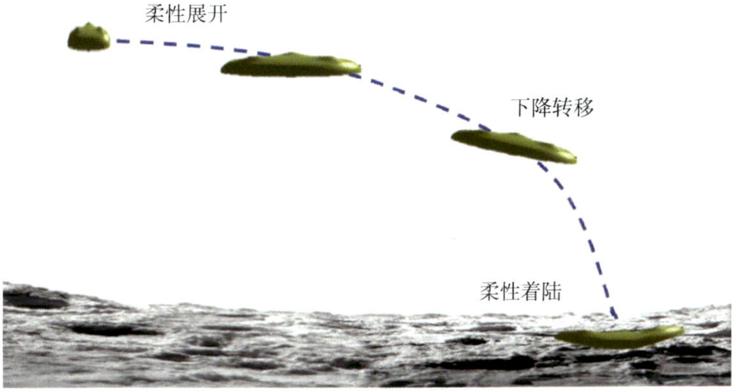

图 1-7　小行星柔性附着过程[12]（P7）

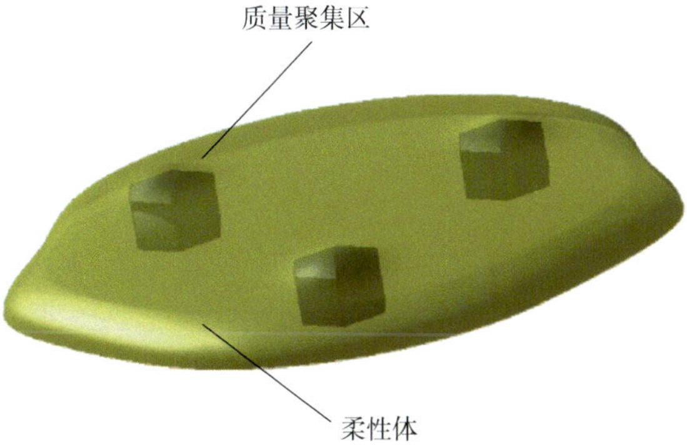

图 2-7　柔性着陆器三质量聚集区近似模型（P20）

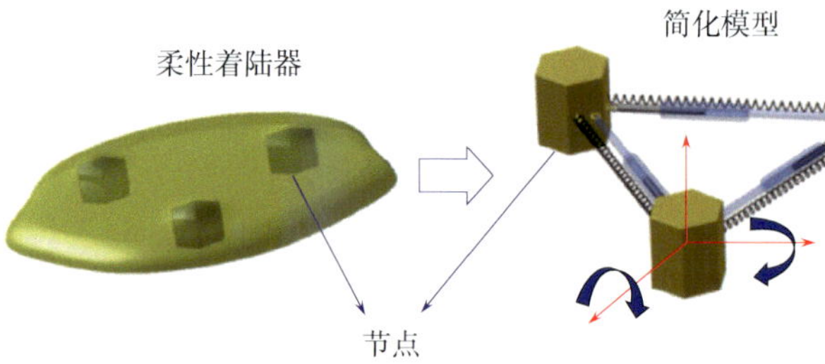

图 2－9　柔性着陆器简化模型示意图（P22）

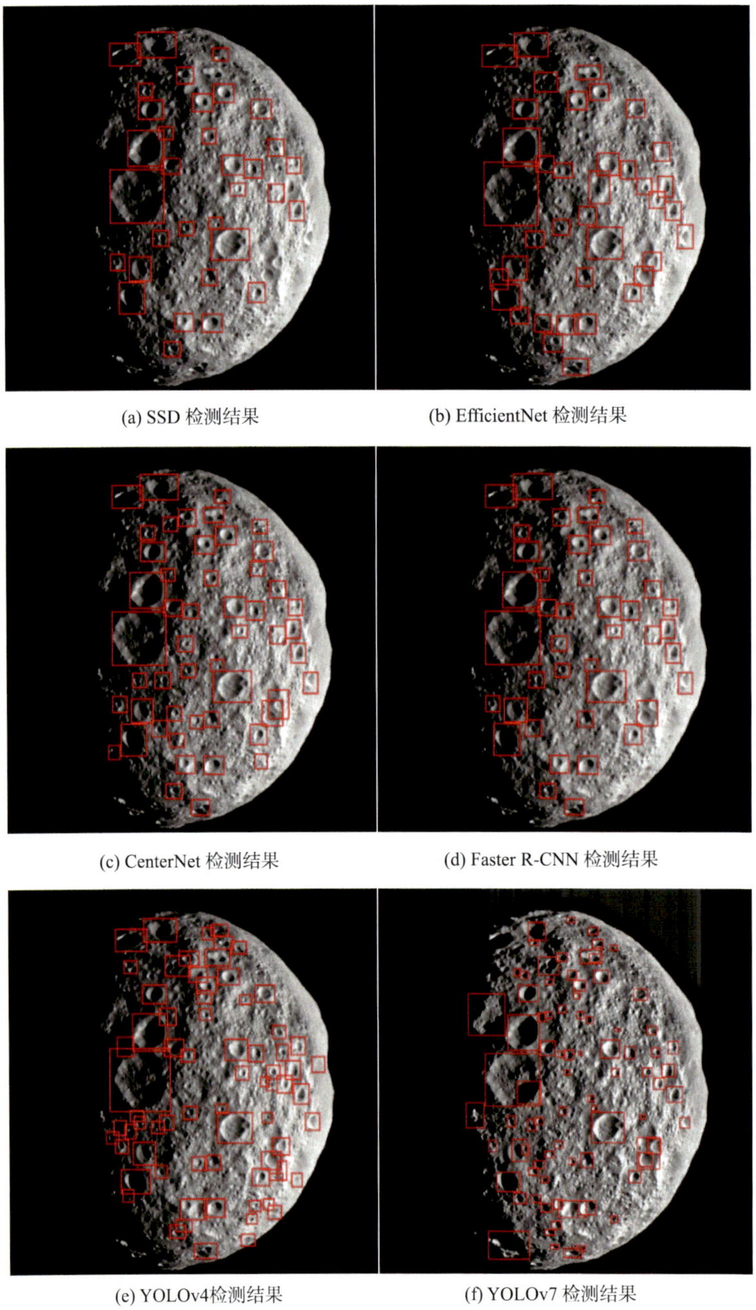

图 3－7　小行星陨石坑检测结果（P31）

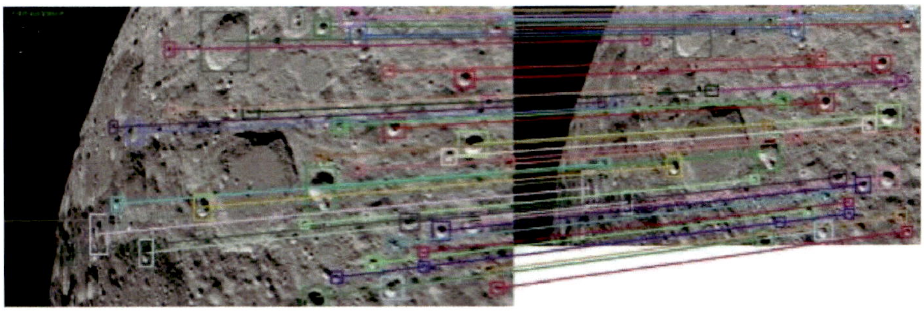

图 3-24　尺度变换匹配结果（P40）

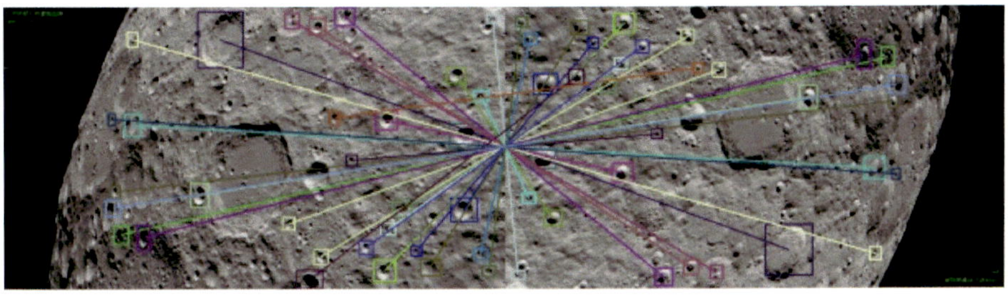

图 3-25　旋转变换匹配结果（P40）

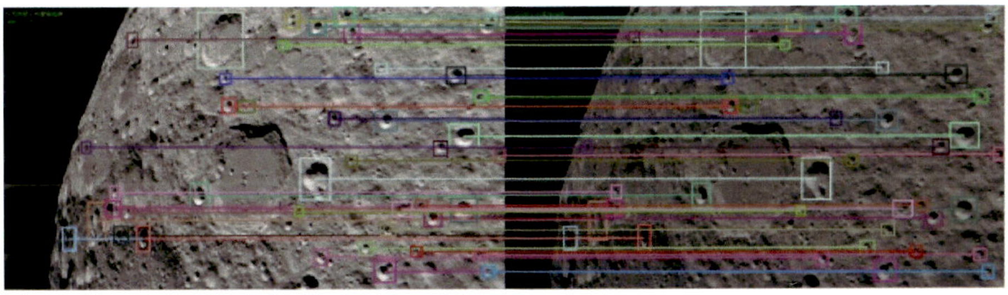

图 3-26　亮度变化匹配结果（P40）

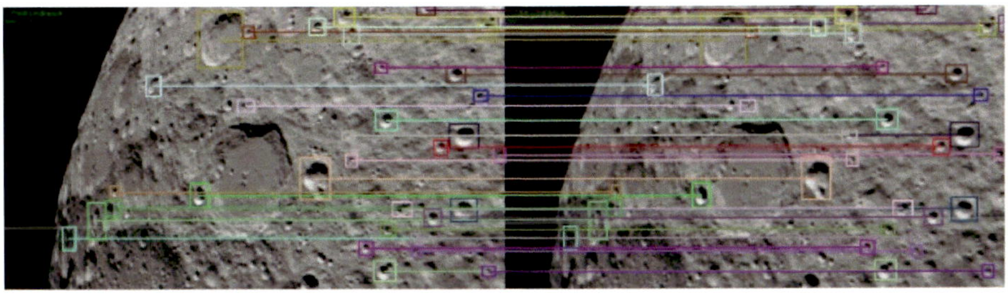

图 3-27　高斯模糊匹配结果（P41）

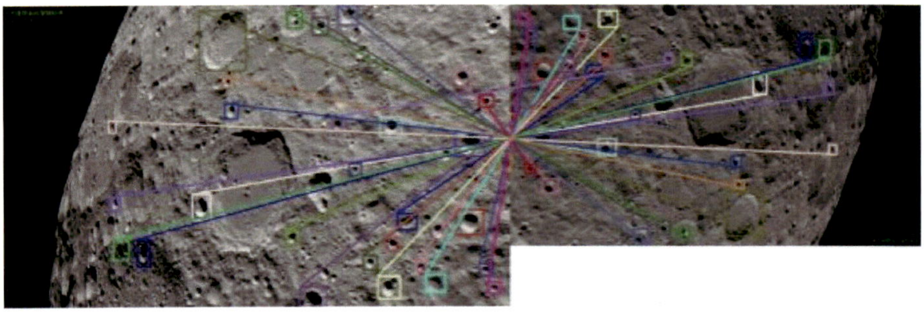

图 3-28　全部变换匹配结果（P42）

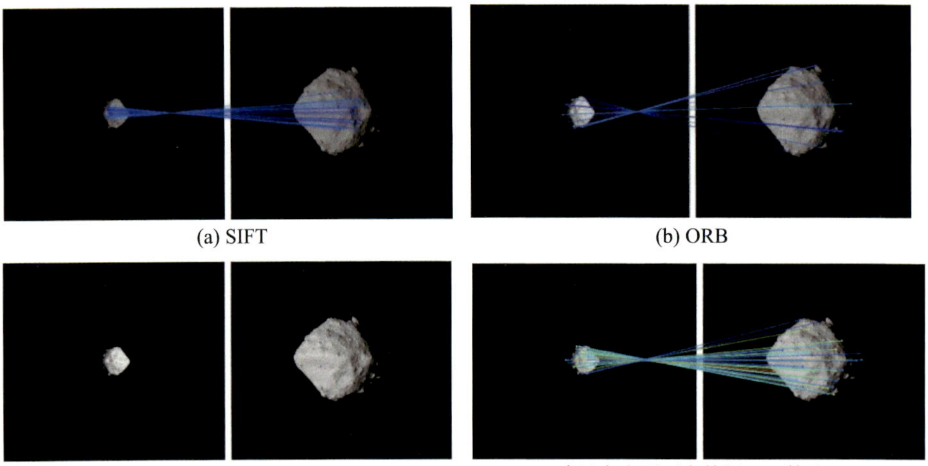

(a) SIFT　(b) ORB

(c) COTR　(d) 跨尺度光照不变特征匹配算法

图 3-36　大尺度＋视角变化下匹配结果对比（P48）

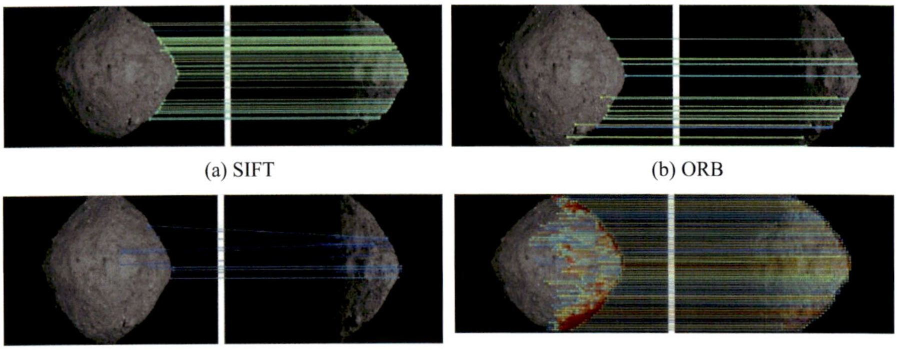

(a) SIFT　(b) ORB

(c) COTR　(d) 跨尺度光照不变特征匹配算法

图 3-37　光照变化下匹配结果对比（P49）

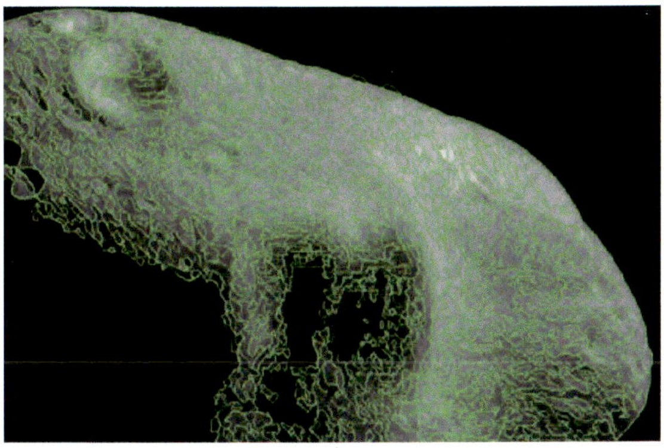

图 3-38 小行星表面特征曲线提取结果（P50）

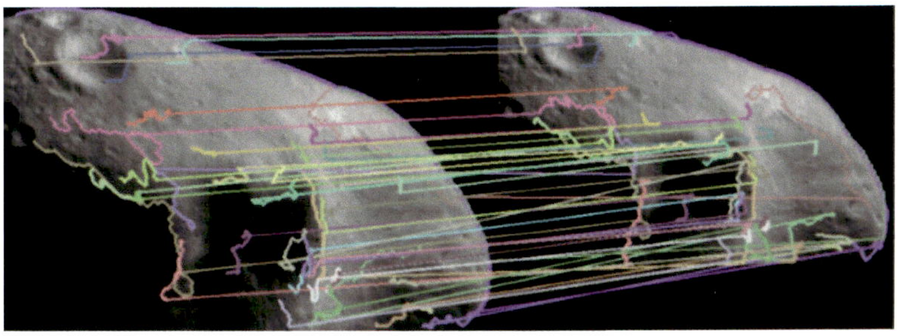

图 3-40 曲线匹配结果（P52）

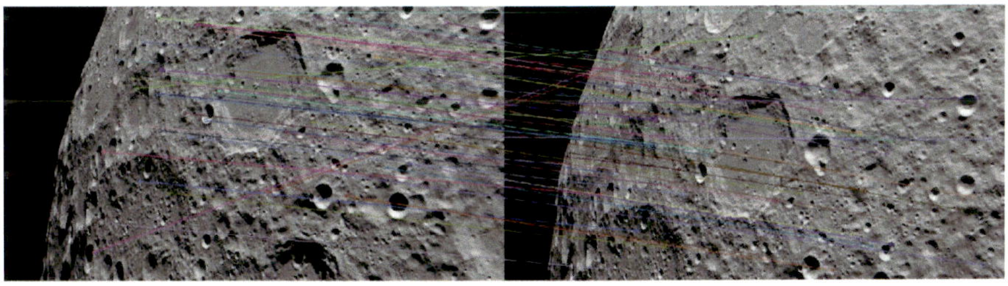

(a) 初始匹配结果

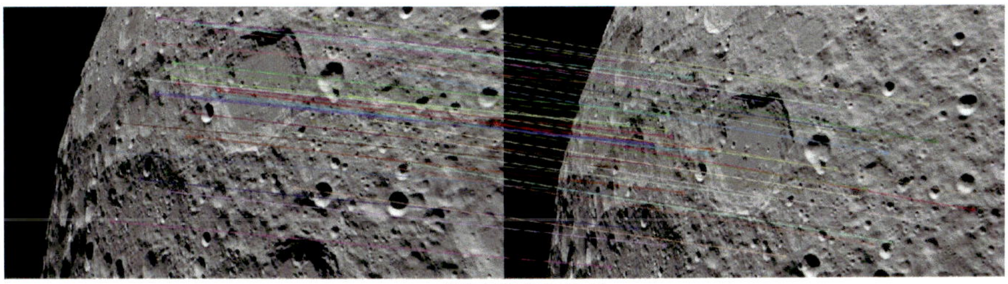

(b) 误匹配剔除结果

图 3-45 特征点误匹配剔除结果（P58）

(a) 初始匹配结果

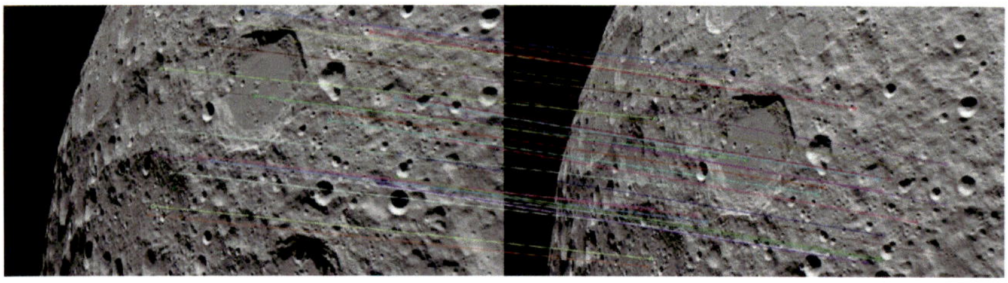

(b) 误匹配剔除结果(阈值=4)

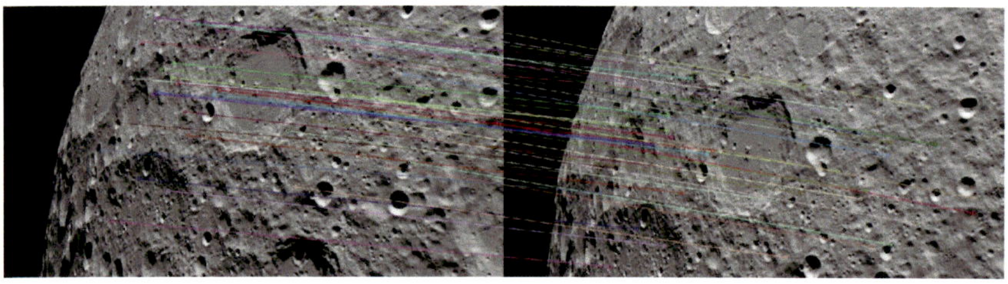

(c) 误匹配剔除结果(阈值=10)

图 3-46　不同距离阈值下误匹配剔除结果（P58）

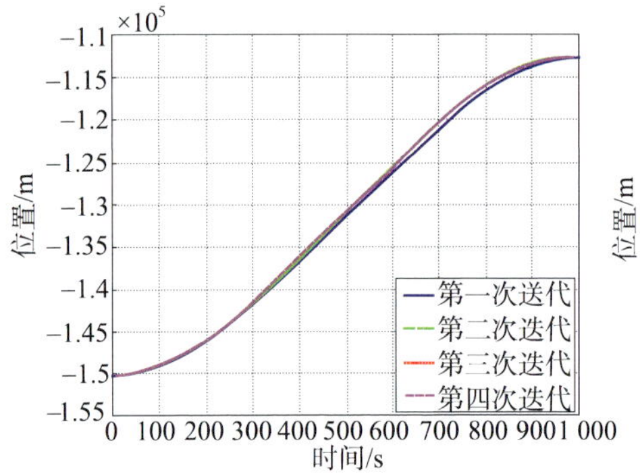

(a) x轴

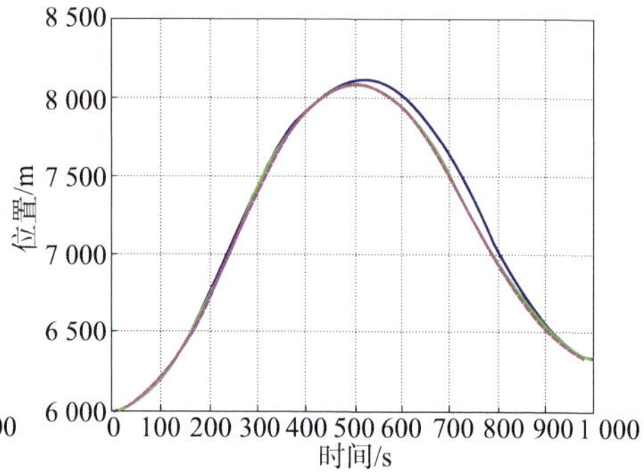

(b) y轴

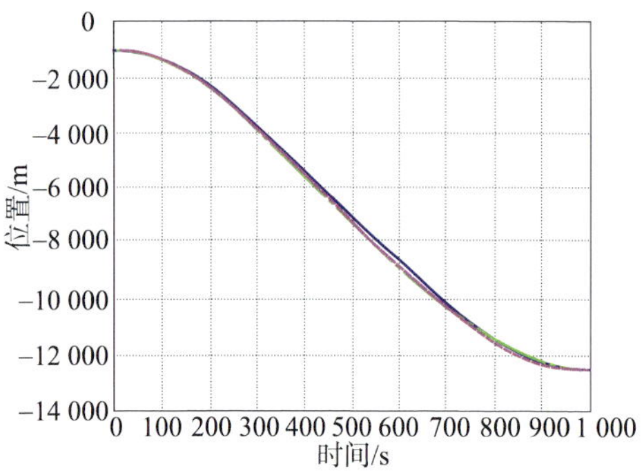

(c) z轴

图 5-10　序列凸优化轨迹（P103）

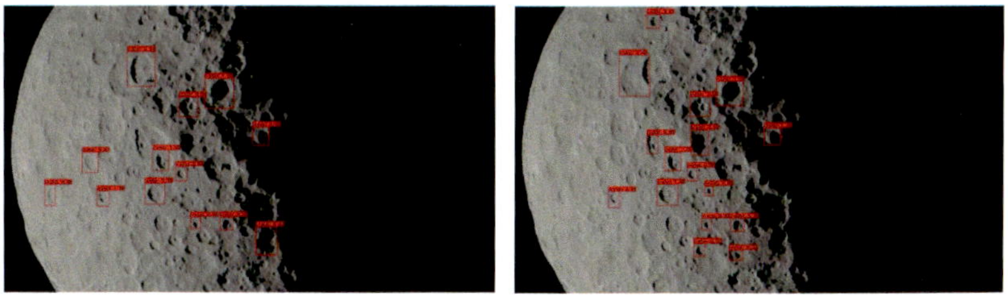

(a) 时刻1　　(b) 时刻2

图 6－7　节点 1 感知结果（P126）

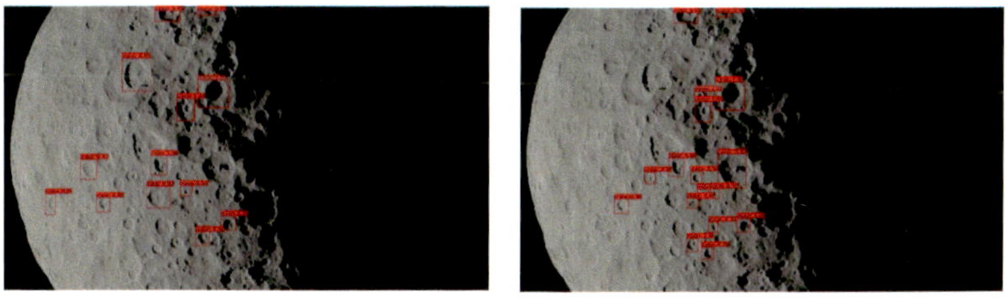

(a) 时刻1　　(b) 时刻2

图 6－8　节点 2 感知结果（P126）

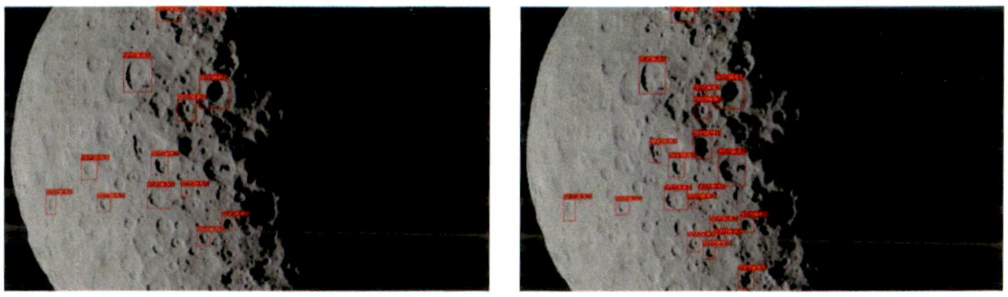

(a) 时刻1　　(b) 时刻2

图 6－9　节点 3 感知结果（P126）

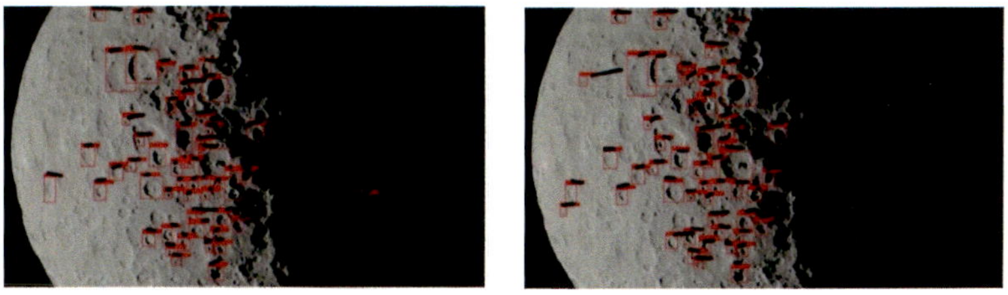

(a) 时刻1　　(b) 时刻2

图 6－10　多视角感知信息融合结果（P127）

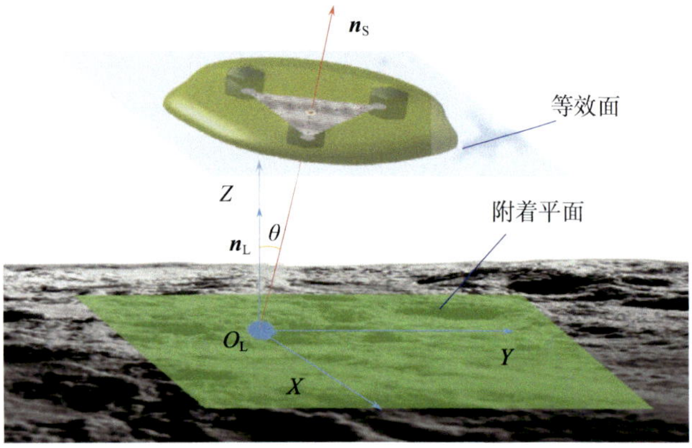

图 6-11　等效面示意图（P128）

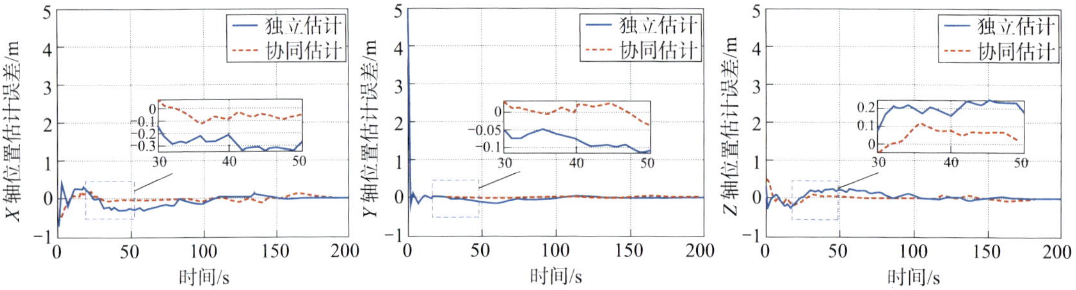

图 6-12　节点位置估计误差（节点 1）（P133）

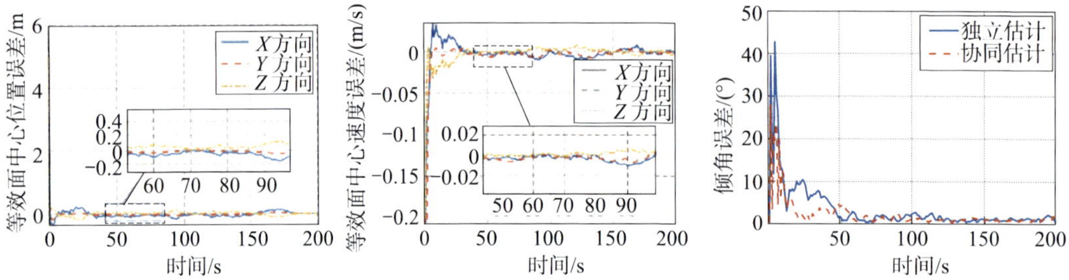

(a) 位置估计误差　(b) 速度估计误差　(c) 倾角估计误差

图 6-13　柔性着陆器等效面中心状态估计误差（P133）

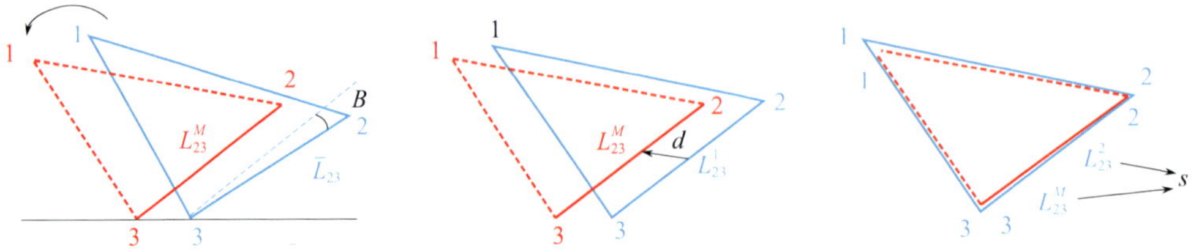

图 6-18　几何校正过程（P136）

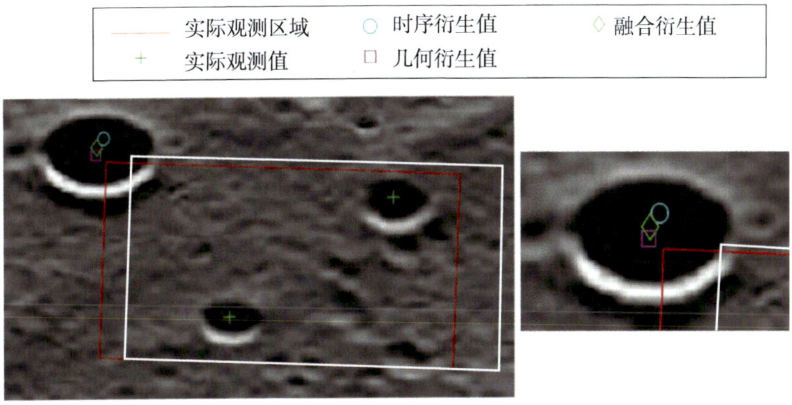

图 6-19　特征衍生结果（P140）

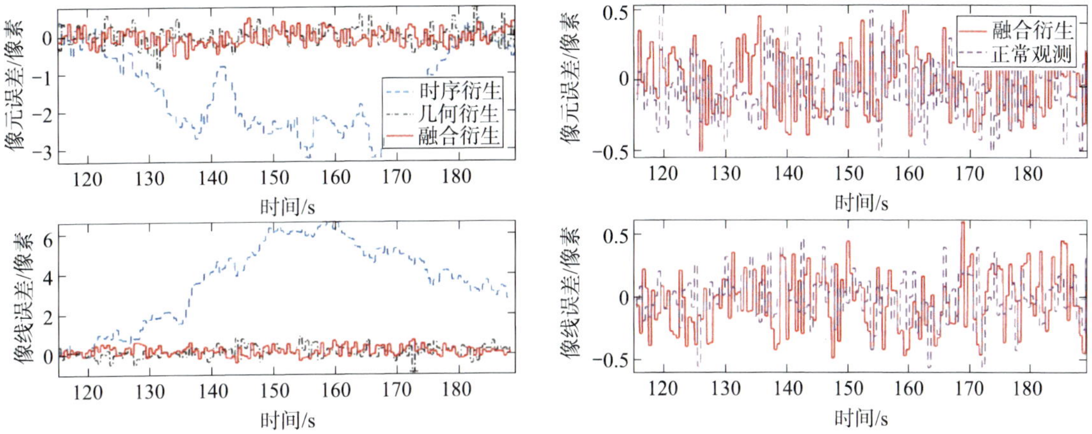

(a) 三种衍生方法信息误差对比　　(b) 融合衍生与观测信息误差对比

图 6-20　特征衍生误差对比（P141）

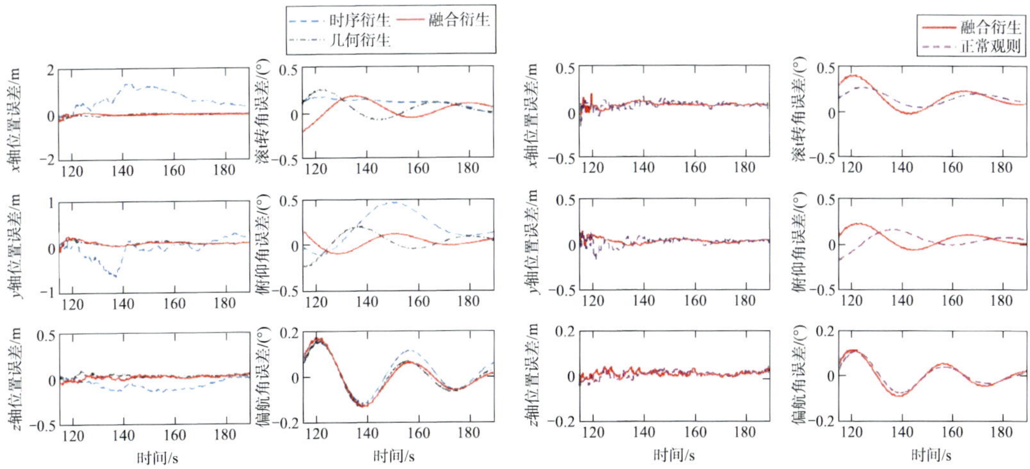

(a) 三种衍生方法状态估计误差　　(b) 融合衍生与正常观测状态估计误差

图 6-21　节点状态估计误差曲线（P141）

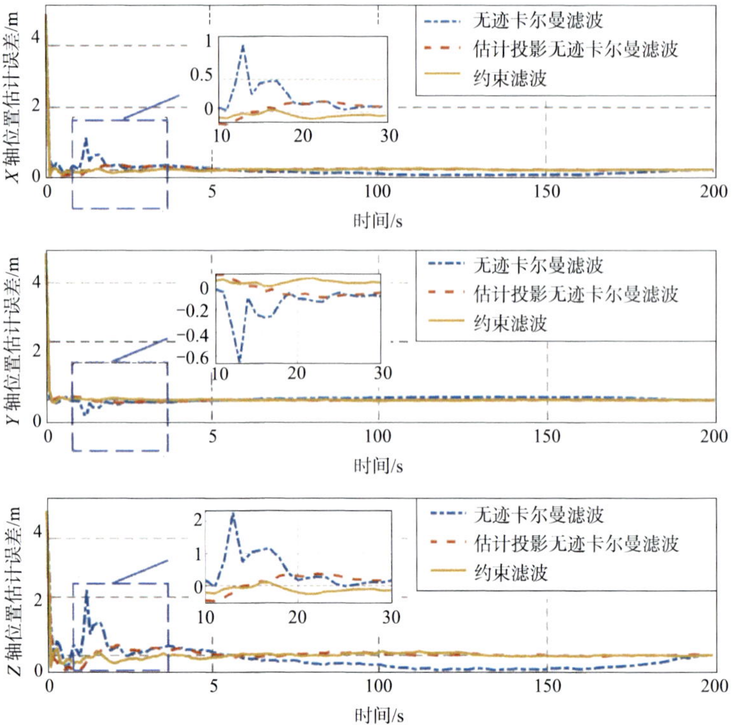

图 6-25 节点位置估计误差（节点 1）（P146）

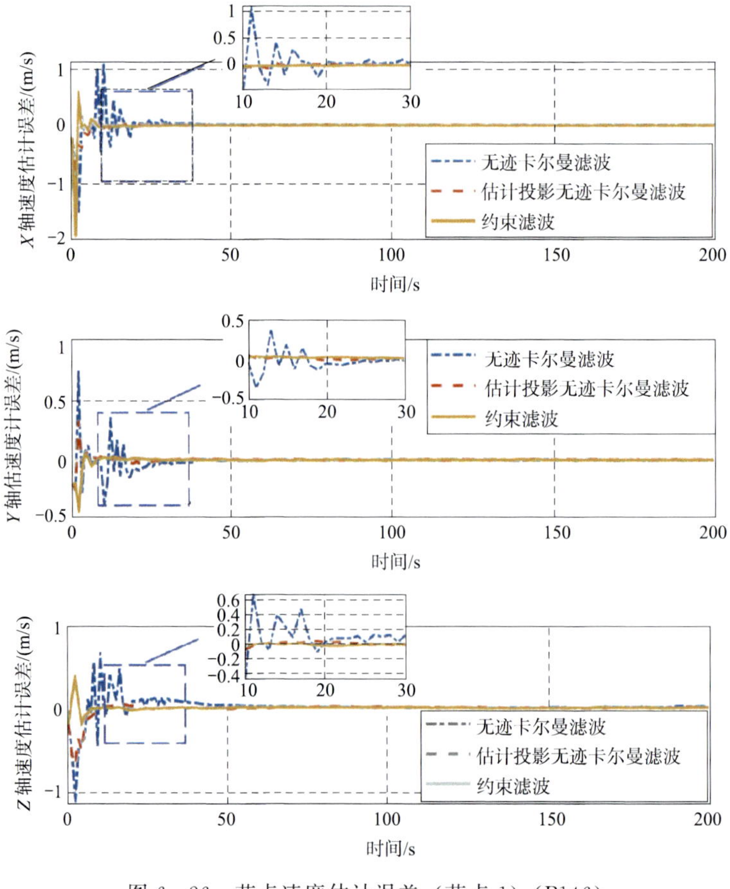

图 6-26 节点速度估计误差（节点 1）（P146）

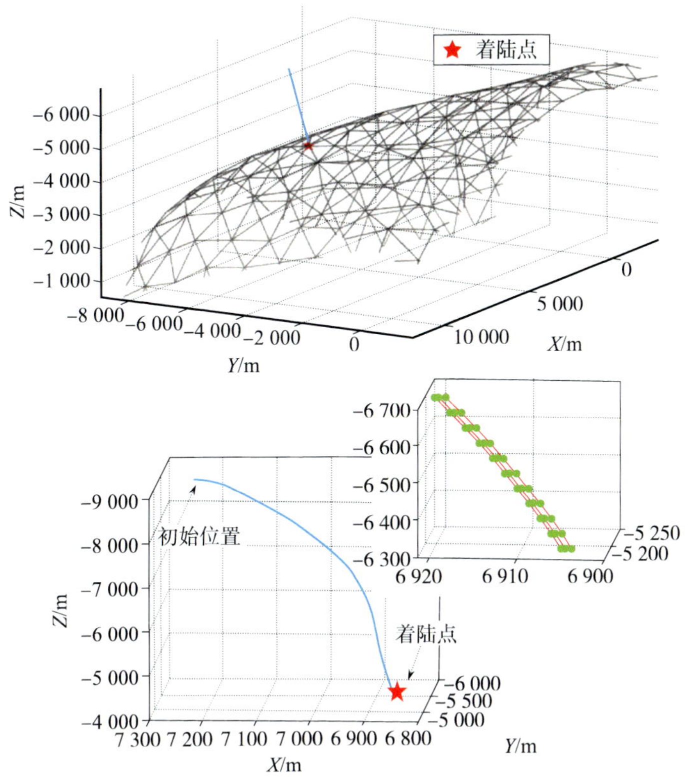

图 7－2　柔性附着三节点燃耗最优轨迹及局部放大图（P158）

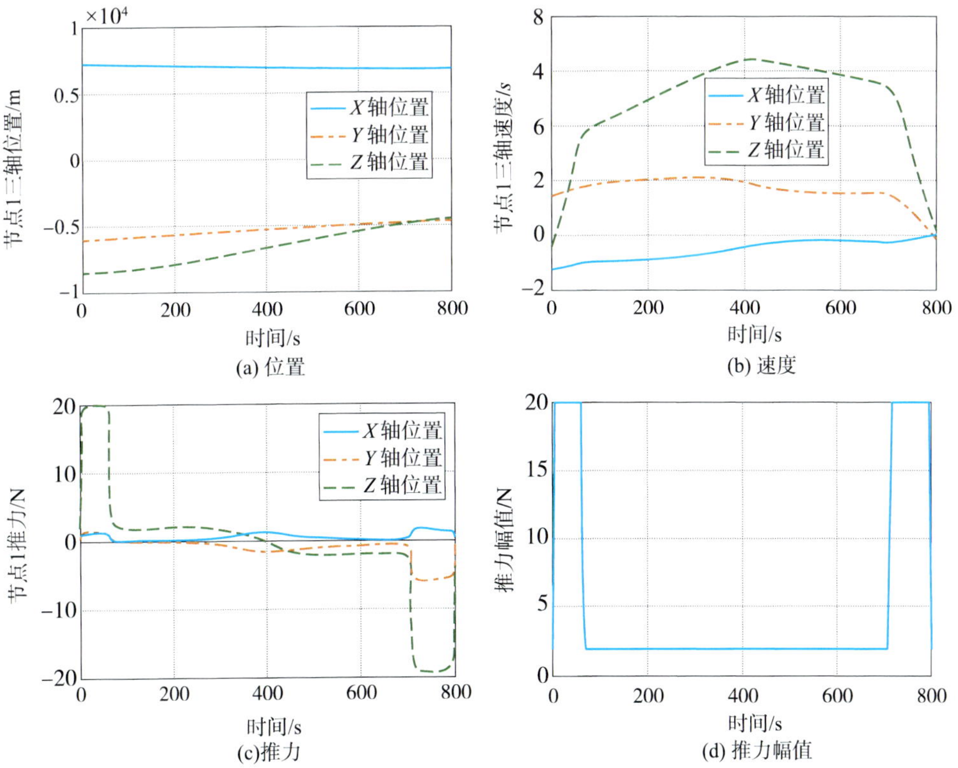

图 7－3　节点 1 状态与推力变化（P158）

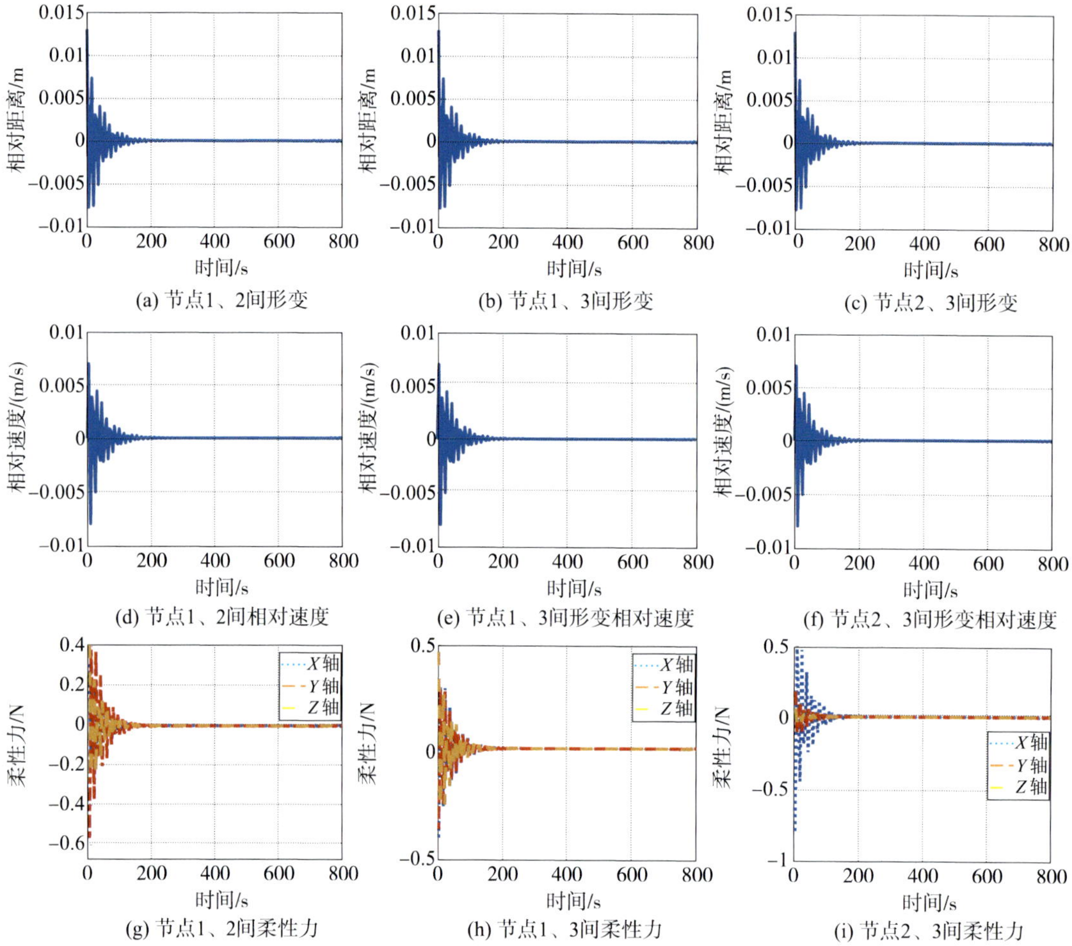

(a) 节点1、2间形变　(b) 节点1、3间形变　(c) 节点2、3间形变

(d) 节点1、2间相对速度　(e) 节点1、3间形变相对速度　(f) 节点2、3间形变相对速度

(g) 节点1、2间柔性力　(h) 节点1、3间柔性力　(i) 节点2、3间柔性力

图 7-4　t_0 时刻拉伸的情况下节点间的参数变化（P159）

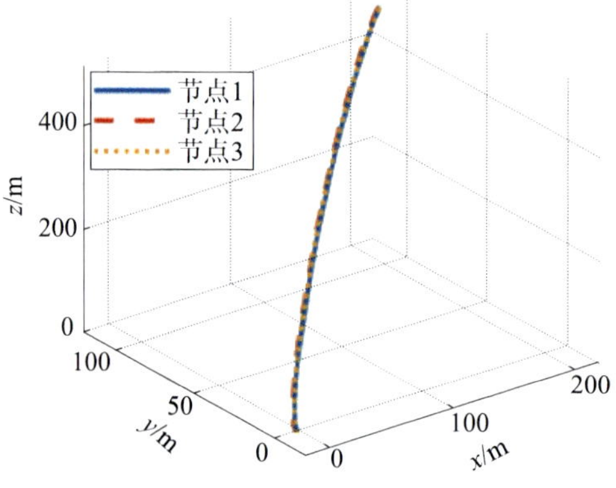

图 7-5　三节点附着轨迹（P162）

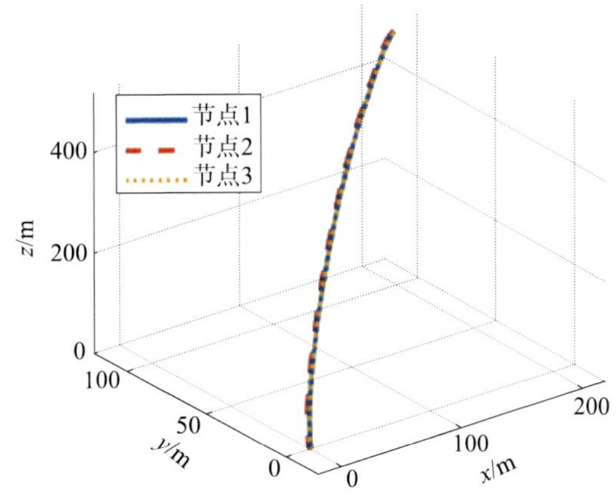

图 7－7 三节点附着轨迹（P163）

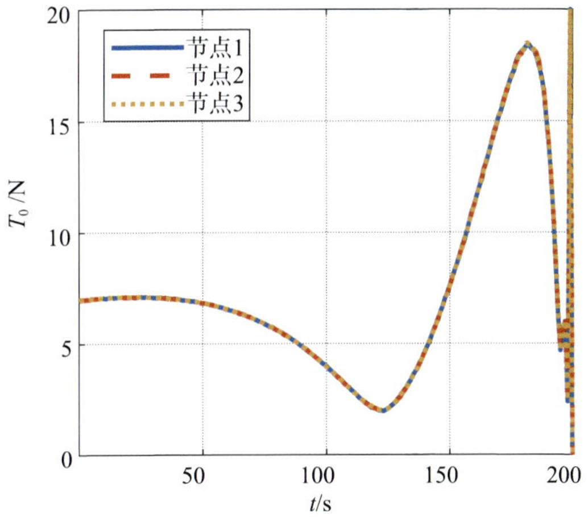

图 7－9 三节点主推力曲线（P163）

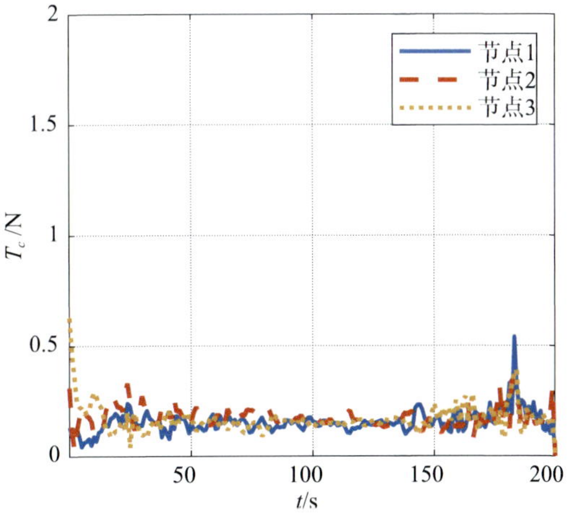

图 7－10 三节点补偿推力曲线（P163）

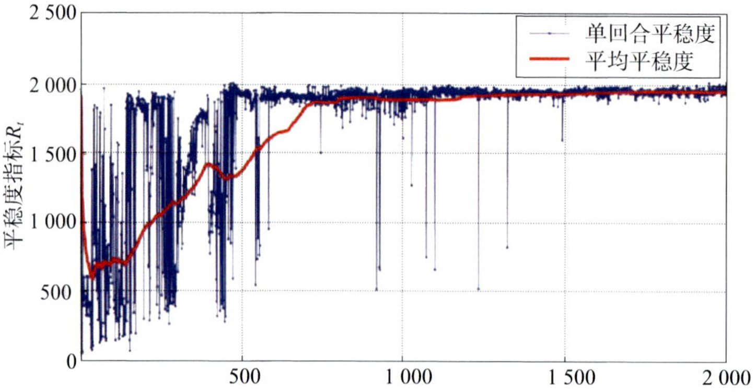

图 7-11　训练过程的平稳度指标变化曲线（P165）

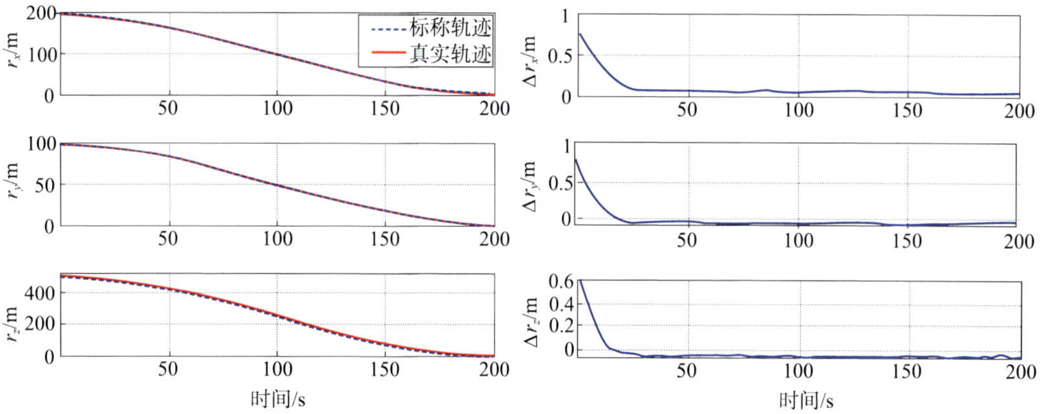

图 7-12　节点 1 三轴位置曲线（左图）与位置跟踪误差（右图）（P166）

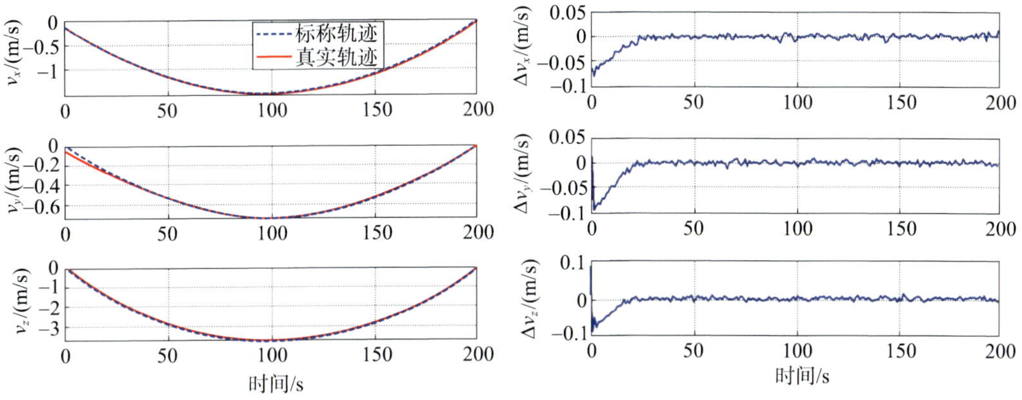

图 7-13　节点 1 三轴速度曲线（左图）与速度跟踪误差（右图）（P166）

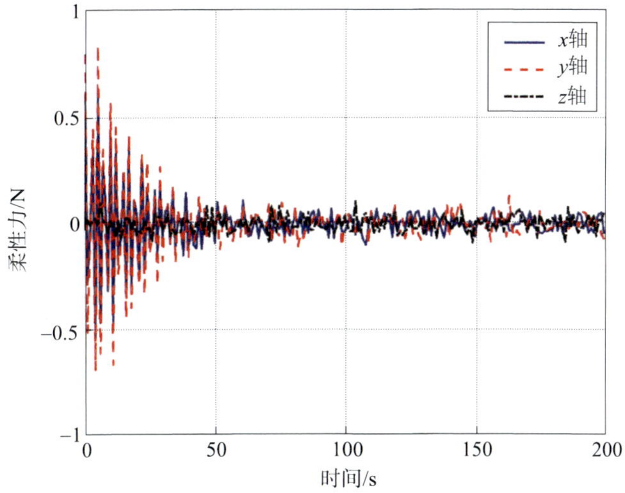

图 7-14　节点受到的柔性力变化曲线（P167）

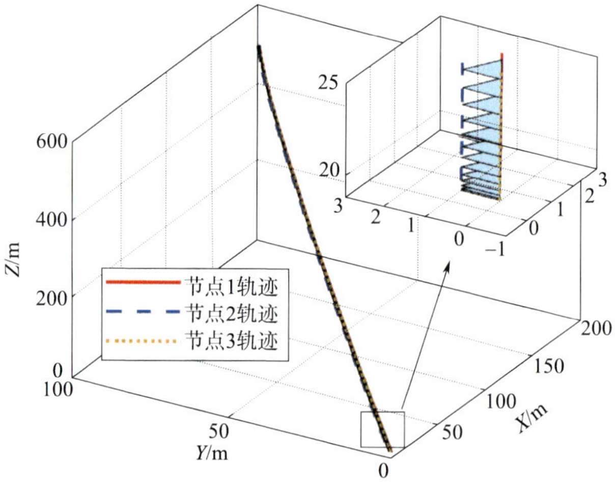

图 7－17　节点附着轨迹及局部放大图（P172）

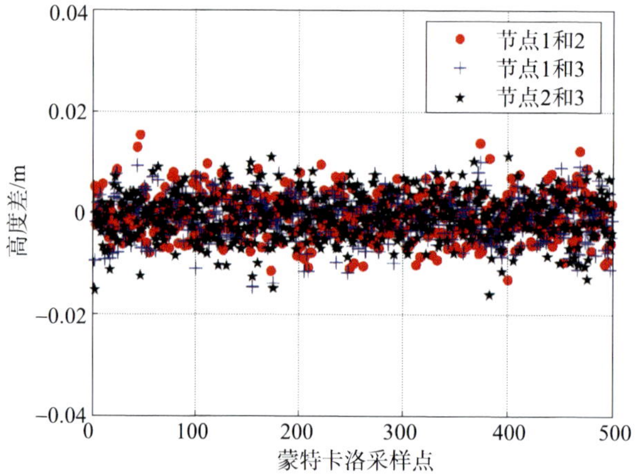

图 7－22　附着末端节点间的相对高度（P173）